廷 音/著

HOLD住的
女人最好命

——幸福其实就那么简单

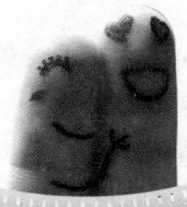

台海出版社

图书在版编目(CIP)数据

HOLD 住的女人最好命：幸福其实就那么简单 / 廷音著.
--北京：台海出版社,2012.3

ISBN 978-7-80141-936-1

Ⅰ.①H... Ⅱ.①廷... Ⅲ.①女性-幸福-通俗读物 Ⅳ.①B82-49

中国版本图书馆 CIP 数据核字(2012)第 026683 号

HOLD 住的女人最好命：幸福其实就那么简单

著　　者：廷　音

责任编辑：禾　月

装帧设计：天下书装　　　　版式设计：通联图文

责任校对：唐　霁　　　　　责任印制：蔡　旭

出版发行：台海出版社

地　址：北京市景山东街 20 号，邮政编码：100009

电　话：010-64041652(发行,邮购)

传　真：010-84045799(总编室)

网　址：www.taimeng.org.cn/thcbs/defauit.htm

E-mail：th-cbs@163.com

经　销：全国各地新华书店

印　刷：北京高岭印刷有限公司

本书如有破损、缺页、装订错误，请与本社联系调换

开　本：710×1000　1/16

字　数：190 千字　　　　印　张：17

版　次：2012 年 3 月第 1 版　　印　次：2012 年 3 月第 1 次印刷

书　号：ISBN 978-7-80141-936-1

定　价：29.80 元

前　言

你HOLD住幸福，幸福就HOLD你

都市女性的幸福指数到底有多高？什么样的女人才是幸福的？

"漂亮的女人幸福"，马上有人反驳："自古红颜多薄命"，这句话屡应不爽；"幸福的女人充满才情和智慧"，立刻有人举证：很多冰清玉洁的烈女也不得善终；"嫁个好老公就幸福"，师奶们都笑了：怎样才是好老公？能保证他一辈子都好吗……

说起身边众多鲜活的例子，有时真的不知道到底谁才是幸福的女人？

"幸福没有那么简单""过了爱做梦的年纪""轰轰烈烈不如平静"……黄小琥的一首《没那么简单》唱红了大江南北，微博上热炒的台湾"HOLD住姐"，让"HOLD"成为本年度的流行词汇。

追求自己的幸福毋庸置疑，但是哪种男人才是适合你的，谁才能真正成就你的幸福？婚姻不是最终归宿，幸福的婚姻才是真正的目的。

每个女人都希望爱情都可以天长地久，希望每个家庭都能一直稳定，可是，事实上我们看到了很多女人经历了婚姻，没了青春、没了激情，甚至连最起码维持自己生活的金钱也随着破裂的婚姻一起进了地狱，女人自己成了真正的失败者。

真正幸福的女人，其实"就那么简单"——她们不会把幸福寄托在未来上，也不会陷入在过去的生活中。她们对自己的生活有一种负责的态度，把注意力集中在现在。

事实上，当你开始积极主动起来的时候，当你对自己的幸福负责的时候，你就把自己放到了"驾驶员"的位置。

虽然生活或环境会乌云笼罩，但我们要学会在乌云里发出闪电，改变阻扰我们幸福的坏习惯。

女人对自己的幸福负责有两个方面，一个是幸福由你掌握，你有能力通过改变习惯和态度去体验幸福；另一个方面是反应能力，对生活中发生的一切做出对幸福有利的反应。

有位心理学家曾给出这样一个公式：事件+反应=结果。幸福的女人有能力策划她们生活里的事件，当她们没有能力时，就应改变自己的反应。

所有幸福的女人对发生在她们生活中的事，都有一种有助于她们内心平静和福祉的反应。

亲爱的女人，热爱家庭，忠于老公固然应该，只是不要忘了，做个真正聪明的"HOLD住姐"——经营自己的感情的同时，也会不动声色，不伤害任何人地"HOLD"住自己的东西——那才是作为一个女人的自信，自立，自强；作为一个女人的魅力，头脑，心计。

因为，这样即便有一天没了婚姻，没了男人，你还有最起码的财产和尊严。没了那个男人，你还拥有以后的人生。

这些，是你开始下一站幸福的必需品。

所以，从这个意义上说，本书是经营幸福最有必要读的一本书。因为，爱是需要学习一生的能力，幸福就那么简单——女人一定要HOLD住，别让自己后悔一辈子。

目 录
CONTENTS

第一章 **幸福的秘密——女人选对好男人的万能公式** /1

HOLD住的女人聪明,是因为她们将所有的努力,都放在了婚姻的前期——选男人上。

很多女孩子都不知道选男人的重要性,她们觉着难得遇上个有感觉的男人,当然尽快嫁了要紧。

但她们却忘了,感情和婚姻完全是两回事。

幸福的秘密用一句话总结,其实就是HOLD住的女人最幸福!

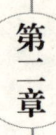
你如果始终不能适应一个人,适应他的所有习惯,那只说明你没有爱他,或者说你还未到爱的境界,因为爱就在这些细节里。

当你已经习惯你的爱人所有习惯,比如他衣服的烟草味,比如他干净的衬衣,比如他半夜起来看足球,那么不要再问爱是什么这样愚蠢的话了。

习惯是爱的最终归属,也是爱的最高境界。

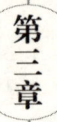
有人认为:"性格决定命运。要是一个人太自私、太冷漠或者太情绪化,那么无论他跟谁结婚,结果都好不到哪儿去。"这个说法非常正确。

爸妈长辈们常常会跟孩子说:"要找个靠得住的男人"或者"找个实在、会过日子的老婆。"这个说法有一定道理,不过有些家长们往往忽略了自己孩子的性格因素,光顾要求别人了。

还有些人认为，性格相同，自然容易互相理解，对各种事情的看法相似，说话也容易说到一块儿去，性格相同的人的家庭一定会非常和谐。这个说法看起来很有道理，但实际情况却相去甚远。

那么，婚姻中到底要有什么样的性格，或者说性格中的哪些方面最重要呢？

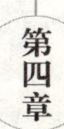

第四章

幸福的心态——练好修养，HOLD住精彩生活/132

一个女人要在当下这个竞争激烈、关系繁杂的社会中活得精彩，实在是辛苦。这个社会对女人的要求太苛刻：在公司里要能独当一面，在家庭中要做贤妻良母，在社会中要保持良好形象……如果你没有头脑不懂手腕，如何在家庭、职场和社会上赢得地位？

女人在身体上是弱者，在精神上却可以成为强者。女人懂得心计，就可以把事情办得滴水不漏，让领导折服。懂得攻心的女人，可以使自己魅力四射，让男人倾倒，更能使家庭温馨幸福。

有人说，女人是通过推动男人来推动社会进步的，是通过培养孩子来决定未来的。因此，如果女人能够走出自己心理上的误区，生活将会更精彩，世界也会更美好。

第五章　主动寻找幸福——恋爱可以，但不能滥爱　/166

男人选择女人凭感觉，女人选择男人靠直觉。

万一不幸女人选错了男人，要么选择忍受，要么创造奇迹努力去改造，但这难度很大。所以与其被动，不如主动选择好男人，恋爱可以，但千万不要"滥爱"，亲爱的女人，擦亮你的眼睛，来看看，嫁这几类男人要慎之又慎。可以说以下男人是女人出嫁的大忌，必须引起女人特别的注意。

第六章

幸福地把自己嫁出去——你不是剩女 　　/202

世界如此之大,我们如此渺小,如同沧海一粟。想要在这茫茫人海中找自己真心喜欢,也最适合你的人,难免需要靠那么一点运气。哪里有什么上辈子就注定的姻缘?一切的一切,都需要自己去努力寻找。

有的时候,算你的运气好,恰好就能够碰到自己心仪的对象,而且对方也还很中意你,那就是缘分。但更多的时候,或是你暗恋着对方而对方并不一定能够接受你;或是对方喜欢上了你,你却并不愿意;或是你喜欢她,她也喜欢你但条件却不允许。总之,就是你们遇见了错误的时间、错误的地点、错误的对象。

所以,恋爱这件事情,光有主观的积极愿望还不行,在很大程度上是要靠机会的。当然,如果你的条件够优秀,反应够灵敏,情商够分数,把握这个机会的可能性就会越大一些。

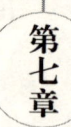
女人一生都在追求幸福，可是很多女人毕其一生都没能找到幸福。她们或者叹息于命运的不公，或者后悔自己选择了错误的人生道路，或者以为用错了方法，或者抱怨别人夺走了她们的幸福……世上万事万物都有一定的规则，不遵守规则的人，一定会失败，并受到惩罚。

不是每一个女人都可以拿捏好这个分寸的，说到底，这是一个境界的问题。

武侠小说中说，内力不到则招式不到；而内力贯通，则飞花摘叶皆可伤人，"化腐朽为神奇"——我愿意将这番道理做为女人有境界才能有幸福的注脚。

第一章

幸福的秘密

——女人选对好男人的万能公式

　　在这个世界上,只有HOLD住的女人实现了所有女人的梦想,和自己心爱的人白头到老相依为命。

　　这些女人是不会在历史上留下名字的,她们聪慧而平凡,善于隐藏在男人的身后。

　　她们没有花招,也不会耍手段,但是她们的丈夫,却一直守护在身旁,从不逾越一步。

　　如果你觉得,真正的爱情都会是这样,那么你错了,没有哪种爱情是可以不经努力而保质保量的。

　　HOLD住的女人聪明,是因为她们将所有的努力,都放在了婚姻的前期——选男人上。

　　很多女孩子都不知道选男人的重要性,她们觉着难得遇上个有感觉的男人,当然尽快嫁了要紧。

　　但她们却忘了,感情和婚姻完全是两回事。

　　幸福的秘密用一句话总结,其实就是HOLD住的女人最幸福!

女人相信爱情，但爱情相信你么？

从某种意义上说，爱情其实也是一种受伤害的过程，所以恋爱时，你怎么受伤都可以。

但婚姻是一种享受和维持的过程，你必须理智地做出选择，尽量少受伤。

这句话的意思是，你可以和任何人恋爱，有感觉也好，没感觉也好，和谁恋爱都会让你享受到快乐和受伤害。

但你只能选择一个人去结婚，所以婚姻，并不一定是基于爱情的。

为什么有越来越多的女人婚姻失败，因为她们总是误以为婚姻是爱情的延续。

实际上，这个观点很错。

因为婚姻根本不是爱情结合体，而是生存共同体。

从人类起源开始，婚姻的存在就是为了让人们更好地生存。

所以考虑嫁人，首先考虑的要素就是：对方能不能让你活得更好更舒服……

这种选择，绝对不是在宣扬拜金主义，物质并不是你婚姻美好的主要条件。选择男人的第一条件，应该是控制和反控制。在两个人的生活里，有隐性的控制者和被控制者。如果两个人都想当控制者，这种婚姻就不够稳定，两个人都愿意被控制，这种生活缺乏前进的动力。

所以在选男人之前，你要先弄明白：

第一，自己是想控制男人，还是愿意被男人控制。明白这一点，你就知道自己该选什么性格和什么家庭出身的男人。

其次，则要看对方有没有足够能力让自己生活得更好，也就是财力和生财的能力。

最后的选择是对方可不可以让自己"来电"，即异性间的性吸引。

做完这三个选择后，你就可以列一张表格，把所有候选人都排列出来，

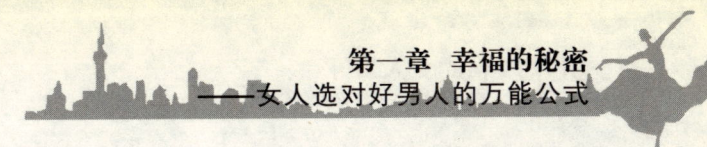

之后用淘汰原则逐次排除：地域差距大的、家庭差距大的、声音难听的、学历太高的、没自理能力的……

所有的条件都可以一一采用，直至剩余最后一个人为止。

最后一点特别重要，你喜欢的男人不一定会留在你身边，只有喜欢你的男人才会一生一世陪伴你，这就是婚姻和感情的悖论了。

1.在情海中浴火重生，火眼金睛挑个好男人

女人都恨自己没生一双慧眼，都恨过自己没早早看清某个人。

可那又怎样呢？

恨始终解决不了问题。

能帮助你的，只有你自己。

聪明女人不是一朝一夕间成长起来的，她需要经历，需要尝试，还需要学习。

爱情，总是有条件的

大半夜的，闺蜜打电话过来骚扰。

她边哭边说："我真是瞎了眼，怎就看上这么一个东西！"

我轻笑。她嘴里的"东西"，是那个将她惹哭的男人吧。他们的爱情，总在分与合之间捉迷藏，能在大半夜将我扰醒，想来他们又闹上了。

闺蜜痛诉那个男人的种种劣迹，待她骂完，我回了一句："那你当初爱他什么呢？"

爱他什么呢？她犹豫稍许，说："当时还不是看他老实吗？我又不图他房子车子的，如果知道他这样，我早就应该跟他谈条件的！想想真是便宜了他……"

生活中这样的控诉很多，我经常会听到有人说："我不图他什么，只希望他爱我，疼我，待我好……"听着，仿佛这份爱情很高尚，细想，其实爱情总是有条件的。

你可以无所求，不要物质上的东西，但对方跟你一定是精神相通的，不

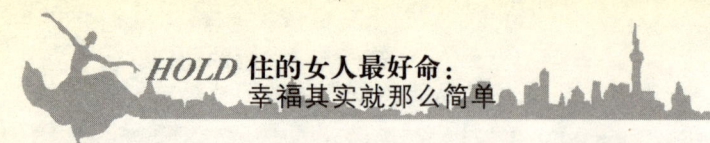
然面对一块毫无用处的木头,你会动心吗?

你可以不问对方的学历、资历甚至经历,但对方一定有某种地方合你的心意,是脾气好,或是人品端正,抑或是对你真的用了心。不然,不痴不傻的你,怎会轻易让人牵了小手?甚至还光明正大地对人介绍说,这是你的另一半?

就像闺蜜说的"只图他人老实一样",老实也是一种条件,他的老实纵容了你的脾气,给了你一定的归属感,所以你才愿意跟人家好。如若不然,你还会接受他吗?

爱情的条件,不仅仅是看得见的房子、车子还有钻戒,对方的才华、家世、品行甚至生活习惯、语言特点,都有可能成为令你动心的条件,动心时,你会说:"他在我眼里很优秀。"一旦玩过了火,闹起了别扭,你又会大加指责说:"你怎么一无是处?"细想,人家并非一无是处,而且你当初跟人家好的时候,也是端量再三、左右权衡的。

爱情,总是有条件的。这些条件不仅有我们眼里能看到的,还有心里能够体会到的。

曾经看过一个女孩的博客,痴心的她对一个男孩暗恋多年,对方却一直没有回应。对此她用文字披露自己的内心,她说:"不管他爱不爱我,只要我爱他,这就够了,爱无条件,亦不求回报!"

当时跟帖的多位男士,感慨如出一辙:"得遇如此痴心女子,真乃人生大幸也!"

日子一天天过去,博客一天天更新下去。我们还在感动着呢,女孩却突然声声血、字字泪地发表博文,委屈地控诉:"我对他这么好、这么认真,他为什么一个笑脸也不给我?"

听听,要求来了吧?这个女孩今天要的是笑脸,明天指不定就想跟对方牵手,过不了多久,她甚至还会开始要求一句诺言⋯⋯

爱情,从开始便是有条件的。

感觉到对方的不一样,爱上了,这是条件;

感觉到对方的庸俗,不爱了,这也是条件。

爱与不爱都需要理由,这些理由都是说服自己的前提条件。

世上的每桩爱情,桩桩都被条件束缚过。因为爱与恨一样,从来都不会无缘无故。

丰富"营养男"是HOLD女人的最爱

社会与时俱进，女人也与时俱进，从过去的从一而终到如今的挑挑拣拣，执了手就要度白头的爱情模式已经不适合女人，她们要的是一场革命。对于女人，食男时代已然到来。

女人，不是不食色，只是色未到浓时。

青春年少的女人喜欢阳光健康的男人，除了彼此交换青春以外，女人还能收获最殷勤的照顾跟赞美，爱情是朵开在唇边的花儿，女人希望自己的青春永远是明媚的，是被赞扬的。稍成熟些的女人喜欢体贴幽默的男人，之于成熟女人来说，跟一个让自己舒服的男人交往是愉快的，此时的她们需要的不仅是感官上的刺激，更多的还是一份踏实的心情。

食男时代，不同年龄的女人选择是不同的，但她们却懂得同一个道理——食男要食"营养男"。

有营养的男人是学识丰富的男人，他们是女人最好的老师，能让女人不用再翻阅冗长的历史书卷就能明白何为三国之争、何为梅兰芳菲。在女人眼里，有学识的男人调教起来也是容易的，只需指明例子，他们便会心悦诚服地改进自己，而不用辛苦地三令五申。

有营养的男人是幽默开朗的男人，相较于性格忧郁的男人，幽默开朗的男人就像一道阳光，总能为女人驱散阴霾。在充满竞争的残酷社会，女人每天面对职场厮杀已然累了，没有谁会永远喜欢感伤忧郁，也没有哪个能抵挡得了令自己身心愉悦的男人。

有营养的男人是能在适当时候给予女人帮助的男人，他们可以是职场上的精英、生活上的强者，能让女人的事业一帆风顺、升迁之路平坦。当然，他们也可以不是学富五车，不是家资丰厚，但一定要是聪明警世的，知道什么叫社会艰险、什么是人世艰难，能在女人走弯路的时候适时伸出援手，以免走错了路白白受苦。

有营养的男人不仅把女人记在心上，还处处爱在行动上。女人被这样的男人爱，不仅是一种幸福，还是一种幸运，谁都明白一碗实实在在的汤饭暖得过十句"我爱你"的情话。心是随时会变的，也是看不见摸不着的东西，行

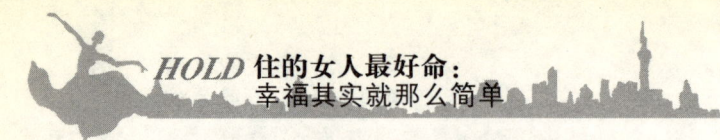

动却是真实的，是在发生的实际。

有营养的男人一定是因时而立、适时而退的男人，他们知道什么时候出现易得女人心，他们也明白什么时候退出会让女人记住而不是记恨。这样的男人是女人永远戒不掉的毒，也是女人期盼着能与之相守一生的人。可惜的是，得到的总是不珍惜，珍惜的总是得不到，所以，这样的男人常常只存在女人的臆想里。

食色的女人不可耻，食男的女人很聪明。吃饭要吃营养餐，食男要食营养男，有营养的男人看似很多，实际生活中却少之又少。所以，聪明的女人一直挑挑拣拣，别说她们的要求太多，要怪，只能怪这个年头的男人都还欠修炼。

缘分就是遇到对的人

他们见面的那天，天正下着雨，两个人坐在咖啡馆里，一个看着落地玻璃窗上的水迹发呆，一个不时地回头张望媒人的表情。

她说不出中意，还是不中意，只觉得这场相亲有些尴尬。

彼时，她刚结束为时三年的婚姻，满心伤痕。被称为前夫的那个男人，一边挽着新人，一边不满地冲她叫嚣：瞧瞧你，披头散发，满身油烟味，不会说也不会笑，整个一块木头疙瘩……伤人的话不仅令她身心俱疲，更令她对自己痛心不已！早些年只觉得自己不懂得打扮，如今想来，的确是不解风情。于是，婚姻散了，对爱的憧憬也没了。此次来相亲，是家人一再怂恿，听说他也是一个被爱抛弃的人，抱着怜悯之心，来了。

看她无语，看窗外落雨的他突然笑了，些许尴尬之后，他开始轻声诉说："她出国了，来过电话让我过去，可这里有我的父母，他们年龄大了。再然后，她说我没有抱负，没有追求，然后就分了……"

只此一句，她决定跟这个男人交往。一个爱父母的男人，一定会是一个顾家的男人。

她回头，对不停观望的媒人轻轻笑了，点头同意继续交往下去。

然后，他们像所有恋人一样，每天发个信息报平安，下班会聚在一起吃饭，或者发了奖金去奢侈地吃顿西餐。两个人话都不多，她不说，是因为前夫曾说过："你最好闭嘴，唧唧喳喳像麻雀，说出来的话永远那么直，一点也不动听……"于是,默默地吃,然后静静地看着他笑。

他不多问,不时地往她碗里夹菜添食,然后小心地询问:"我是不是很婆妈?"

她大惊:"这是体贴,怎么是婆妈呢?"

他一脸惊讶,然后摇头笑:"她总说我过于婆妈,给人夹菜总让她感觉不卫生……"

她笑:"那我说话你喜欢听吗?"

他立即点头:"当然,我喜欢直来直去,跟你交往一点也不累。"

交往越深,他们越发现,其实彼此有许多可爱的地方。

比如,他烧得一手好菜,她唱歌特别动听……

听到她夸自己做的菜好吃,他小心地试问:"你真的喜欢平淡的居家生活?"

听到他夸歌唱得好听时,她亦会小心探问:"你不嫌我的声线粗吗?我说话也总是直来直去,一点也不委婉。"

她解释:"我喜欢平淡,有种安稳的家的感觉,你懂得做饭,亦懂得照顾人,这样的日子对我来说,是种福分。"

他解释:"你安静时是淑女,豪放时更可爱,安静的你懂得聆听,开朗的你令我心情愉悦,跟你在一起,我很快乐。"

彼此愣住。这些赞美,在过去那个人的嘴里,是何等的不堪,如今在彼此眼里却全成了优点!他在她眼里是细腻的、顾家的好男人,她在他眼里是风情的、是值得欣赏的女人。

相识半年后,他们决定结婚。不为别的,只觉得自己在对方眼里是最好的,而对方在自己眼里,也是最适合的。经受过伤害的他们终于明白,世上的婚姻,便是如此,不论男女,只有选对了人,你才是真的聪明。就像一粒沙,落到蚌的怀里,会磨炼出珍珠来,若不小心掉到蜗牛的壳里,就算磨到伤痕累累,也不会融合到一起,最终只能两败俱伤。

成千上万的另一半,我只选择你

"有成千上万的男人,可以成为我们的丈夫。"

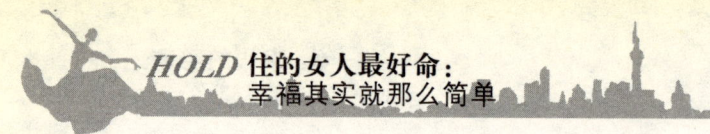
忘记了在哪本杂志上读过，却记住了这句话，只因我是女人。

自然，如果你是男人，这话也可以换个说法：成千上万的女人，可以成为我们的贤妻。

千万别误会，这不是提倡人尽可夫，更不提倡妻妾成群，我只想告诉你，这世上适合我们的另一半，有成千上万，能相爱的，更是多若晨星。

只因，这世上没有完全相同的两个人。

不相同，你便不能强求对方适应你的一切、无怨无悔；

不相同，你便不能奢望对方对你从一而终、不离不弃。

这世上没有唯一，所谓的唯一，是恋爱时说的傻话，某天不相爱了，我会遇上更好的，"唯一"这个词的主人便有可能易位，而当年那场死去活来的情事便成为作古的风花雪月。

婚姻是无解题。一对男女到了适婚年龄，便会走进围城里，同吃一锅饭、同卧一榻床，曾经相爱与否渐渐被岁月遗忘，所谓的日子在赌气与争执中流水一般掠过。那个成为另一半的人，好或不好，我们越来越懒得去计较，先前针尖对麦芒的认真已然被可有可无的平淡所替代。另一半的生活习惯慢慢将你浸染，你不再强求对方顺从，也不再苛求对方改变，一切的一切，越来越顺其自然，甚至有些无可奈何地被完全接受……

乍一看，仿佛婚姻让你得到了成长，其实细想，实则是自己对另一半没了期望。

先前那个对婚姻充满期望的你，已然被另一半磨平棱角。

女人不再把一生的幸福寄托于男人身上，因为她们懂得男人有时是说谎的动物。

婚前他会将一幅天花乱坠的图画送给你，五彩斑斓的图画迷惑了你的心，让你眼一花，迫不及待进围城。

一入围城你才发现，这幅图画其实不切实际甚至空无一物！

于是，后悔与吵闹，便替代了羞涩与幸福，你以为是选择了一只绩优股，本想大举进仓狠赚一把，却不料，一败涂地……

男人们或许会说："我们何尝不是如此？"

是，男女都一样，男人婚前的甜言蜜语，女人恋爱时的羞涩与温柔，在婚后都会遭遇改变，我们无力强求一成不变，只因生活过于现实，谁也不可能空着肚子还面带微笑地告诉你："亲爱的,跟你在一起,真好。"这种假话,估计十几岁的孩子也不会再相信。

曾经有人做了一份调查:如果再给你一次机会,还会选择现在的另一半吗?

反应最快的人抢先回答:不会。

慢一些,你可能记起了另一半的好,很缓慢地点头,说:"会吧。"

如果把另一半换作别人,我们的日子会不会还过成这样。

从陌生的惊喜到熟悉的漠视,从不好意思明说到没有心思再计较?

一定会吧,不然大千世界怎么有那么多所谓的蓝颜或红颜?

这些可遇不可求的蓝颜与红颜,其实就是那个可以随时替换为另一半的那个人……

男女结合走进婚姻,就是以爱的名义搭了个伴儿过日子。

怕日子过不长久,所以才找了一种叫婚姻的形式,希冀婚姻能给两个人天长地久的幸福。

可事实说明,追求唯一,就意味着放弃所有,放弃所有的人,总有一天你会因醒悟而抱怨……

之于婚姻,拥有成千上万的另一半不会成为事实,但这却是人人都在幻想和憧憬的美梦。

对于HOLD住的聪明女人来说,"弱水三千只取一瓢饮"。

坚定不移的选择你,你就是心中那位最完美的MR.RIGHT。

因为坚定,在婚姻中HOLD住的女人往往会将普通的婚姻演绎的风生水起;

因为坚持,HOLD住的女人往往在牢骚满天飞的烦躁生活中淡然幸福;

因为幸福,HOLD住的女人身边最不缺的就是完美好男人。

2.幸福百分百,婚姻就是让一个好男人爱上你

爱情和家庭对于女人来说,往往比事业还要重要。

但遗憾的是，多数女人并不懂得如何去寻找，辨别和吸引理想的男人。

都已经21世纪了，中国大地还存在着大量的"三不"女孩，即：不了解男人，不包装自己，不主动出击。

她们在情场上抱着一种消极被动的态度，糊里糊涂地等待着白马王子在哪一天突然降临。

到底什么样的女人是男人的最爱？

究竟什么样的男人才是你的幸福？

如何得到你中意的男人？

怎样经营婚姻才能长久？

老公出轨了，小三找上门，难道都是你的问题？

为什么你和有钱的成功男人总是失之交臂？

如何建立稳定的恋爱关系，步入幸福的礼堂？

我该如何走出苦苦经营却依旧失败的婚姻？

人人都说要开始新生活，可是新生活到底要怎么开始？

古语有言"男怕入错行，女怕嫁错郎"，现代社会里，爱情婚姻虽然不是女人的全部，但却主导着女人的幸福和一生。

每个女人都重视爱情，然而为什么有些女人爱情甜蜜，白头偕老，一生一世幸福，有些却为情所伤，为情所累，为情所困，甚至迷茫，蹉跎一世？

幸福女人的魅力在于挡不住的风情

女人，怎样才算有风情？

风月无边，风情无限。听起来，似乎很美很美。

现在的女人不仅被要求遵从古训中的三从四德，还被要求具有一定的风月情趣，简称风情。

在所有人的思想里，说一个女人具有风情，似乎具有某种贬义，可女人为谁而生？还不是男人吗？

男人喜欢具有风情的女人，所以大部分女人注重容貌的同时，开始注意培养自己的风情。

都说风情是天生的，其实不然，女人的风情也需要学习。

风情不是漂亮就行,也不等同于风流。

风情有时是一个眼神,有时是一个不经意的动作,有时还是一种只有女人才配使用的手段。

古往今来,多少帝王将相败在女人的石榴裙下,且乐此不疲;

如今的酒桌上,一个手端酒杯的女人总是好过手持酒瓶的男人,大有公关价值。

那么,女人的风情究竟应该如何把握?

今天我就给所有女人上一堂风情课。

别说你不愿意听,是女人就要懂得风情,学会风情。

真正的风情不是让你卖弄,而是让你去运用。

首先,学会笑。

身为女人不能太死板。你可以没有身材,但你不能没有笑容,女人的笑容仅次于婴儿,静静绽放时像极了水里的白莲,不争春只待俏;怒放时像一朵火红的鸡冠,高昂起头颅引得你不得不回身观望。

其次,女人必须要自信。

你可以有失败的恋爱,可以有伤心的往事,但你不能不自信。自信是人生一切美好的根源,自信让你看起来带着些许骄傲,这很好,有高傲,才会引来男人的征服感。男人是什么?天生喜欢征服的动物,他们要的是不易得手的东西,所以你的自信让他不得不深思一下,这个女人有意思,我要进一步了解了解。

当然,女人的风情少不了温柔这一课。

温柔是征服男人最好的武器,满脸笑容、目光温柔的女人,通常所向披靡。多少男人大唱着:宁可花下死,做鬼也风流。其实他们心里想要的,还是女人那一抹淡淡的温柔。想来,男人生来就永远长不大,他们眼里的女人,只要温柔,便是可爱的。说到这里,我不得不提一下,传说中那些颠覆朝野的女人,运用的就是这种暗器,她们通过征服男人来征服天下。

女人们可以忙碌着工作、生活,但一定要记得停下脚步护理一下容颜。

容颜是给男人看的,男人是视觉动物,脸上的一个小雀斑都有可能成为他不喜欢你的理由。那么,就不要吝啬钱财跟时间,好好打理自己的脸,漂亮光鲜是根本。一个懂得风情的女人,外表永远是光鲜的,她卸妆的模样你永

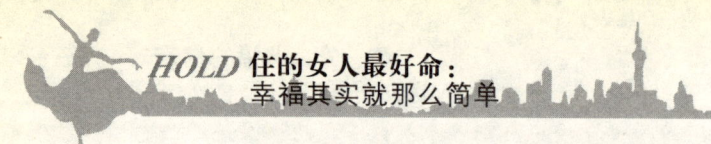

远看不到。半遮半掩之下,你才显得美丽。

风情需要修炼,需要时间的积累,需要不断地学习。

当风情渐渐侵袭入骨时,那么,身为女人,你就偷着乐吧,不管你的年龄多大,身后肯定会有不少男人的目光。总之,女人风情课的内容万变不离其宗,最大的一个核心就是,女人要懂得爱自己。只有爱自己的女人,才能掌握好风情的度。

教养,魅力女人的必修课

女人到底美在哪儿?

这个问题被世人琢磨了千百年,却始终没有明确的答案。

但有一点可以肯定,教养是女人的第一妆容。

一个为人端庄、处事得体的女人,总是让人心情愉悦。

她可以不是最漂亮的,甚至脸上还不幸地有几颗小雀斑;

她可以穿着普通,甚至出身还有些卑微;

她可以有不开心的生活,伤心的过往……

但这些都是次要的,重要的是,只要这个女人有教养,她的人生便是成功的,因为教养是一种内在品质,它能让女人赢得尊重。

有教养的女人,都是HOLD住的智慧女人。

她们知道什么时候应该取舍,明白什么可做不可做,懂得与人为善,适时提升自己。

对外人来说,有教养的女人是一处风景,不可或缺,相处融洽;

对家庭来说,有教养的女人是最好的一道菜,能让生活变得更有滋味。

有教养的女人是雅致的,与她相处,你会发现生活中的安静美,她们不叫嚣,却在不知不觉中成了主角;

有教养的女人,是娴静的,静若幽兰,放在哪个角落都有一种掩饰不住的清香;

有教养的女人,是无私的,像涓涓细流,如春雨一般浸润你荒芜的心灵;

有教养的女人,是智慧的,她们懂得上行下效的道理,懂得事事与人为先。

当时间扫去容颜时,在智慧中老去的女人,因教养而优雅。

教养让女人享受了生活,让生活接受了女人。

之于红尘男女,有教养的女人,不论她的年龄大小,都是乐意去亲近去接受的。

于是,教养成了女人的一笔财富,手握这笔财富的女人,无往不利。

透过那些羡慕跟惊艳的眼神,你会发现,她们收获的是别人看不到的崇敬和体会不到的尊严。

古人云"知书方达礼,温柔才贤惠",说的就是女人的教养。

一个有教养的女人,必是懂礼节知荣耻,秉性温柔待人和善之人;

一个有教养的女人,必是照亮自己的同时也能让别人看到希望。

有时候,教养也是一种力量,有教养的女人,总是容易被人当做偶像。

教养之于女人,就像化妆品里的营养液。外在的修饰就像粉底液,瞬间可以亮白,睡一夜之后,容颜还是依旧;所谓的腮红、扑粉,其实都是最表面的修饰,最美的女人永远是由内到外都焕发光彩的。关于营养液,它是滋养女人的最佳化妆品,不是一日便可见功效,需要日积月累,需要长久坚持。教养也一样,需要女人长久地磨砺与坚持,方能显出它的可贵之处。

所以,女人追求完美的第一课,便要懂得,教养是自己的第一妆容,它不仅能映亮自己年轻时的光彩,还能让女人的晚景更优雅。

不妨做个"糊涂"女人

常言所说的"大事要清楚,小事要糊涂",即指对原则性问题要清楚,处理事来要有准则,而对生活中的一些小事,则不认真计较。在日常生活中,我们对一些非原则性的不中听的话或看不惯的事,可以装作没听见,没看见或是随听、随看、随忘,做到"三缄其口"。这种"小事糊涂"的做法,不仅是处世的一种态度,亦是健康美容的秘诀之一。

做女人,何谓"聪明",何谓"糊涂",糊涂到极至就是聪明,聪明到极至是什么——聪明反被聪明误。

"机关算尽,太聪明,反误了卿卿性命。"

这是《红楼梦》一书中对聪明伶俐的王熙凤的最后评述。

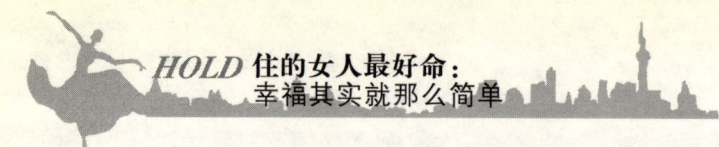
所以说，做个糊涂的女人又何妨？

世人都愿当智者，不愿做糊涂虫，更不会心甘情愿地由聪明而堕入糊涂。

然而事实上，世间凡事复杂善变，我们不可能把每一件事都掰扯得清清楚楚，而且有些事情越是清楚越是让人烦恼。

所以古人有"大智若愚"和"难得糊涂"之说。

清代著名诗人、书画家郑板桥曾写过一个条幅："难得糊涂"，条幅下面还有一段小字："聪明难，糊涂难，由聪明转入糊涂更难……"当然，这里所讲的"糊涂"是指心理上的一种自我修养，意在劝人明白事理，胸怀开阔，宽以待人。

所以真正难得的糊涂，是一种聪明升华之后的糊涂；

是一种涵养，心中有数，不动声色；

是一种气度，得道高深，超凡脱俗；

是一种运筹，整体把握，不就事论事；

一个女人要是做到这些，就一定是最"糊涂"而又最聪明的女人。

作为女人，对一些生气烦恼也无济于事的情况，要学会糊涂对待。"糊涂"既可使矛盾冰消雪融，又可使紧张的气氛变得轻松活泼，从而保持心理上的平衡，避免许多疾患的发生。当你处于困境时，"糊涂"一点能使你保持心胸坦然、精神愉快，减少对"大脑保卫系统"的不必要刺激，还可消除生理和心理上的痛苦和疲惫。

在男女的爱情中，更是需要难得糊涂。爱之火把两个人烧得傻里傻气，呓语连篇。男人发誓说："我要把月亮摘下来给你梳妆！"女人相信了。男人又发誓说："我要把星星摘下来做你的项链！"女人又幸福地相信了。对于爱恋中的女人，男人的誓言就是甜蜜的明天，她们明白摘月亮摘星星是一堆永远实现不了的空口诺言，但她们更明白这是男人们许诺给她们的体贴和温暖。

其实，仔细想想，男人的爱情誓言差不多全是捉襟见肘的。如果女人认起真来，略加考证便可将男人的许诺驳得片甲不留。但女人竟然乐于相信和默认它。不得不承认，女人的这种糊涂，在某种程度上体现了女人的精明。她们面对男人那一堆一堆的爱情诺言不作批驳，反而自己十分认真地从中寻找被爱的温暖和幸福，她们一方面佯装糊涂，一方面却又体味着爱情的甜蜜。

有一位女士，如今已是不惑之年，人们都称羡她的清醒和聪慧。可她先后谈了不少男朋友，到头来还是孑然一身。男友向她许诺："房子问题很快就解决了。"她便会深入男朋友的单位调查，然后批驳说："分房子根本就没考虑你！"男友向她许诺说很有可能要提升，她又进入他的办公室左论证右考察，最后批驳："你根本别抱幻想。"于是她的男朋友像走马灯似的一个个走开了。谈到她的婚姻，大家都喟叹说"她太清醒了"。

"水至清则无鱼"，我想同样适用于爱情，太清醒了也许就没有疯疯癫癫的爱情了，我们汉字的"婚"字，拆开来看，就是一个"女"字和一个"昏"字，这很让人玩味。假若女人不昏了头不昏得稀里糊涂，说不定这世上就没有爱情和婚姻。

世事沉浮，婚姻情爱，女人们还是糊涂一些的好。

况且糊涂的女人还可以更自我一点，自得其乐有什么不好？何必非要做聪明女人，有一双善于发现的眼睛？有些时候有些内容不要发现，或者不需要发现。糊涂的女人不懂也从不研究任何"拴"老公的方法，自信老公跑不丢。老公不用拴，要放。社会就是大草场，容不得你不放手，想不放，行吗？索性放他驰骋，糊涂的女人不会让可笑的联想累了两个人的心，否则得不偿失的是自己。

女人的一生都是美的，不同的年龄段会演绎着不同的美。小女孩的美似山涧奔跑的小溪，洋溢着清新明快；少女的美似一湾湖水，恬静宜人；成熟女人的美更像碧蓝的大海，博大包容，静谧深邃。女孩子在遭遇爱情进入婚姻成为女人后，便会成为集多种角色为一身的综合体，这时的女人正是接受生活鉴定你是否真正美丽的关键时刻，经过细细品味和感悟，你会知晓进入这一时期的女人糊涂一些才是最美的。

"水至清则无鱼"，也就是说凡事不能太较真，别和自己过不去。试想如果我们在工作中做到，非原则性问题不计较，细小问题不纠缠，不便回答就佯装不懂，闲言碎语假作不知，以理智的"糊涂"化险为夷，聪明的"糊涂"不仅可以化干戈为玉帛，冰消雪化，云开雾散，更可以使人心胸坦然，精神愉悦，从而消除心理上的痛苦和疲惫，何乐而不为呢？在对待爱情上我们也是

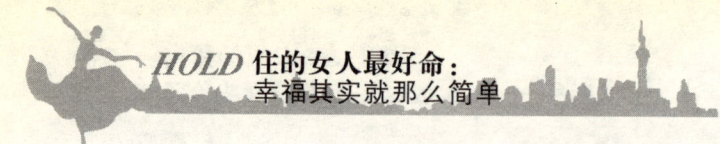

应该这样。

那么怎样才算糊涂且恰到好处呢？

(1)宽宏大度，胸襟开阔。回首一下男人的爱情誓言，差不多全是捉襟见肘的。如果女人心血来潮认真起来，略作考证便可以将男人的豪言壮语和温馨的空头许诺，批驳得体无完肤，片甲不留。但糊涂的女人会不动声色地相信和默认它。

(2)理解信任，明白事理。家庭生活会遇到很多事，糊涂的妻子只会相信丈夫，不会捕风捉影，自寻烦恼。

(3)爱心在前，责备在后。如果丈夫偶尔购物兴致冲冲地回来，妻子对丈夫买回的东西品头论足，百般挑剔，男人心里不烦才怪。糊涂的女人会投来欣赏的目光，口中念念有词："买了就好啊。"

(4)克制情绪，理智处事。两个人在一起生活不可能总是风平浪静，一旦发生争执，倘若过分热衷于搞清谁是谁非，一味地斤斤计较，或只顾发泄心中的愤恨，无异于"火上浇油"，结果反而会激化矛盾，对于身心健康没好处。糊涂的女人虽然是苦中求乐，但却找到了生活的乐趣。

最后，也是最重要的一点，糊涂女人不等于傻女人。切记！

女人因独立而美丽

在感情中女人永远都是容易受伤害的那一个，这其中最大的原因是女人把爱当成了生命中最重要的一部分，甚至于说是全部。很多女人，除了爱情以外，一无所有。爱情一旦崩塌，她就什么都没有了。为了能留住这所有也是惟一，她就一再妥协一再忍让。在渴望避免伤害中一再被伤害。

女人的幸福谁能给予？是爱情中卿卿我我的那个男人吗？不可能，因为在他还迷恋的时候，女人是捧在手心里的一个宝，是不沾人间尘土的天使。在他厌倦的时候，女人是墙角边的一块瓦，是想甩开的一个累赘。女人的幸福只在女人的自己手上，是自己给予自己的。女人要有自己的生活，要独立。也许你还没有经济独立，但是思想首先要独立，你第一是你自己，第二才是某个人的女朋友。你要在你规划中的未来，一步步把你的感情归纳进来。你不能为感情牺牲自己的快乐，更不能因为感情牺牲你自己。

不是我危言耸听，男人不会把百依百顺为了自己舍弃一切的女人当成永远的宝。在男人眼里，她会慢慢地失去最初的新鲜，而她也因为有了她认为是全部的感情生活而失去改变。她的好变成理所当然，她的不变变成让人厌倦。

有句话是："男人永远不会忘记那个对他狠的女人。"这个女人之所以能狠的起来，也是因为离开男人她还有自己的东西，自己的生活，自己的未来。她的人生不是构建在这个男人身上的。她狠的理直气壮，顺理成章。正是因为这份独立，这个女人才有吸引力，才有永远新鲜的魅力。

在西方的传说里，人类的第一个女人夏娃只不过是亚当身上的一根肋骨，而在东方的历史上，女人也不过是男人身上的附属品。

千百年来，因为女人不自立，才会婚后眼里只有家，家里只有他和娃；

因为女人不自立，才会迷失自己，成为男人的附庸；

因为女人不自立，才会工作没有目标，事业可有可无；

因为女人不自立，才会经济没有来源，怕男人离弃；

因为女人不自立，才会不敢"放纵"自己，总是小女人模样；

因为女人不自立，才会觉得离开男人自己没了生计；

因为女人不自立，才会总以外貌表现自己，却很少投资心灵；

因为女人不自立，才会有困难不能解决，总让悲凉情绪笼罩自己；

因为女人不自立，才会离婚后觉得自己是根草，不为自己的尊严战斗；

因为女人不自立，才会让男人以为三餐饱了就知足，没有其他的思想；

因为女人不自立，才会只知看管老公，而不懂美化自己以吸引爱情回归。

男人是女人的一切？不！自立才是女人的天！

自立是女人自信的重要元素之一。没有独立的经济来源，没有独立的情感世界，女人永远是男人的衣服；没有一个让自己安身立命的本事，女人迟早会成为怨妇中的一员；不能自立的女人，注定不能把握自己的命运。

女人在经济上的独立是自我实现的首要条件。现在普遍的观点都认同：同甘共苦才是家庭中的智慧。女人任重而道远，旧时的一些观念不仅要改变，女人还要追求自己的地位和财富，追求自己的快乐和幸福。

真正能独立自主的女人，会得到社会及他人的尊重，这是女人寻回自我

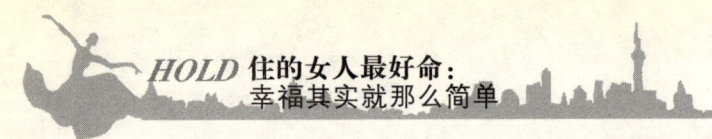

的首要前提。有事业的女人能与自己的男人平起平坐，能让他们不会轻易产生"是我在养你的"的心理，能得到男人的尊重和敬佩。

自立的女人不会把终生的幸福完全交在那个他手中（尽管求婚时他说："我会让你一辈子幸福"），他哪有那么多精力打理你的幸福，更何况女人对幸福的要求男人一般达不到。所以，女人要和他一起共同为家付出。这样即使当你面对一份支离破碎的生活时，你的自立也会让你重拾生活的勇气，重新开始打理自己的生活。

古今中外，任何一个值得尊敬的人都是用辛勤的工作，来换取事业的成功的。事业不仅是为了满足女人生存的需要，同时也体现个人价值的需要。自信女人的一个可贵之处就是能够拥有自己独立的事业，它能给我们以精神的寄托，同时又使我们经济独立、人格独立。

某著名高校中文系的女硕士生，在临近硕士毕业时，她结束了长达五年的爱情长跑，接受了先生的求婚。到该找工作的时候，她也和其他同学一样开始做简历、挤招聘会。当时她以为凭着硕士文凭和在报社、电视台实习的经历，一定能找到一份如意的工作。谁知道一跳进入才市场的海洋里，一切情况和她想象的大不一样。

周围的不少朋友劝她："何必辛苦呢？你老公留学归来，又是工科博士，那么多单位开价都是一万两万。你干脆不工作，在家写点小文章，赚点小钱，悠然自得不好吗？"于是她把档案往人才市场一放，选择了不工作。

可当最初的兴奋一过，她才发现这样的生活过得并不美好，先生每天去上班时，她还在睡大觉，中午一个人在家随便吃点将就着。一整天她都在家里穿着睡衣到处晃悠。于是她开始觉得失落、觉得不快乐，渐渐地脾气越来越坏，动不动就发火。

深夜梦醒的时候，她不断地追问自己：这真的是我想要的生活？答案是：不。我想去工作，不是因为别的，而是需要。

于是，趁着先生到上海去发展的机会，开始像一个应届毕业生一样，又开始了在上海的求职之路。终于，她在一家报社开始做编辑，尽管工资不高，却让她觉得很踏实。她说："在这个人才济济的城市里，我看到了太多优秀的女人怎样在生活。如果你问我，现在累吗？的确有点累，但我很满意。现在，见到我的朋友总说我比以前更有神采了。"

现在更多的女性努力工作是为了释放自己最大的价值，在不断的进取和成绩中获得肯定和自我完善。她们和那些放弃工作、走入家庭的女性形成鲜明对化，更显独立自主，为社会创造价值，是城市街头匆匆奔走的亮丽风景线。

独立自信的女人可以骄傲地对世人宣称她们是天空之中翱翔的鸿雁，是高原上奔跑跳跃的藏羚羊，是花丛中翩翩起舞的美丽蝴蝶……在世间，她们用自己的方式展现着属于自己的美丽。

独立自信的女人拥有广阔的心胸，高瞻远瞩的目光。她们没有临渊羡鱼而后感叹，她们用行动实践着"退而结网"的道理，她们用自己的双手规划自己的未来。她们懂得"靠山山倒，靠水水枯，靠自己永远不倒"的道理，她们会用自己手中的笔，在蓝图上描绘自己将要创造的山水。

独立自信的女人会给人一个轻松自在的感觉，让人惬意的像漫步在幽静的山林之中；即便面对变幻无常的社会，她们也不会丢掉轻松的微笑。

我们还记得初中课本上有一篇舒婷的《致橡树》吧，这首诗就是独立自信女人的自动写照。

致橡树

舒婷

我如果爱你——

绝不像攀援的凌霄花，

借你的高枝炫耀自己；

我如果爱你——

绝不学痴情的鸟儿，

为绿荫重复单调的歌曲；

也不止像泉源，

常年送来清凉的慰藉；

也不止像险峰，增加你的高度，衬托你的威仪。

甚至日光。

甚至春雨。

不，这些都还不够！

我必须是你近旁的一株木棉，

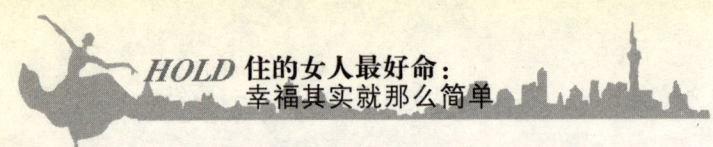
作为树的形象和你站在一起。

根，紧握在地下，

叶，相触在云里。

每一阵风过，

我们都互相致意，

但没有人

听懂我们的言语。

你有你的铜枝铁干，

像刀，像剑，

也像戟，

我有我的红硕花朵，

像沉重的叹息，

又像英勇的火炬，

我们分担寒潮、风雷、霹雳；

我们共享雾霭流岚、虹霓，

仿佛永远分离，

却又终身相依，

这才是伟大的爱情，

坚贞就在这里：

不仅爱你伟岸的身躯，

也爱你坚持的位置，脚下的土地。

延伸阅读 幸福女人终其一生要读的60本书

1. 张爱玲《倾城之恋》

2. 玛格丽特·杜拉斯《情人》

3. 考琳·麦卡洛《荆棘鸟》

4. 村上春树《挪威的森林》

5. 渡边淳一《失乐园》

6.钱钟书《围城》

7.劳伦斯《虹》

8.泰戈尔《飞鸟集》

9.塞林格《麦田里的守望者》

10.米兰·昆德拉《缓慢》

11.西蒙娜·德·波伏娃《第二性》

12.雪儿·海蒂《性学报告》

13.埃克苏佩里《小王子》

14.让我来成全你的幸福:小仲马《茶花女》

15.灵魂的哲学与博爱:司汤达《红与黑》

16.越过爱情,看见春暖花开:简·奥斯丁《傲慢与偏见》

17.我爱你,与你无关:茨威格《一个陌生女人的来信》

18.这简直像戏一样:威廉·莎士比亚《罗密欧与朱丽叶》

19.爱永远不用说对不起:西格尔《爱情故事》

20.山在那里,你的心碎了:岩井俊二《情书》

21.充满暗礁的爱情海洋:加西亚·马尔克斯《霍乱时期的爱情》

22.爱情终究成了一种传说:阿兰·德波顿《爱情笔记》

23.温柔而坚强:夏洛蒂·勃朗特《简·爱》

24.粉色的小爱情:堀川波《我就喜欢你这样的地方》

25.有天堂,但是没有道路:北村《玛卓的爱情》

26.美与爱是独立的:川端康成《雪国》

27.难得糊涂的爱情与婚姻:列夫·托尔斯泰《安娜·卡列尼娜》

28.战火中成长的美丽与坚强:玛格丽特·米切尔《飘》

29.用哲学来思考:米兰·昆德拉《生命中不能承受之轻》

30.奥德修斯式的传奇:雨果《悲惨世界》

31.二十四小时,路过爱,走过禁区:霍桑《红字》

32.最残酷的爱和最不忍的恨:曹禺《雷雨》

33.值得付出一生的等待:帕斯捷尔纳克《日瓦戈医生》

34.唤醒生命的人:海伦·凯勒《假如给我三天光明》

35.只有渺小的人物,没有渺小的爱情:西奥多·德莱塞《珍妮姑娘》

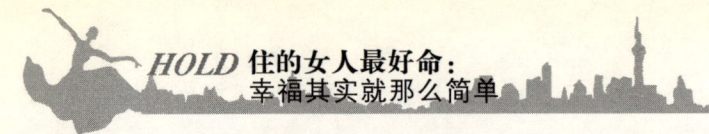

36.黄叶铺满地,我们已不再年轻:路遥《平凡的世界》

37.生得寂寞,死得单调:萧红《呼兰河传》

38.爱上你的心:雨果《巴黎圣母院》

39.爱和欲的煎熬:福楼拜《包法利夫人》

40.我的成长与战争共呼吸:安妮·弗兰克《安妮日记》

41.沉重的枷锁:张爱玲《金锁记》

42.在自我面前忏悔吧:列夫·托尔斯泰《复活》

43.片刻的浮华盛世:莫泊桑《项链》

44.战争,让女人走开:瓦西里耶夫《这里的黎明静悄悄》

45.包容的爱还是彻底的恨:艾米莉·勃朗特《呼啸山庄》

46.从"黑暗意识"中苏醒:翟永明《女人》

47.溶解心灵的秘密:舒婷《舒婷诗集》

48.爱,我们曾共同拥有:叶芝《当你老了》

49.你最美的气质是自由:惠特曼《草叶集》

50.此幸福,彼幸福:杨绛《我们仨》

51.成长是目的,爱情是过程:张小娴《面包树上的女人》

52.从另一个角度来看婚姻:老舍《离婚》

53.一个女人的城市传奇:王安忆《长恨歌》

54.爱情与食物的辩证关系:徐坤《厨房》

55.勇敢地被启蒙:高尔基《母亲》

56.跳来跳去,你跳得出生活吗:契诃夫《跳来跳去的女人》

57.棘心天天,母亲辛劳:苏雪林《棘心》

58.有时候,钱也是安全感:亦舒《喜宝》

59.一切只是私人生活:陈染《私人生活》

60.让它变成事实吧:王小波《黄金时代》

怎么用爱情来选一辈子的好男人

爱情就像是在等公交车,不想坐的车接二连三地频频为你停留,而真正想坐的,却怎么也等不到。

好不容易等来了自己想要乘坐的那一班次,却发现它们像是约好了似的结伙成行一次来了两三辆,让人不知如何是好。

不管坐上哪辆,心里都会有淡淡的惆怅,总担心错过的是否才是最好的选择。

女人,究竟要如何用爱情来选择那个愿意与你共度一生、相濡以沫的好男人呢?

*1.*不要以为你的爱情与众不同

测试

你会与幸福擦肩而过吗?

幸福在哪里?人们常常这样询问自己。让我们进入你的潜意识,来测试一下你是否会与幸福擦身而过吧。

测试开始:

你看上一条裤子,试穿之后却发现拉链拉不起来,这时你的反应会是什么?

A.变瘦后再回来买

B.恨自己变胖了

C.换别款的裤子

D.赌气买下来

测试结果

选择A:布下天罗地网的你,幸福只要来到你绝不让它溜走。

这种类型的人非常有心机和计划，随时锁定对象，甚至已婚的男人都在其目标范围之内。只要有机会，你就会把对方抢过来。

选择B：识人不清的你总以为自己爱对人了，结果却是一场空。

这种类型的人活在自己的世界里，只要双方看对眼，其他的都不管了，即使是别人苦口婆心地劝告也不理会，等到自己撞了满头包才觉得自己识人不清。

选择C：总以为下一个更好的你，不懂得珍惜眼前的幸福。

这种类型的人对于现在的另一半不是很满意，总是觉得新的对象也许会更好。

选择D：操之过急的你会吓跑想给你幸福的人。

这种类型的人碰到喜欢的人时，会想尽办法促成这段姻缘，但是由于太主动了，反而会把对方吓跑。

听朋友说过这样一起故事。一个女孩打算出国读书，深爱她的男友劝阻不住，只好紧急组建亲友团，轮番给她上课。他们告诉她，她的男友已过三十，已经临近结婚的年龄，恐怕难以等待。对她来说，爱情和读书是鱼与熊掌，不可兼得，像他这样爱她的优秀男人，并不好找，请她一定想清楚。女孩坚持自己的想法，毫不为之所动，她的观点是：真正的爱情经得起任何时间和空间的考验，如果他真的爱她，就一定会等她。

结果可想而知，她出国了，男友与她分手并且很快与另一个女孩结婚。不久，她抽空回国，说她最想见的人，就是前男友的妻子。

不知道这个女孩有没有如愿见到她想见的人，但有一点可以肯定，她后悔了。

后悔什么呢？

后悔自己懂得爱情太晚，不知道珍惜？

还是后悔自己高估了她在男友心目中的份量（要知道他一向非常宠她）？

或者最关键的，后悔自己高估了爱情的力量？

女人在陷入爱情时最容易犯的错误，就是盲目相信自己的爱人是世上最好的男人，盲目相信爱情伟大到可以经受一切考验，盲目相信自己拥有世

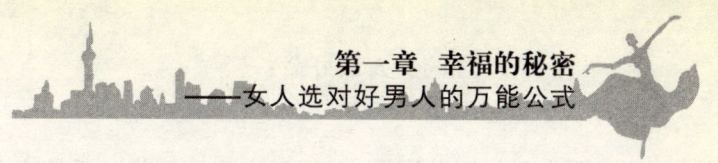

上独一无二的爱情。

如果只是头口上说说，满足一下虚荣心，倒也罢了。

可怕的是，她居然把它当作行动纲领，"勇敢"地付诸实践，通过实践来证明自己想法的正确性。

不要以为你的爱情与众不同，不要相信男人恋爱时会一直无条件地付出，永远无怨无悔地等待。

爱情的追逐和浪漫通常是一场男人导演给女人看的大戏，当女人被动地享受梦幻时，男人却在清醒地辛劳。

"导演"是需要成本的，过多的浪漫、付出和关爱，会让男人感觉很累，尤其是当他有一天意识到爱情成为事业的障碍时，他会把这一切归咎于女人，会把爱情当成负担，把女人当成累赘。

一个值得女人爱的男人，永远是事业重于爱情，只有在征服女人的阶段，他才会"集中优势兵力打歼灭战"。

爱情、婚姻和家庭永远只是男人的大后方，只有在战争的空隙，他才会偶尔眷顾。

从根本上说，男人的一生不属于生活，而属于"战争"，包括征服女人。

不要以为你的爱情与众不同，不要因为婚外情的精彩而执着于它的结果。

不要相信男人与婚外恋人之间会有真正的感情，除非他在认识你之前就想离婚。

男人一旦结婚，就会明白，对老婆责任大于感情。

尤其当他有了孩子，责任的成份更重。

婚外情无非是发泄他过多的精力和欲望，给事业减压，阻碍他离婚的一个放松过程。一旦他感觉激情耗尽，或者他感觉你需要婚姻，或者这桩感情可能给他的事业带来危险，他就会飞快地做出理性抉择。

不要以为你的爱情与众不同，不要为了爱情放弃一切。

爱情是什么？

爱情从短期看，是一种从内心喷薄而出的情感梦幻，是一种愿意为对方付出所有的冲动，从长期看，它却需要现实的养分。

感情的幸福必须建立在不与现实对抗的基础上，否则你不仅很难与周围人群找到共同语言，而且会遍体鳞伤。爱情在最热烈时，纯粹是两个人的事，但在生活层面，却事关全社会。

两个相爱的人不一定能走到一起，也不一定要走到一起（如果成本过高），因为爱情只是爱情。不稳定的情爱关系会产生的一种强烈拥有对方的愿望，一旦两人真正走到一起生活，这种愿望就消失了一大半。

美梦醒来是早晨，你会突然发现你们需要的并不是彼此的感情，而是昨晚被你们扔到马桶里的"面包"。

不要以为你的爱情与众不同，不要以为付出就一定有回报。

女人的感情付出，与其说是为了取悦男人，不如说是为了取悦自己，因为女人只有通过爱和付出，才能感觉到自己存在的意义。

付出只是爱的结果，而不是爱的前提。如果你爱一个人又舍不得付出，同样会受伤。

不要以为你的爱情与众不同，不要以为回避现实就不会受伤。

很多伤害并非因为现实真的有多残酷，而是因为现实与梦想之间的巨大落差。现实一直就这样摆在每个人面前，可惜有的女人在一跤摔倒之前，绝不会相信，不仅不相信，还一味逃避。

对于他人的感情创伤，她斥之为不健康或变态的故事，躲之不及。

女人常常比男人更痛恨婚外恋女人，认为她们是邪恶和不道德的化身。

什么是道德？道德就是不要因为自己也极可能会犯的错误而不加思考地谴责他人，或者通俗一点，就是"己所不欲，勿施于人"。

越是单纯的人越难以宽容，因为阅历将告诉你，只要具备条件，每个人都会犯曾经不屑一顾、坚信与自己无关的错误。

这个世界上，从来就没有绝对高尚的人。

不要相信世间有独一无二、完全脱离世俗的爱情。

从化学层面看，每个人都是分子和原子的一种排列组合，你身上并没有别人所不具备的元素。

你的每一个想法，每一种言行举止，都可以在历史中找到案底，在现实中找到一个与你最相似的人。

虽然你可能拥有无数动人的爱情细节，和别于他人的生动体验，但在大的框架上，你只可能重复别人的爱情故事，除非你是外星人。

当你还在执着地幻想爱情的无数种美好可能时，曾经沧海的父母和的密友已经在答题板上写好了结局。

性格决定命运，选择改变过程。

事实上，我们永远无法改变终将死去这一可怕结局，但是，如果我们在爱情中能稍稍理性，放弃一些无谓的错误，也许可以在临终前这样安慰自己："我曾经因为一次聪明的抉择而让人生变得更精彩。"

选择，最重要的就是选择

从我们生下来的那一天起，除了我们的父母不能选择，所有的一切都可以选择。

小时候我们选择不同的小学，选择了不同的伙伴，由此我们的人生也开始了不同的选择，那时候选择对我们的性格人品习惯的形成有一定的关系，由此我们的审美观也存在了差异，所以这个世界才如此五彩缤纷。

总之终其一生，我们的人生充满了各种选择。

而对于男人来说，最重要的是选择一个徘徊在智商及格线上的美女，还是选择一个随手能写出几千字美文的才女？

对一个女人来说，是选择一个对她好，但是没有钱的穷光蛋，还是选择一个有钱，但是对她不好的坏胚子？

美貌，是上帝赐予一个女人最好的礼物，也是上帝惩罚男人最好的武器。

于是男人在选择女人之前，首先会看其长相，至于才气次之了。

女人在选择男人之前，首先看其身高面貌，至于底气也次之了。

但是在我们彼此接触一段时间过后，会发现我们的选择存在许多问题，于是开始思考，当初的选择是对还是错呢？适不适合的问题由此而来。

我们的一生总是在不断地追求完美，恋爱也是一样，相处久了，感觉不适合了，就可以找个不是理由的理由分了，但是天下哪里有那么十全十美的人啊！白马也有被环境熏陶黑的时候。

男人如果选择了一个美貌的女子，在刚开始的时候一定是幸福的，他不仅有了炫耀的资本，而且天天可以欣赏一道美丽的风景。随着时间的流逝，当美貌的容颜慢慢被时间掩埋，相处方式和兴趣不和等问题慢慢浮现的时候，会感觉到那时候是一个错误的选择。

美貌只是时间给的一种慢性毒药，服了毒药生命还能延续多久，爱还会持续多久？分手是最惨痛和最幸福的结果。

女人如果选择了一个有钱但是对她不好的英俊男子，他钱多的可以满足她任何的物质需求，房子车子都应用尽有，这样的生活谁都想要。因为在一个女人年轻的时候，或者说在一个女人还不需要男人照顾的情况下，那是非常幸福的。但是如果他用同样的条件对待另外一个女人的时候，还或者他在你需要的时候不能陪在你身边，你会不会有深深的失落？

如果你可以摆脱金钱的诱惑，或许可以重新选择一次，趁着自己还年轻和他分手，如果你舍弃不了金钱，那么你接下来的一辈子将过得很痛苦，人就是这样得到之后就不懂得珍惜。

最难得到的东西，往往才会被人珍惜，但是当你一不留神的时候，想珍惜的东西会就这样离你远去了。

比如你千辛万苦的追求一个人，经过千山万水的阻扰你们终于在一起了。但是就有那么一天，你突然之间就不爱了或者爱上别人了，但是她还是那样深深地爱着你。想着当初的蹉跎岁月，想着当初的山盟海誓，想要一辈子好好的珍惜你，而你转身就走开了，而且头也不回了，这样的独自珍惜，是撞不出火花的。那颗受伤害的心，当你某天想挽回的时候，就如泼出去的水，再也收不回了。于是你后悔自己当初选择错误了，早知如此何必当初呢？

人总是在这样那样的后悔中不断成长，总是在这样那样的选择中不断选择，最后当我们错过了无数个本来应该珍惜而没有能珍惜的人之后，我们对生活爱情妥协了，不再选择那么多，能有一个一起过生活的伴侣就好了，这样我们就在不甘心中终于甘心。

当我们真心需要的时候，其实是不需要选择的。

比如真正的爱情，当它来的时候，你是不需要任何理由的，但是当去的时候，你又有理由了，那是为什么呢？

因为爱情不存在了，不在了的东西你还选择干什么？

不如弃了它，人只会选择对自己有利益的东西。

我们总是在不断的选择，衡量不同的指标：

选择有钱的

选择身高一米八

选择相貌

选择学历

选择进攻的方向

选择逃跑的路线

……

因为这个世界没有尽善尽美，我们只能选择对自己最有利的。

选择成为我们不被淘汰的理由，成了我们活下去的法宝。

男人徘徊在女人的美貌给他们的震撼，和能谈笑风声的才女带给他们的愉悦中；

女人唯一记得的是那个对你不好的、有钱的男人曾使用钱这样的对你好过……

究竟要如何选，我们才有真正的幸福一生呢？

2.只选对的不选贵的，从"剩男"里选出"金龟婿"

"爱"还是"不爱"？"婚"还是"不婚"？

这也许永远是徘徊在女人们心中最难解的谜题！

如何找到属于自己的"真命天子"？

如何从茫茫人海中挑出适合自己的"金龟婿"？

请女人们都睁大眼睛仔细辨认，坚信"只选对的不选贵的"，好男人是选出来的！

蜜糖男：我们永远是纯洁的男女关系

周末约了慕枫一起逛街，因为他对服装的好恶一向是公司的流行风向标。这样的人才，我当然要利用一下。短短两个小时的时间里，慕枫接了五个电话。承上启下地根据他的话联想一下，不难发现是同一个女人打来的。

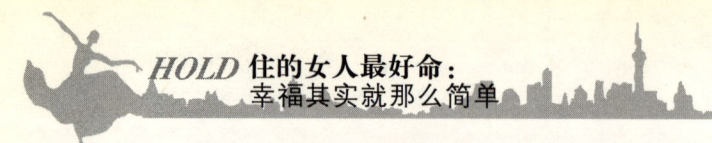
我看着他笑："女朋友？"

慕枫回笑："发展部的小刘，好像对我有点意思。"

我说："不打算发展发展？"

慕枫作惊讶状："你这么想真是枉我这些年来对你一片真心。"

我大笑："真心？是恶心吧！"

逛街吃饭后慕枫把我送回家，然后天南地北的聊上一通，再道别离去。

我时常暗自感叹，这个男人实在是好。不管有什么事情，一个电话便可找到他，永远对我一脸笑意，人前人后都把我放在最重要的知心好友的位置。和慕枫一比较，追了我一年的A君显然嫩得像个小学生。A君的手段，永远是请吃饭，然后看电影。而谈论的话题，无非是领导最近的态度，妈妈是否又在催婚。

朋友们调侃我说，我爱的名花有主，爱我的惨不忍睹。A君当然不至于惨不忍睹，但重点在于，慕枫也并不是属于我的那朵花。

纯洁的男女关系

苏娜鼓励我去追慕枫，她说："这么优秀的男人，别让别人抢走了。"可惜我和慕枫的"感情基础"，无非是在一起喝茶的次数多了一些，一起逛街的频率密了一点罢了。我曾借着别人的话问慕枫："我们是不是纯洁的男女关系？"慕枫睁着一双清纯似水的眼睛说："我们当然是最好的朋友！我们无话不谈惺惺相惜，这是多么难得的呀！"

于是我被慕枫定在了那个"好友"的位置。虽然我的大多事情他都参与其中，虽然我们每天晚上短信聊到"Say Good night"。

中午饭的时候，我看到慕枫和那个小刘有说有笑地坐在食堂吃饭。我沉着脸打好饭并在3分钟内吃完。隔着两张桌子，慕枫显然没有看到我。或者，他是不愿意在这个时候看到我。

我不是唯一的那个

认清现状后，我很快和A君真刀实枪地交往了起来。28岁的我，已经不能再和慕枫不明不白地拖下去。

而A君，作为一个结婚对象来讲，除了有点乏味，并没有太大的缺点。

我和A君交往的事情传到慕枫耳里后，慕枫像是有点伤心地望着我说："你竟然就这样抛弃了我！"

我说："现在突然宝贝起我了吗？"

慕枫说："你是最特殊的一个嘛！"

我似笑非笑："要不，我回去和A君分手？"

看着慕枫往后一倒作惊讶状，我说："放心，我才不想要你呢！"

慕枫说："洁，这就是你的特殊之处了！"他拍拍我的头，转身走了出去。

我知道，最后一句就是慕枫的内心想法。他愿意和我保持着亲密的关系，愿意陪我聊天逛街，愿意听取我的烦恼并帮我想办法解决。但这一切的前提都在于，他需要和我保持一定的距离。我和他之所以能保持这么长久的关系，正是因为我不愿意占有他。

慕枫之于我，是一朵赏心悦目的花。但这朵花，并不属于我。我欣赏他，却不能阻止别人也一样欣赏他。他取悦我，也会顺其自然地去取悦别人。

我和慕枫，就是传说中的"恋人未满"！

蜜糖男特征：

心思细腻的时尚达男，爱好逛街、购物、八卦，能成为女人最好的聊友，这种男人一般很注意自己的外型，所以跟他一起出行会很有面子。不过问题是，他跟大多数女同学、女同事、还有八竿子打不着的"姐姐妹妹"们都混得都很好。

交往指数：★★★★★

婚姻指数：★★☆☆☆

心理分析：

蜜糖男是很享受身边拥有众多女伴的生活的，也很擅长周旋于许多优秀的单身女性之间并游刃有余，却因为不愿意放弃"人在花丛中"的美好生活而自动选择保持单身的状态，他们属于主动剩下来的类型。

支招：

你要尝试透过表面深入了解他，他真正需要或者更喜欢什么样的女人，到底是漂亮的外貌，还是聪明才智？如果他没有模糊的标准，就帮他建立一个标准，告诉他你是最适合他的。对这种没有标准的男人，心理暗示的力量是很强大的。

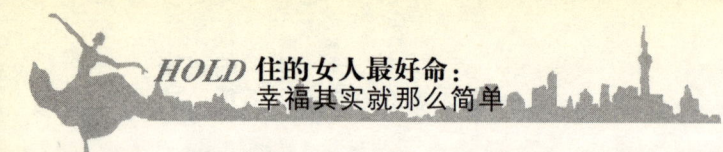

逃避男：让我和空气对话

半夜惊醒，一摸边上，是空的。这是第几次了，他这样无声无息地半夜从床上消失？

第二天早上，藤杰回家，看到坐在沙发上的我，居然没有任何要解释的意思。

我看着他没人事一样洗脸、刷牙，准备睡觉，终于忍不住心里的怒火："你昨天晚上是不是又去网吧了？"

藤杰从床上坐起来，看了我一下，想说什么又没说出口，叹了口气，又拉上被子躺了下去。他总是这样，用沉默回答我的怒火。

中午，隔壁的马大姐又说要给我介绍对象的时候，我把那张写好电话号码的纸收了下来。我想，对他，我是有点绝望了。

无故增多的电话，不断往家拿的各种礼包……藤杰不至于没察觉到这些，可他一如既往的冷静，一如既往的沉默。

那天吃过晚饭后，我叫住正准备去卧室上网的藤杰，下定决心和他谈一谈。

我才开口，藤杰就表示，他知道有人正在追我，也知道我这段时间拿回家的东西都是那个人送的。他什么都知道，可是，他却说："你有选择的自由。"望着他一脸无辜的模样，我咬牙切齿地问："你就没有想过通过自己的努力来争取和我共同拥有一个未来吗？"

他沉默很久，才说："很多事情，不是你想象的那么简单的。"

我愤怒了："什么东西都复杂，只有你玩游戏，不复杂！"

心冷了下去

从那次谈话后，藤杰似乎体贴了很多。他开始主动地收拾家务陪我看电视等等，上网的时间也没有过去那么长了。可有时候，我觉得藤杰也似乎疏远了很多。不管我和他讲什么事情，他都用"让我想想"来开头。这句话，很容易就把我置于千里之外。我想，也许有了压力就会有动力，也许我们应该去供套房子。

藤杰听说了我的计划后，皱着眉头想了半天说："这件事，我们能过段时间再说吗？"

我说："迟早要买的东西,越晚买越贵呀!再说,家里不也一直催我们把事办一下吗?没房子怎么结婚呀?"

藤杰叹口气:"唉,你总是把事情想得很简单。说实话,我觉得我们现在都还没有作好步入家庭生活的心理准备,再考虑一下吧!"

我说:"这些事情,是永远准备不好的。你想拖到什么时候呢?再过5年,你觉得有把握比现在好很多吗?"

藤杰走过来抱着我的肩:"我不是想拖,我也有我的苦处的。"

我推开藤杰:"那你有什么苦处,你告诉我。"

在我的注视下,藤杰的眼神开始游移闪脱,最终以一句"让我想想"结束了我们的谈话,又一个人去了卧室。

我一个人站在客厅想,也许真的就像姐妹们说的那样,藤杰并不是不想和我共度未来,而是他没有勇气去面对自己要负起的那份责任。

不管是他的沉默还是他对游戏的沉迷,都是因为他在逃避,逃避他应该负的责任。

而对我于来讲,要改变的不仅仅是藤杰的生活方式,甚至是他的整个观念。

想到这里,我的心便一寸寸地冷了下去。

逃避男特征:

如果在经典托词中他常常使用那么一到两句,不要质疑,他就是传说中的逃避男。只要你问到关键的问题,他永远不会给你一个标准的答案,而是反问你"你觉得呢?(他永远不会把自己的真心话告诉你)""这是你说的哦(我不承担任何责任)"或者"这个问题,我们以后再详细说好吗?(遥遥无期,永远有明天)

交往指数:★★★☆☆

婚姻指数:★☆☆☆☆

心理分析:

避免或许是人的一种强烈本能。大多数人在"有利"与"不利"两种形势的抉择中都会选择趋吉避凶。如果他成功地逃避了一次,尝到了甜头,就会继而若无其事地对你撒谎,你们之间的关系,就永远没有结果。

支招:

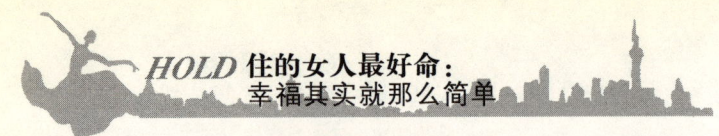

不要让他那些逃避的伎俩奏效，永远不要给他模棱两可的机会。不管是决定去某地旅游之类的小事还是结婚这样的大事，你大可直截了当地告诉他，要么"yes"，要么说"no"！

实际男：不够风花雪月，却能过一辈子

以前我常听一些朋友发牢骚："现在的男人一个比一个精，一个个都是不见兔子不撒鹰的主，吃个饭还得AA。"

那时我常常冷笑兼嗤之以鼻："这样的男人还叫爷们吗？都是叫你们这些'贱女人'惯的，若是叫我撞到了，哼哼……"

没想到，我慷慨陈词没有几天，就遇到了庄飞。

庄飞是朋友菲菲介绍认识的，听说是个家底颇丰的主，而且还单身，是菲菲男朋友林东的同学。

菲菲雄心勃勃地准备介绍给我，顺便嘛，"打打他的抽丰"。

谁叫这个男人腰包里有点闲钱还没个女人帮他使呢？

菲菲冒出这个想法时，我们正在街上血拼得精疲力竭，准备吃点东西充电，她突然有了喊个男人来买单的想法。菲菲是个美女，用她惯常的说法："本小姐喊男人买单，就是给他面子……"

庄飞还是给了菲菲面子，打了电话不到半个小时，就开着车来了。庄飞的车子不好也不坏，一辆灰色的飞度，他走出车门，看了看菲菲，又看了看我，笑得很拘谨。菲菲说，介绍一个美女给你，这是胡静。

他又朝我笑了笑。这是一个从外貌、穿着到谈吐都看着很平常的男人。

菲菲拉着我上了庄飞的车，然后就开始盘算着怎么吃他一顿，她一口气点了几家饭店，都被庄飞毫不客气地拒绝了："菲菲，今天我可是看着你家林东的面子才来接你的。吃个中饭，要那么排场干吗？我带你们去个地方，保证物廉价美。"然后，庄飞就把我们拉到了一条偏僻无比的小巷子里，巷子的尽头有个私家菜馆，生意似乎还不错。

吃完饭，庄飞去结账，菲菲愤愤地说："这个庄飞，也太精了，66块钱就打发了我们。"正在结账的庄飞慢悠悠地对我们说："菲菲，我已经很给你面子了，要不是看在你旁边这个美女的份上，我非得跟你AA制不可。"菲菲做了一

个呕吐的表情。这个男人也太抠门了！本来我对庄飞也真没什么好感，只是没想到，我们公司去北京参加产品展销会时，居然又遇到了他。

北京毕竟不是成都，在满街都是陌生男女的大街上，哪怕两人有过一面之缘也多了份亲切。何况，还是庄飞先喊出了我的名字。而且，我们居然还住在同一家酒店。反正闲着也是闲着，我们就随便在街上走了走。这一次，庄飞倒是表现得比上次殷勤，我们走过麦当劳时，他很热情地问："吃不吃甜筒？"我微笑着说："随便。"

不一会儿，庄飞就拿着两个甜筒走了过来，一支是蓝莓的，一支是普通的。他把蓝莓的给了我。在东一句西一句的闲扯中，我逐渐了解了庄飞的家世。他老家是湘西农村，他是家里的老小，家里经济条件一般，所以读高中的时候，暑假就开始去广州打工，"基本上什么零工都做过"。听着他平平淡淡地叙述那些过往，我突然发现，这个男人并不像想象中那么讨厌。

不知不觉到了吃晚饭的时候，庄飞犹豫了一下说："我们一起吃个饭吧？"

我笑了笑，想起庄飞上次东拐西弯地带我们找那家私家菜馆的事。正好路边有家湖南人开的湘菜小炒店，也还干净，我说："就这里吃吧。"

吃完饭，我掏出钱包买单，庄飞不让，我说："没事，上次还欠你一顿呢。"

回成都之后，就在我差不多要忘记庄飞这个人时，他突然打电话给我，约我去吃饭，说是要还在北京欠我的那顿饭。就那之后，庄飞开始时不时打个电话给我，没有别的理由，就是请我吃饭。说是请我吃饭，也确实就是请吃饭而已。看电影、逛街、买花献殷勤之类能引起男女感情升华的活动一律没有。

刚开始，菲菲还不相信，我带她去了几次，她就再也不肯去了："吃饭的地方老是那家家常菜馆，特没情调不说，还没业余活动，这个庄飞，也太抠门了！"

被"资产阶级"的金砖砸倒在地

但是，我们谁也没想到，庄飞会送那么贵重的情人节礼物给我，那是一块金砖。那天，我们办公室的美女，基本上都收到了大把的玫瑰、巧克力，花团锦簇的一片。菲菲的男友独出心裁地送了她一枝纯金箔压模的金玫瑰，引起一片惊艳之声。

"喂，今天庄飞不会还是喊你吃一顿饭吧？"菲菲冲着我说，"这种没情调又抠门的臭男人，休掉算了，我再给你介绍一个好的。"

就在这时，一个送快递的男人走了进来，大声问："谁是胡静！"打开那个小小的包裹，我不禁愣住了。这个庄飞，说他没情调还真没错，别人送金玫瑰，他送金砖，还是没任何文字或者花纹修饰的那种。

菲菲掂了掂那块金砖，说："好像是足金耶，胡静，你不会被这块资产阶级的金砖砸倒了吧？"

一年后，我问庄飞："你就不怕我收了金砖跑了人吗？"

庄飞笑嘻嘻地说："我知道，你不是那种女人。"

"为什么不送我金玫瑰或者漂亮的首饰？"

"那些没升值空间。"

"我怎么会嫁给你这个没一点情调的男人啊。"

不过，我承认，没有任何人或者生活压力逼迫我嫁给庄飞同志。对一个想结婚的女人来说，庄飞这样的男人，就像一碗暖呼呼的鸡汤，不够风花雪月，却足够过一辈子。

实际男特征：

他们的条件一般都不错，看上去很适合婚姻，但这种男人因为阅人过多，对感情的投入非常谨慎，而且非常善于保存实力，很害怕付出，关键时刻更是毫不果敢，是那种无论什么时候都要为自己留有周旋余地的狡猾男人。不过，一旦获得他的真情，你会发现，他还是很珍惜自己的感情和婚姻的。

交往指数：★★★★☆

婚姻指数：★★★★☆

心理分析：

一般来说，和这种过于实际的"剩男"交往会让女人抓狂。这类人有的甚至理智到市侩，一点风度都没有。其实，这种男人的心理障碍主要在于他对爱情和婚姻充满着不信任感，所以才斤斤计较，犹豫不决，甚至用各种方式去试探女人对爱情的态度。

支招：

在没摸清情况之前，先不要过于主观地鄙视这类男人，生活最终都是实际的，所以，找个实际型的男人，对婚姻来说，其实非常靠谱。如果遇到适婚的实际型男人，不妨仔细观察，他的谨慎多疑到底是因为天生的"葛朗台"呢，还是他觉得不够信任你。如果是前者，那就算了。如果是后者，像煲汤一样慢慢把握火候吧。

3.男人选爱,女人选择被爱

爱情说到底也是一种物质。

而人都有占有物质的欲望,人人都想占有爱情。男性的强势地位,导致大多男人会选择一个自己喜欢的女人娶回来做老婆。

而女人呢?

更多的时候会稍稍被动一些,很多女人会选择一个爱自己的人把自己给嫁了。

这个问题的男女差异要从远古说起,在动物世界便是这样。比如在弱肉强食的动物世界,每一个公狼都有自己的势力范围,其他公狼是不得入内的。而势力范围内的为数众多的母狼便是公狼的妻妾。

因为母狼由于生育和体格的关系,没有能力保证自己和幼狼的安全,但是公狼却没有这方面的顾虑,所以母狼的选择便是臣服于公狼而换来母子的安全。

这里把狼换成很多其他动物同样适用,比如猿和猴等等。

男女天性不同,一个主动一个被动,即便做爱都是一个出击,一个承受,本性而已!

爱与被爱是相对的

其实,生活中没有绝对的爱与被爱、如此泾渭分明的爱情选择,有的仅仅是面对两个异性对象的选择,是爱多一点还是少一点而已。

没有人会倾向于找一个自己一点不爱的人结婚的,这样的婚姻本身就是灾难!

比如我们熟悉的林徽因的恋情。

徐志摩、金岳霖、梁思成三个人爱上了林徽因。

这三个人都非常狂热的爱她。

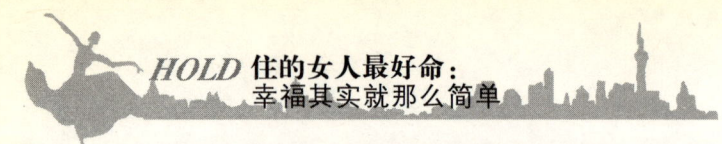

但是最终林徽因选择了梁思成。

徐志摩是诗人,爱的热情似乎像火一样能溶化一切,这令林徽因感到甜蜜的同时却又害怕诗人的爱情像火一样,来得快,去得也快。

她爱他,他也爱她,但是诗人的爱太感性而缺乏理性,最终林徽音心情复杂的选择了慧剑斩情丝,一首荡气回肠的《你是人间的四月天》说明了那时候她矛盾纠杂的心情。

金岳霖很帅气,很理智,是个多才多艺的哲学家,他对林徽因的爱很狂热,以致终身未娶,但是他的爱过于理性。

对于女人来讲,过于狂热的爱等同于没有安全感的爱,没有安全感的爱等同于不爱。所以徐志摩在这场爱情战斗中败下阵来。

但是对于过于理性的爱,太沉重,太理智,女人们希望爱和被爱,但是过于理性的爱会令女人感到一种压抑和失去对爱情的掌控力。说到底,过于理性爱同样令女性缺乏安全感,也就相当于不爱,因此金岳霖也失败了。

但是梁思成的爱居于两者之间,他不是诗人也不是哲学家,他是建筑学家。他的爱没有徐志摩的狂放,也没有金岳霖的理智。

他爱林徽因,但是他始终为她的幸福所着想,认为只要是她喜欢的,他就可以为她牺牲和主动退出。他的人和他的家世都是淡泊平和的。

对于徐志摩这个爱情至上主义者来说,有时候爱得越深,伤害也越深。这种爱对林徽因来说是一种负担。

金岳霖本人兼有诗人和哲学家的矛盾气质,被这样的人爱或许也是一种拖累,事实上,最终金岳霖爱情失去后终身未婚,足以说明他是个爱钻牛角尖的人。

所以,林徽因选择了梁思成,女人需要爱,也需要爱人,但是她更需要一种轻松的爱情。

她们不希望自己的爱情是死去活来或者悲壮崇高无比。

徐志摩的爱像小弟弟般的顽皮,金岳霖的爱像慈祥父亲一般的景仰。

只有梁思成的爱像一个大哥哥般的随和随意随心随性。

随和随意随心随性的爱情才是女人们梦寐以求的爱。

人是不可能愿意和一个一点不爱的人结婚的, 她/他需要的是适合自己的爱,并不仅仅和爱的深浅有绝对的关联。

爱是幸福的关键

很多很现实的男女在经过生活的洗礼,感情的挫折后,有时候似乎看破红尘一般,很现实地选择一个自己不爱,但是很爱自己的人作为结婚对象,尤其女人,更是如此。

事实上这样的缺乏爱情基础的婚姻是很危险的。

即便婚姻也有七年之痒,但是有爱情基础的婚姻即便痒了,却也不会伤筋动骨、痒得难熬。

即便婚姻是爱情的坟墓,但是如果一点爱的基础也没,那么家庭便会尸骨无存,一点风吹雨打都会引发无法收拾的灾难。

假如选择爱自己,自己却丝毫不爱的人结婚,那么,发生婚外情的概率将会提高几十倍。

选择一个没有爱情的婚姻,当事人会时有不甘,这种对爱情企盼的不甘心甚至会陪伴终生。

我们经常见到一些因为物质和其他条件的影响,匆匆忙忙凑合迁就的婚姻,一旦在原来限制因素解除后,会立即发生婚外情或者离婚。

人生是漫长的,在20~30岁的年龄段,大多人恋爱结婚,但是这个10年仅仅是人生中的一小段。

如果随便地凑合自己的婚姻,在婚后的漫长生活中,本来就缺乏感情基础的婚姻更容易发生倦怠,这相当于婚姻的亚健康状态,婚姻会长时间地存在一种鸡肋现象。

在这几十年的人生旅途中一旦遇上一个自己心怡的男人或者女人,此人便会立即相见恨晚,最后干柴遇到烈火,婚外情一发而不可收拾。

缺乏爱的婚姻是个悲剧。

而有了爱,你的一切迁就和忍让便不会过于痛苦。

你爱他,自然看他什么都顺眼,你不爱她,那么看她哪里哪里都不是。

有人说那个对丈夫的婚外情一味迁就的女人没有自尊,也不自强。

其实,或许是她爱丈夫过深,爱得太甚,即便他伤得她再深,她还是不舍得离开他。

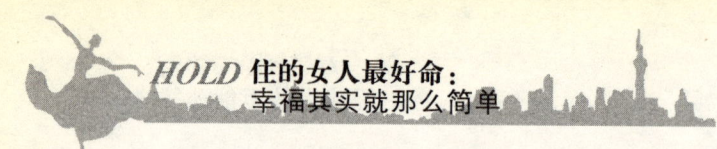

反之，如果原本就不爱，或许，婚姻一有风吹草动，便有一方无法忍让，立即解体。

爱情是婚姻宽容和忍让的根源。

有爱的婚姻更能经受波折！

关于爱情22个经典问题

1)寻找伴侣是相似还是互补？

爱情最常见的形式就是两性之间的捕捉与追逐。人际间的好感可以相互传达出强大的力量，以至于能够弥补客观条件的不足。是相似性而非互补性把人们结合到了一起。相似性主要包括三个方面的匹配度：价值观与人格、兴趣和经验、人际风格。其中，人际风格是最重要的关系预测指标。与和自己人际沟通风格有所差异的人交往会有挫折感，且较少有进一步发展的可能。

2)爱情是追到手的吗？

不是。真正的感情根本不需要追的。两个人的默契，在慢慢将两颗心的距离缩短，在无意识中渐渐靠近彼此。从好朋友到情人，真正的感情是用不了多久的。从你喜欢上他的那一刻起，也许他也喜欢上了你。同节奏的爱情往往能奏出最和谐最动听的乐章。

3)真正的爱情需要什么？

需要两个人在一起是轻松快乐的，没有压力。

4)爱一个人就是毫无保留地付出吗？

不是。每一个人都是一个独立的人，我们首先是属于自己的，我们有思想，我们有个性，而不是把我们的全部都给对方。我们可以有保留，比如你不愿意说的隐私，有秘密的人才是成熟的，不是吗？有时候不说出来反而更好。

5)外貌和个性哪个更重要？

男人年轻的时候往往喜欢漂亮的女子，25岁以后，会选择和自己性格合适的女子，能和自己一起过日子的人。

6)是否真爱需要长时间的考验？

喜欢一个人，太急切了，反而不好。一是因为越想得到的越得不到；二是得到了也很难珍惜,爱情来得快去得也快。细水长流一些,爱情会更长久。

7)真的是相爱容易相处难吗?

相处中最重要的是宽容和妥协,相爱建立在信任和了解的基础上。没有宽容和妥协、信任和理解,任何两个人都无法相处。

8)一生可以爱几次?

初恋是最纯真的,但是真爱未必只有一次,只要用心,一定会遇到懂得欣赏和珍惜你的人。

9)为什么会同时对多个人有好感?

我们其实是可以爱上很多人的。我们不是喜欢某个人,而是喜欢某种类型的人。先来的人和我们相遇了,于是我们幸福地走到了一起;对于后到的人,只能抱以歉意,同时,祝福他早日找到属于他自己的幸福。

10)爱一个人是习惯一个人?

没有谁是我们一生非拥有不可的,爱一个人,实际上是习惯了这个人。

11)现实和浪漫哪个更重要?

现实。没有现实为基础,浪漫就是空中楼阁。大学校园的爱情往往随着毕业而告终,大多是因为不现实,不在一个城市。只有相互欣赏相互佩服各有所长的人,才会碰撞出最美丽的火花,才会结出最甜美的爱情果实。

12)分手后我们还可以做朋友吗?

最好不要。剪不断,理还乱。过去了就过去了,我们不是生活在过去,而是现在。爱情不等于生活,只是生活的一部分。

13)为什么有的恋情谈了好几年?

恋爱的时间能长尽量长,这最少有两点好处:一,充分、尽可能长的享受恋爱的愉悦;二,两人相处时间越长,越能检验彼此是否真心,越能看出两人性格是否合得来。

14)如何识别对方是否爱你?

想知道一个人爱不爱你,就看他和你在一起有没有活力,开不开心,有就是爱,没有就是不爱。

爱情不是感动,你不是他(她)心目中的理想伴侣,即使一时接受你,将来碰上他(她)心仪的那一位,一样会离开你。有些人情绪容易大起大落,和这样的人是很难维持一段长久的关系的。

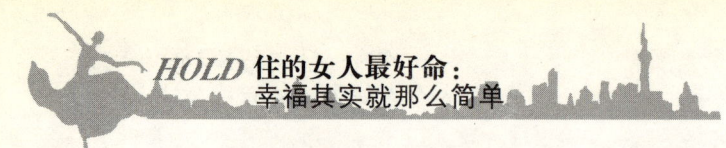
15) 浪漫是什么?

是送花? 雨中漫步? 楼前伫立不去? 如果两人彼此倾心相爱, 什么事都不做, 静静相对都会感觉是浪漫的。否则, 即使两人坐到月亮上拍拖, 也是感觉不到浪漫的。

16) 真的要"门当户对"吗?

是否门当户对不要紧, 爱情最重要应该是兴当趣对, 不然没有共同语言, 即使在一起, 你仍然会感觉到孤独。

17) 爱就是为对方而活着吗?

即使深爱也不要失去自我。持久的爱情源于彼此发自内心的真爱, 建立在平等的基础之上。任何只顾疯狂爱人而不顾自己有否被爱, 或是只顾享受被爱而不知真心爱人的人都不会有好的结局。

18) 不爱了怎么办?

爱情既是风险投资, 难免有去无回, 失恋是再正常不过的事情。爱过, 就够了。既然不能在一起, 总有不能在一起的理由。不能因为别人负了你, 就不负责任地游戏、报复或是堕落, 自己演的戏, 总要自己收场的。何况, 他不爱你, 你做什么他都不会在乎。

19) 不经历痛苦的爱情是不完整的?

如果爱上, 就不要轻易放过机会。莽撞, 可能使你后悔一阵子; 怯懦, 却可能使你一辈子后悔。没有经历过爱情的人生是不完整的, 没有经历过痛苦的爱情是不深刻的。爱情使人生丰富, 痛苦使爱情升华。

20) 爱情应如何选择?

你可能习惯于现在的恋人, 明明不太喜欢, 但在一起久了, 习惯使人不太愿做新的选择。人生会面临无数次选择。当给你机会选择时, 你一定要谨慎; 一旦你做出了选择, 就永远不要后悔; 拿得起, 放得下, 该断则断, 该忘记的, 就把它忘记; 该珍惜的, 就要把它珍惜。

21) 是否该相信缘分?

浪漫的人这样描述与爱人的相逢: 千万人当中, 在时间的无涯的荒野里, 没有早一步, 也没有晚一步, 刚巧赶上了。两个人好着的时候, 你不妨就这样想吧。如果不好了, 你要明白是否和某人在一起, 不过是一个再简单不过的概率问题。

数千个擦肩而过的人中,你给谁机会谁就和你有缘分,纵没有甲,也会有乙。别傻等那种想像中的梦中情人般的缘分了,生活中哪有那么多传奇。别做白日梦了,难道你忘了艺术虽然来源生活,却还高于生活吗?

22)很爱很爱的人在哪里?

我们总说:"我要找一个很爱很爱的人,才会谈恋爱。"但是当对方问你,怎样才算是很爱很爱的时候,你却无法回答他,因为你自己也不知道。

没错,我们总是以为,自己会找到一个很爱很爱的人。可是后来,当我们猛然回首,才会发觉自己曾经多么天真。假如从来没有开始,你怎么知道自己会不会很爱很爱那个人呢?其实,很爱很爱的感觉,是要在一起经历了许多事情之后才会发现的。或许每个人都希望能够找到自己心目中百分之百的伴侣,但是你有没有想过,在你身边会不会早已经有人默默对你付出很久了,只是你没有发觉而已呢?

所以,还是仔细看看身边的人吧,他或许已经等你很久了。当你爱一个人的时候,爱到八分绝对刚刚好。所有的期待和希望都只有七八分,剩下两三分用来爱自己。如果你还继续,爱得更多,很可能会给对方沉重的压力,让彼此喘不过气来,完全丧失了爱情的乐趣。

请记住,喝酒不要超过六分醉,吃饭不要超过七分饱,爱一个人不要超过八分。如果你正在为爱迷惘,或许下面这段话可以给你一些启示:爱一个人,要了解也要开解;要道歉也要道谢;要认错也要改错;要体贴也要体谅;是接受而不是忍受;是宽容而不是纵容;是支持而不是支配;是慰问而不是质问;是倾诉而不是控诉;是难忘而不是遗忘;是彼此交流而不是凡事交代;是为对方默默祈求而不是向对方诸多要求;可以浪漫,但不要浪费,不要随便牵手,更不要随便放手。

第二章

幸福的哲学

——"习惯"让你们永远HOLD在一起

你如果始终不能适应一个人,适应他的所有习惯,那只说明你没有爱他,或者说你还未到爱的境界,因为爱就在这些细节里。

当你已经习惯你的爱人所有习惯,比如他衣服的烟草味,比如他干净的衬衣,比如他半夜起来看足球,那么不要再问爱是什么这样愚蠢的话了。

爱,有时候就是这么简单、朴素,像一杯在我们身边的白开水,伸手可及,喝了,虽然淡而无味,却是生活中的必需品。

安妮宝贝说过:"不是爱他,而是爱有他的日子。"

习惯是爱的最终归属,也是爱的最高境界。

习惯是爱的最高境界

爱情是每个人一生中都要经历的过程,区别在于有人付出的多些,有人被爱的多些。

有些爱情可以天长地久,有些爱情只能曾经拥有。

在这各色的爱情中,哪个才是爱情的最高境界呢?

让我们来先看看一对情侣的对话。

有一天,女人问男人"你说,爱的最高境界是什么?"

男人想了想,说:"是生与死。你想啊,一个人可以为另一个人去死,舍去生命中最重要的一切,还不是爱的最高境界吗?"

女人点了点头,又摇了摇头。

开始时她也是这么认为的,因为许多爱情最壮烈的时候总是会和生与死联系在一起的,那些流传千古的爱情无一不是生生死死,总之悲情者居多。

可是,那些荡气回肠的爱情却从来没有出现过。

更多的俗世爱情只有平常的爱与恨,悲伤与快乐。

"那你说是什么?"男人问。

女人笑了:"是习惯,当你习惯了一个人生活中的习惯,你就真的爱上他了。"

爱情是一个人对另一个人习惯的认同,爱到最高境界就是认同了他的习惯。

一个女人习惯了一个男人的鼾声,从不适应到习惯再到没有他的鼾声就睡不着觉,这就是爱;

一个男人习惯了一个女人的任性、撒娇,甚至无理取闹、无事生非,这就是爱;

一个人会为了另一个人去改变、去迁就,这就是爱。

爱情的哲学有时候就是这么简单,就在生活的点滴里。

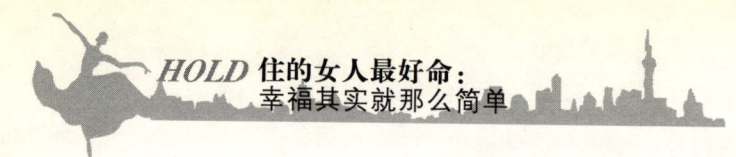
*1.*男人不是爱情家，而是生活家

在婚姻中，女人往往会延续恋爱时感性的相处方式；而男人，则迅速转换思维进入"生活家"的理性状态。

正是这种思维方式与角色转换的差异，导致无数女子视婚姻为"爱情的坟墓"，而男人则视女人为"婚姻的疯子"……

是不是婚后男人真的不爱了？

他为什么变得这么快？

请女人们换个角度看一看，男人与女人其实有很大的差异，因为，他们不是"爱情家"，而是"生活家"。

HOLD住的聪明女人自然不会在这个问题上揪住男人不放，而是学会接受婚姻里男人的适度转变，全力营造美满的家庭生活。

其实，幸福就是这么简单。

改变婚姻，不如改变对婚姻的期许

主人公：边婷　28岁　外企职员

脸上刚敷上一张面膜，手机响了。我以为是江浩，便没好气地说："你还知道自己有个家啊，都几点了还不回来？"没想到响起的是悦耳女声，是大学同学豆豆的声音："老公不在家寂寞了吧？亲爱的，我跟老公明天的火车，大概后天中午到你们那里，半公事半私事的出游，欢迎不？"我赶紧说："欢迎欢迎，热烈欢迎！"

第二天一大早，江浩坐在马桶上浏览着报纸，我熟视无睹地在盥洗盆前满嘴牙膏泡泡地跟他说，今天下午要跟我一起去车站接豆豆夫妇。江浩沉闷的声音从报纸后穿透过来："你怎么不早说啊，我今天下午还有个非常重要的客户要接待，要不你先去接站，晚上我安排饭店给他们接风洗尘。"我冲着镜子冷笑了一下，这个答案早就被我料到了。

跟江浩恋爱三年，结婚四年，七年的时间说长不长说短不短，我却不知道对他的爱是从什么时候开始偷偷衰老的，是从两人同在一个屋檐下却各忙各的半天也说不上三句话开始的？还是如刚才当他坐在马桶上时，我可以不以为然地洗漱卷头发开始的？抑或是他偶尔打来电话约我外出，而我再也没有怦然心跳的感觉开始的？谁知道！

我试图努力通过改变江浩，改变婚姻的平淡。每次在我对他各种各样的毛病谆谆教诲时，江浩都会虚心接受，甚至在以后一个星期内有所收敛和改变苗头。可不过月余，我总会沮丧地发现，他依然故我。由此引发的一场场争吵、战争到头来沦为徒劳的发泄，我就在这一次次试图改变他的落败之后，渐渐心灰意冷。

接下来的一周，我带着豆豆夫妻俩逛景区，当导游，请吃饭。期间，江浩只出现过两次：一次接风、一次送行。我偷偷冲他瞪眼睛，他木然地说："那是你的朋友，我跟他们不熟又搭不上话，有你出面就可以了。"这话让我差点儿在送行的饭桌上拉下脸来。不比不知道。江浩跟豆豆老公坐在一起，两人年纪差不多，人家已经是部门负责人，而江浩还是不上不下的技术组长；人家一边谈笑风生一边给老婆夹菜，甚至细心地把虾剥了皮蘸了料才递过去，而江浩从始至终，没给我夹过一颗花生米！

站台送别之后，我开始冲着江浩总结这一周来我从豆豆老公身上搜集到的发光闪亮点。他大步流星地走着，一声不吭，我小跑几步追过去，发现他的耳朵里居然塞上了MP4的耳机。

"你爱我吗？""爱！""那你肯不肯为我做一些改变？"

"你爱这个家吗？""爱！""那你为什么不愿意为这个家做一些改变？"

这是我们之间重复了无数次的对白，而今，他竟然悄悄地塞起了耳朵。

改造"他"计划

我决定换一种方式进行对江浩的改变计划，具体来说就是化语言为行动。

他爱吃甜食，我就把家里的甜食都收集起来，送给楼下的小孩子们；他的穿着十分老土，我就在他的衣橱里挂上了很"哈韩"的鲜艳T恤；甚至，在他的酒友打来电话时，我会骗他们说："江浩这段时间忙着竞聘主任呢，下次，下次再聚好不好？"我处心积虑的这些作为，只是想让他离我心目中的那个蓝图近一些，再近一些。

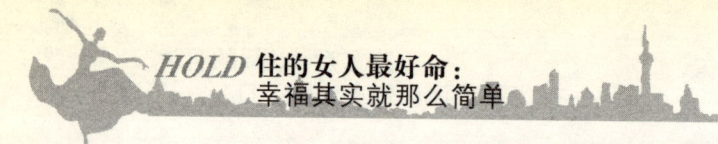

对此江浩一声没吭，只是沉着脸一一接受。

直到江浩在电脑里找不到他正投入精力奋战的大型游戏后，开始对我大发雷霆："这还是我的家吗？我连玩游戏的自由都没有了吗？你每天用指标衡量我的改变，辛不辛苦啊？每天事与愿违地去改变自己，这份罪我受够了。不行咱们就好聚好散！"

爆了一句粗口后，他砰的一声摔门而去。

整整一个晚上，我在黑暗里睁大眼睛竖起耳朵，仔细辨认门外楼道里的细微声响。情绪从最开始的愤懑、委屈渐渐演变成了担心、彷徨，难道，我希望我们的婚姻更完美、希望自己的老公更优质，这错了吗？当天空渐渐发白时。我的眼泪流了出来。如果他平安无事地回来，我愿意重新考虑自己的坚持。

上班时，楼道外面的第一个路灯下，我看到了一堆烟头儿，我用鞋尖扫了扫，烟是江浩常抽的那个牌子。我一直以为，江浩是坚强的，是我不二的支柱，可原来，男人也有软弱的时候——当他爱的人对他开始挑剔的时候。

转折

对门空了好久的房子终于租出去了，是个独来独往的女孩儿，偶尔我们楼道里相遇，女孩儿会操着一口南方口音，细声细气地打招呼："姐，回来了。"我会点点头，我们的交情仅止于此。

那天晚上的争吵，成了我跟江浩谁也不会去触碰的禁区，对于他那些看不过眼的毛病，我现在只能是睁一只眼闭一只眼，但是，心里依旧像被猫咪带着倒刺的舌头舔舐过一样，酸涩难安。

这天晚上，我跟江浩头抵头吃饭，除了咀嚼声还是咀嚼声。门铃响了，门外站着对门的女孩儿："姐，大哥在家吗？能不能借大哥上我家看看卧室的灯怎么不亮了。"我望着江浩，他已经起身拿工具箱了。

等了大概半个小时的工夫，我才听到门锁的响动，江浩进门一边换鞋一边说："咱对门邻居原来跟我妈还是老乡呢，她大学毕业刚工作不久，小女孩儿过起日子来真是什么都不会，比你可差远了。"这话无意间打破了两个人的尴尬局面，我接过工具箱说："小女孩儿一个人出来闯荡不容易，你能帮就多帮帮吧。"

周末，我又接到了对门女孩儿的电话，女孩儿在电话里娇嗔地唤："大姐,我家马桶总漏水,我弄了半天也修不好,麻烦大哥来看看吧。"

江浩这次去了很长时间才回来,进门时轻轻哼着歌,手里还拿着一串慰劳品——香蕉。我没睡,其实是睡不着,心里一直有个念头在盘旋,莫非,女孩儿借他去修理东西是假,想借他这个人是真?接着就笑自己更年期提前,他不是那样的人,在一起七年,他这点倒是从来都让我放心的。

架不住女孩儿隔三差五地打来电话,电脑坏了、马桶坏了、水管坏了……借他去修理一下。一天,我在小区门口"无意"撞上刚下公交的女孩儿,女孩儿一副亲亲热热的笑脸喊我"姐",我拉她去菜场,手把手教她什么样的青菜水灵、什么样的鱼鲜嫩,提到江浩时我不由自主叹口气,抱怨着他那些不入眼的细枝末节。

女孩儿瞪大了露水一样清澈的眼睛:"姐,我一直觉得你跟大哥是很配的一对,尤其大哥,人稳重厚道、心细手巧,家里那些修修补补的活儿都不在话下,看来是你们家这些活儿把他锻炼出来了,我还想着要是找对象就按照大哥这样的版本找,绝对的顾家好男人。姐,你可真有福气。"我听得出女孩儿夸江浩是实实在在的,这让我很受用。

午夜剧场,正在重播电视剧《好想好想谈恋爱》,正昏昏欲睡,一句台词叫醒了我的耳朵:"与其改变对方,不如改变对对方的期许。"胸口如重锤敲击,一下下,让我想起很多几乎遗忘的过去。

当初我们爱的誓言是要给彼此幸福,而今,我只希望他能达到我所期许的一个又一个目标:曾经,我看着他狼吞虎咽把菜汤都喝光就觉得快乐,现在我认为他吃饭发出声音是种不雅行为;以前,我会因为他为我开的一次车门、拉的一次座椅而感动,现在,我对他为这个家的精心维修都视为理所当然;当初,以爱为出发点的我总是能发现他身上的闪光点,而今,达到一个新的高度后,对幸福已经有了更物质更多界限认定的我对他产生了新的期许,而这期许,让我们都痛苦不堪。其实,真正需要改变的,不是他,不是我们的婚姻,或者,仅仅是我对他对婚姻的一些过于苛刻的期许。

婚姻就是这样

再和江浩共处一个屋檐下,我不再那么专心连续剧而是向电脑前的他投去关注和探究:他爱玩电脑游戏,可在玩之前一定先把厨房的碗碟洗了,然后泡上两杯茶——他的铁观音、我的玫瑰茶;他是个内向认死理的人,偶尔粗俗地骂几句粗口，可我每个月不舒服那几天，护舒宝是他买来的、红糖水是他煮好的；他爱跟朋友喝点儿酒，可只选择那几家便宜实惠的小饭馆，说是不能因为他让老婆买不起"佰草集"，喝酒都不忘了省钱的男人是不是应该功过相抵……他体贴的一面和不如意的一面不过是一枚硬币的两面，而我从前只盯住不如意的一面不放。

我把对江浩晋级涨工资的期许换成了尽职尽责就好的要求，对他的些许进步我用不抑制的欢呼尖叫取代从前的抱怨唠叨。自己放下了担子后，的确觉得轻松不少，江浩看到我这么在意他的努力，比从前有了更大的积极性。

只是改变了一下期许的尺度和内容，婚姻里的空气开始变得顺畅轻快。

结婚的两个人，哪一对的初衷不是想给对方幸福？既然这才是我们相守的根本，那就放弃改变他的执著吧，用爱让我们相互习惯，把对方的缺失和不足确定为一个可以接纳的事实。

改变婚姻，不如改变对婚姻的期许，降低内心的高度，拓展相守的宽度，就会得到很多差点错过的幸福。

十个好习惯让爱情和婚姻更稳固

设想你走在下班的路上，行人匆匆擦肩而过，你突然看到一对洋溢幸福气息的恋人走过来，两个人的手紧紧握在一起，空气中都散布着他们的甜蜜和美好。

你的感觉是什么呢？

看一眼就匆匆走过？还是撇撇嘴表示鄙夷但是整个晚上都愤恨着：他们为什么这么幸运？

如果你的反应是后者，那么你更应该反省内心：面对感情稳定幸福的一对儿，你很难强迫自己不去嫉妒，是否是因为你正在为了维护自己的婚姻而焦头烂额呢？

爱情也需要检查进度

并不是要求两个人每个星期开一次例会，讨论最近爱情方面的投入支出等等是不是按时按量地完成了，也不是说，当不安全感或摩擦产生的时候就要展开批评和自我批评，两个人对感情能够开诚布公地讨论并把握进度是很有必要的。经常总结你们的表现和内心的想法可以帮助你们找出爱情路途上的小小不平并随手解决掉，这是很多亲密伴侣经常采用的方法，值得学习。

举例：

小夏习惯在两个人都很放松的情况下进行一个小小的谈话，她和丈夫把这个叫做"民主联盟"。他们把近期以来积聚的感受和想法特别是不愉快的想法统统讲出来，让所有可能影响两个人感情的不快都能够得到宣泄和消除。这是一种积极的方法，可以预防两个人各自关闭心灵引起的危机。

永远彼此尊重

如果想知道一对情侣是感情深厚还是感情已经亮起红灯，只要观察一下他们谈话时候的表情和语气就可以看出端倪。如果他们之中的任何一个动不动就给对方白眼、冷笑或者出语讽刺，那么可以宣告他们之间不太可能长久下去了。

如果一个人对另一个人总是居高临下，说明他们之间缺乏最基本的尊重，这是每一对伴侣都应该尽量克服的坏习惯。尽管很多时候你需要很大的力量克制自己不发表意见，但是一个好恋人不应该对伴侣表示出轻蔑或讥讽。有的时候你的伴侣确实表现得愚蠢，那么不妨换个立场考虑，如果你受到对方的抢白或嘲笑，必然感觉受到了伤害，这种力量作用到对方身上，他受到的打击是相同的。

你应该学会克制，保留对方的自尊对你们的关系很重要。

没有必要完全透明

诚实是两个人相处中最应该遵守的品性，但是这并不代表在所有的事情上你都要表现得过于真实，因为很多时候真话并不是那么美好，还很可能会对你的伴侣造成伤害。举个例子，小楠的老公让她给自己的身材打分，按照1到10分的标准，小楠直言不讳地说可以打7分，尽管她不是故意的，但是她老公很有失败感，这就是让人难以接受的真话的最大害处。

怎样才能把握好真实和善意的不真实之间的尺度呢？

什么时候该说真话，什么时候应该轻描淡写？

最有效的办法就是在开口说话之前，先设想一下如果换成你来提问，你

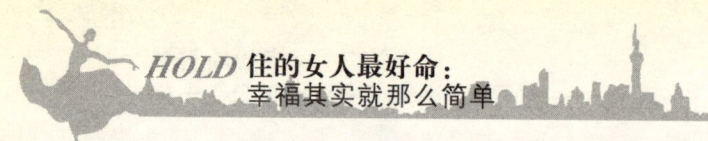

会希望他说出什么样的答案？如果跟你打算说出的回答一样，你会感觉高兴还是受打击？

如果是后者，那么很明显你绝对不可以按照这种方式回答。

另外要注意的一点就是不要对伴侣不想说的事情刨根问底，不这样做你可能会感觉不甘心，但别忘了，他们不想说的原因是他们也知道真话不一定全是美好的。

鼓励和赞美最重要

男女刚刚陷入爱情的时候，必然会互相赞美对方的优点，随着步入婚姻，最初的温度下降之后，人们对这种事情就做得少了，尽管两个人仍旧十分倾心于对方，但是已经不会再大声地说出赞美和鼓励的话。

如果缺乏真心的赞美和鼓励，那么最初的赞美给彼此带来的美妙感受和感激之情就会大大降低，直接导致的结果就是两人的感情联系变得薄弱。

因此，你必须多多鼓励对方，把他当作一个值得赞赏的对象，告诉他你对他身上的某个特点非常着迷。

你尤其应赞美男性引以为豪但是很少能了解别人的看法究竟怎么样的方面，比如他良好的社交能力，不为人知的小癖好，甚至是他健美的身体。

举例：

26岁的默默在这方面非常有心得："每次看见老公穿上西装，我都会告诉他西装最适合他，还有他的嘴唇的形状非常性感。当我这样说的时候，可以明显看出他整个人都显得精神焕发。"赞美还有一个妙处就是它会被传染，经常给对方打气，他也会习惯于寻找你身上的闪光点并给予鼓励和赞赏。

想要什么你就说

举例：

唐唐最痛恨丈夫在入睡前不搂搂抱抱自己就直接睡觉。每当他忘记的时候，她就会气恼，不好好睡觉，甚至装病哭闹。而她莫名其妙的丈夫只会不断地问她：你到底哪里不舒服？

相信这一出戏剧场面你并不陌生。

很多女人都跟唐唐一样，希望丈夫或者男朋友是一个超感知能力者，不需说明就可以做出她们喜欢的浪漫举动。

但是,世界上有这种感知能力的人真的是凤毛麟角,他们不能在你的心里装上窃听器,随时破译你的心声。

如果他们知道你在等着他破译,只会让他们哭笑不得。

在良好的情侣关系中,这种猜心游戏应是坚决摈弃不用的,最稳固深切的爱情需要以没有障碍的沟通作为基础。

需要什么、苦恼什么、希望对方说什么做什么,都要直接说出来的为好。

你一言不发地自己生闷气会让对方无所适从而郁闷,容易引发矛盾和冲突。

无伤大雅的癖好可以无视

夫妻或情侣长期生活在一起后,属于个人的习惯和癖好都会展现在彼此面前,无论他多么让你心神荡漾,共同生活才是考验你的耐心和包容性的一个开端。

他可能每天早上都一边吹口哨一边打领带准备上班,也可能永远把用过的浴巾扔在地板上。

无论是多么奇怪的小癖好,明智的女人都应该选择统统无视。

你很快会发现对这些小事情睁一只眼闭一只眼对你们的关系绝对是利大于弊。

既然已经是多年形成的习惯,那么绝对没必要在这种事情上浪费时间大起干戈,不要因小失大。

举例:

阿丹的老公习惯一边开车一边跟着收音机的音乐在方向盘上打拍子,刚开始的时候这种习惯并没有引起她的注意,但是时间长了她感觉难以忍受,恨不得用头去撞车窗。"但是我习惯把眼光放开一些来看这个问题,他有那么多我喜欢的优点,怎么可能被这个小小的有点可笑的怪癖掩盖住呢?在这件事情上纠缠是得不偿失的。"

亲密不应该流于形式

在爱情中,表达彼此爱意的最初都是从亲吻开始。

要重视你们的每一个吻,每次接吻的时候都要真诚而温柔,永远像你们第一次亲吻的时候一样怀有激动和喜悦的心情。吻是一种很奇妙的行为,可以很好地表达出一种"我对你爱不释手"的情怀,对方会感觉你深深地被他

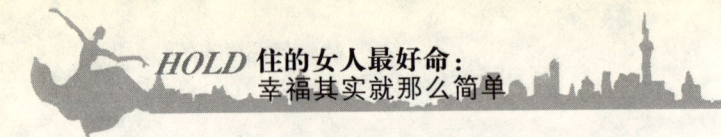
吸引，同时他的爱也是你所渴望的。

另外，增进感情的方法并不只限于亲吻，两个人在一起的时候应该多用抚摸或其他的身体接触来表达感情。有的情侣习惯在任何时候都手牵手，即使在两个人睡着了以后也不分开，这是一个值得借鉴的习惯，可以让你们之间的默契和温情保持在一个细水长流的稳定水平上。

每天至少联系一次

如果每天下午你都会收到伴侣的一个短信，会不会感觉很幸福？

也许你们晚上就会见面，但是无论如何他都会保持这个习惯，哪怕只是寥寥的几个字。

这个短信成了你们之间感情的纽带，让你知道他百忙之中心里还惦记着你，还有什么比这更让你感动的呢？

在关系牢固的恋人中间，这种做法非常普遍，他们不会让彼此失去联系，哪怕是一天也不行。

现代社会生活节奏紧张，工作压力繁重，很有可能两个人接连几天都不能见面，无论是电话短信、电子邮件甚至是枕边的一个小小字条，无非是想表达：尽管我们不能见面，但是我们的心永远在一起。

快乐可以自己创造

经常穿梭于各种聚会或派对的情侣往往不被人们看好，真正有潜力天长地久的是那些习惯二人世界的情侣们。他们不需要在人情关系网中寻找安全感，在两个人的世界里，他们一样自得其乐。真正快乐的伴侣珍惜两个人相对的每一个平凡时刻，他们在一起就很好，不需要其他人来打扰，不依靠任何活动和游戏就能满足。

真的可以做到吗？

可能你不相信，一对有默契的情侣可以几个小时坐在沙发上各看各的书，或者聊他们的白日梦，甚至就是坐在一起沉默地思考，并不需要制造话题，也不需要什么背景音乐，因为对他们来说，能在彼此的身边相伴就已经足够了。

2.婚姻中男人最恨的九个习惯

国内的时尚女性中流传着一份《老公岗位制度规范》，它令女人在忍俊不禁中深感"言之有理"。

一时间，有关"夫妻关系"的话题成了已婚男女茶余饭后的"点击"焦点。

但是，只有女人们需要规范老公，而男人就没有任何意见吗？

要知道"幸福的婚姻是由两个人共同营造的"，一个人再努力也不可能代替另一半的付出。

所以，想要幸福一生的女人们，请认真关注一下男人们的意见吧！

意见一：不顾丈夫尊严

梁先生说："我是一个被低薪压迫得感受不到尊严的男人。有一天，我想用刚收到的一笔稿费请妻子去酒楼吃饭。席间，刚好碰到两个好友，于是，我便请他们同桌就餐。不想结算时超了预算，我身上的钱不够，我只好向妻子借。两位朋友笑道，难道你们家是AA制？她一听怒火中烧，伸出玉指直指我的心窝说，你问他一个月挣多少钱，他吃得起AA制吗？说完拂袖而去。"

梁先生最后难过地说："难道男人没钱就没尊严了吗？女人为什么就不明白，一个缺钱但不缺尊严的男人，总是还有发达的希望；但一个缺钱又失去尊严的男人，却永远只会贫困潦倒。难道我妻子希望我永远潦倒下去吗？"

专家点评：

你可以讽刺男人其貌不扬，但你决不可能嘲笑男人的无能。

能力——赚钱的能力以及性能力，乃是男人尊严的两大方面。

感受不到尊严的男人往往会自暴自弃，自卑自艾。

因此，聪明的妻子总是极力去维护丈夫的尊严，通过各种"花言巧语"和"技术手段"激励丈夫扬帆破浪，重振雄风。

一句话：不懂维护丈夫的尊严的女人太无知。

意见二：不修边幅

王先生喜欢穿着讲究、打扮得体的女人，而他的妻子却越来越让他失望。

王先生说：我妻子不懂得按自己的身材特点选择服饰，更不懂得颜色的搭配。我给她提建议，她还指责我是小男人，管得太多。一次，我开玩笑说男人都喜欢漂亮的女人，你不担心我被别人勾引了吗？谁知妻子自负地"哼"了一声，继续我行我素。她始终认为，她的家庭条件比我家好，当初她是不顾父母的反对"下嫁"给我的，她相信自己当年的"义举"早就"套牢"了我，所以敢安心地过着懒散的黄脸婆生活。我虽然不是那种朝三暮四的男人，但在街上看见穿着得体的女人时，心里总会若有所失，有时甚至还会想入非非。

专家点评：

这样的女人在中国不在少数，尤其是生完小孩，逐渐进入中年的女人。

这样的女人往往有如下心理：

一是"保险箱"心理。以为"革命"到头，可以马放南山了，所以衣着随便，不再注意修饰。

二是懈怠心理。不再"严格要求自己"，一切马马虎虎，得过且过。

爱美之心人皆有之。你说这样的女人能不让丈夫失望吗？丈夫也许嘴上不说，可心里明白着呢。这才是真正的危险所在。

一句话：不修边幅甘做黄脸婆的女人太粗心。

意见三：多疑、骄横

马先生是一家公司的老总，由于工作的原因，他常常会带上公司里的女职员出外陪客户吃饭。每当这个时候，他太太的电话就会追踪而至："你在哪儿啦？"崔先生如实回答后，他太太又会继续问"怎么那么闹啊？"或者"怎么那么静呀？"回到家，她还会在甜言蜜语中寻找崔先生身上的异性动向，一会儿说"我怎么闻到一股香水味呀？"一会又说"别动，你头上有根白头发我给你拔掉"——其实她是要检查有没有人将口红之类的留在丈夫的颈部。

太太的这些小动作，怎么逃得过马先生的眼睛！但他往往假装不知，好让她在一无所获中安心。一次，马先生的几个好友劝他太太不要过分紧张，他太太反过来挺认真地拜托他们："我们的孩子还小，你们可要帮我看着他啊。"

近年来马先生的生意不太好，精神压力太大，对生活的热情自然有所减弱，他太太便怀疑他与别的女人有染，甚至雇人对他盯梢。马先生说："我太太的这种行为，简直是有违爱的本质。"

专家点评:

女人的多疑往往出于对婚姻的不自信和对自己的不自信。因为对婚姻的不自信,所以她老是担心丈夫情感移位或行为出轨;因为对自己的不自信,所以生怕哪一天被丈夫抛弃。

不自信的根本原因在于缺乏独立自主,在于对婚姻本质缺乏认识。至于骄横的妻子则常令丈夫沮丧,有口难言,而直接影响了夫妻和睦。

一句话:多疑骄横的女人太可怜。

意见四:逼夫成龙

宋强是一所北方大学的博士研究生,在学校苦战了一个学期后,他便迫不及待地往家赶,希望尽快回到娇妻身边,享受一个温馨而轻松的假期。谁知小俩口还没谈上两句,妻子就对他循循善诱起来了。

她不断地在宋强面前说,某某的老公不久前拿到了美国的全额奖学金,某某的老公已经做了博导,某某的老公从国外读完MBA归来,被几家外企争着要,年薪高达8万美元等等。

为了不落后于"某某"的老公,宋强从回家当晚就开始埋头苦读,大门不出,二门不迈。

原先想好的所有休假计划一样都不敢实现。

假期结束前,宋强无奈地说:"虽然我是有了看似光明的前途,但却觉得自己像大海中一叶偏离航道的小舟,找不到避风的港湾。"

专家点评:

很显然,有这种想法的女人往往有很强的虚荣心,即所谓"夫荣妻贵";此外,她们往往还有很强的依附心理,即"只有藤缠树,哪有树缠藤"。为了满足她们的虚荣心和依赖性,她们不惜给丈夫施加各种压力。当然,鼓励丈夫发奋图强并没有错,但是,如果不根据实际情况,制造压力,可能会适得其反。

一句话:逼夫成龙的女人太愚蠢。

意见五:爱攀比好虚荣

谈先生是一个正处级干部。今年岳父70岁大寿,做总经理的大女婿送了一块高级劳力士表,开公司的二女婿献上了10000元现金,而谈先生的贺礼却只是区区1000元。谈先生的妻子看到后,脸上立刻露出不快。谈先生知道她心里不好受，悄悄从桌下伸手去拉妻子的手，不想被她卯足了劲踢了一脚。

谈先生说："我妻子什么都好，就是太爱面子太虚荣了。比如她的好友给孩子买了钢琴，她就不管我们的儿子对钢琴有没有兴趣，也要买一台回来放在家里。市面上流行什么首饰，她也一定要拥有。近年来，她又迷上了换手机。哎，作为一个公务员，摊上这么一个爱虚荣的妻子，真麻烦。"

专家点评：

有人形容女人是城市的一道风景线，因此，如果没有女人之间的相互攀比，争奇斗艳，风景又怎会"亮丽"呢？

但是，假如不按自身的经济条件，盲目攀比，那就过于虚荣了。

这种过分的虚荣往往使那些非"财大气粗"的男人产生精神紧张，甚至为此不堪重负。

一句话：爱攀比好虚荣的女人太"恐怖"。

意见六：体贴不入微

黄先生抱怨妻子体贴不入微，他承认妻子很关心他的生活起居，但却不关心他的心灵感受。放牛娃出生的黄先生说，新婚不久，他家乡的至亲来到他们家，吸烟时不小心将地毯烧了个洞，妻子马上大发雷霆，令客人尴尬至极。及后，妻子仍不依不饶地警告黄先生说："告诉你，今后你老家来任何人，都不许进这个门。"为此，他们的儿子今年5岁了，还没见过爷爷、奶奶。黄先生的父母春节前提出想来城里看看孙子，他也不敢答应。他悄悄给父母写了封长信并寄去了几百元，不想此事又被妻子发现了，双方大闹了一场。

黄先生说："我现在在老家的名声已经全部扫地了。我的父母在失去儿子的同时，也失去了乡亲们的尊敬。虽然我一再告诉我的父母亲友，从红土地上出来的我，是割不断与他们的亲情的，但他们都不信我。虽然我住在大都市的高楼里，家有娇妻爱子，看似很幸福的样子，又有谁知道我内心的痛苦呢？夜深人静时，我常常会面对家乡的方向，向我的父老乡亲忏悔，以减轻心底里的歉疚之情。"

专家点评：

体贴不入微是那些自认为"贤妻"者的一个通病。

一些妻子在抱怨丈夫：自己对他关心有加，照顾周到，为什么他还是不满意。可她也许不知道自己有意无意、自觉不自觉地冷落或贬低了丈夫的亲友，导致了丈夫的反感。

男女结合不仅仅是两个人之间的互动，而且还涉及到两个人之间不同社会关系（如亲友）的互动。

忽略这种社会关系，往往会加深婚姻"围城"的感受，并滋生冲出"围城"的欲望。

一句话：体贴不入微的女人太可悲。

意见七：缺乏主妇意识

严先生两年前与郭小姐结为夫妻。婚后他才发现，当资料员的妻子一点都不会做家务，更不懂得理财。他说自己的家像个狗窝，摸到哪儿都是灰，走到哪儿都是满眼的脏。妻子的衣服从来都是塞进柜子里的，穿起来永远都是皱皱巴巴。如果她8：30上班，那一定是8：10才起床，然后从衣柜里随手抓起一件衣服穿上，冲向洗手间胡乱整理一下，套上昨天穿过的脏鞋，便匆匆出门。下班后也不思量做什么菜，永远都只会做西红柿炒鸡蛋、红萝卜炒肉和清蒸鱼。我提醒她，我们已不是单身汉了，要考虑怎样过好小日子，并建议她改变一下自己的生活习惯，她听后不是和我红脸就是做不搭理状，搞到我们结婚3年了，仍不敢要小孩。

专家点评：

主妇意识与主妇能力是密切相关的，两者归根到底涉及到女性如何扮演好家庭角色——主要指妻子角色和母亲角色的问题。

有道是："抓住丈夫的心，首先要抓住丈夫的胃"。当然，这种说法未免太具传统色彩，但其中却透露出一定的道理。持家或家政能力差的女性，对婚姻家庭生活的影响是不言而喻的。

"出得厅堂，入得厨房"应该成为现代女性的一种追求。

意见八：随意泄露隐私

李光先生最头疼的是，由于他太太有"露私癖"，所以他几乎没了隐私。李光先生和太太在同一家银行工作，住的也是银行宿舍，夫妻俩的社交圈有一大半是相同的。本来这也没什么，但偏偏摊上一个喜欢"露私"的老婆，常常搞得他十分狼狈，冲动起来，甚至想到了离婚。

李光先生说，新婚不久的一天，办公室对座的一个同事突然要李光先生

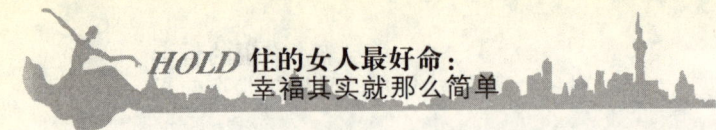

看报纸上的一则治脚气的广告，说是他老婆告诉她的，他的脚气病很严重。

面对女同事的这种关心，李光先生尴尬极了。事后他提醒太太别将家里的事说出去，她虽然也同意，但下次再见到那些"闺中密友"时，又管不住嘴巴了。更令李光先生气愤的是，他太太甚至把夫妻之间的私生活也拿出来与好友分享，搞得他在人前都抬不起头来。太太的不依不饶以及"圈中"男人的打趣、女人的玩笑，弄得他很不开心，他说："我最希望的是，有人能治治我太太的'露私癖'，这样我们都会活得开心一些、和睦一些。"

专家点评：

家庭是最私密的场所，婚姻是最私密的关系。

有些女性不了解这一点，喜欢在女伴中间谈论家中"秘闻"，乃至对发生在夫妻之间的隐私事件进行互比互评，以获得某种心理满足。其实这是非常不可取的。

它"出卖"的不仅仅是丈夫，而且还"出卖"了自己，"出卖"了整个家庭。

人们常说，家庭是温馨的港湾。如果个人的隐私安全都得不到保证，婚姻家庭生活难道还能温馨得起来吗？

意见九："控夫欲"过旺

东田先生感叹：与一个"控夫欲"过旺的老婆生活太辛苦了！

东田先生是一个工薪族，每月的薪水全部上交老婆，家里的一切开销均由老婆做主。

东田先生说："我需要置办外衣外裤、内衣内裤、袜子鞋子时，她都要亲自出马，而且即使我和她一起去买，也得服从她的品味。我口袋里的零花钱都是她给的，她每周都会查看我的钱包还有多少钱，盘问我钱的去处。一个大男人一般很难记住每一笔的开销，我就只好将报不出来的钱'挂'在摩托车的用油上。

"去年我开始准备做点生意，社交活动增加了，开销也增大了。每次与人吃饭，她都要问我是谁付钱？如果是我付，就要向她说出准确的数目。而且她还要知道我和谁吃饭，以及我们谈了些什么。可能是出于一种报复心理，我做了第一单生意后，就悄悄留起了部分钱没有告诉她，主要是想逃避她的控制。

"可她竟然有本事辗转找到了我的合作伙伴，知道了一切。我的灾难来了，不得不向她坦白。后来，我如实告诉她：我这样做，是想摆脱她的控制，不想让自己做起事来那么碍手碍脚。但她却认定我是另有企图。在她看来,既然成了夫妻,又有了共同的孩子,两个1/2加起来就变成了1,所以她必须知道另一半的一切——包括一些细节。我无法接受她的这套理论,也说服不了她,我们的家庭生活就在这种'控制'与'反控制'间一天天艰难地捱着。"

专家点评:

"控夫欲"过旺实乃现代婚姻中的"常见病",导致这种"病症"的原因是多方面的:

妻子因缺乏自信而多疑猜忌;

因"关爱"丈夫而处处操心;

因怕丈夫"变坏"而时时设防;

……

"控夫欲"过旺者,刺伤的不完全是丈夫,还包括她本人——随时处于焦虑紧张的状态之下而不能自制。有道是:"道高一尺,魔高一丈"。"控制"与"反控制"将不会停息,何不做个高明的"驭夫"者,让丈夫开开心心地成为"自由人",且心甘情愿地在你的视野之内,值得我们深思。

3.与老公心有灵犀最实用招数

亲密是一种状态,默契是一种境界。

婚姻让两个人必须亲密相处,同吃同睡,同入同出……

而默契则是一个眼神一个手势,甚至尚未形之于外的某个心念,都能令对方会意,并有所共鸣……

将幽默的矛头对准自己

当你越不怕在对方面前露出笨拙的一面时,说明你在对方面前越是放松,双方的默契度也就越高。

在锻炼双方承受玩笑的能力时,记得将幽默的矛头对准自己。

在新婚的阶段,不愉快的经历很可能是因为一个不经意的玩笑而起,例

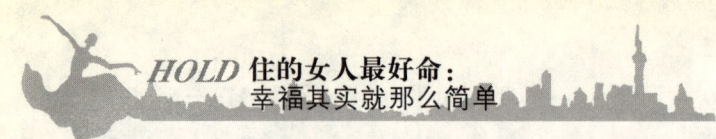

如取笑对方新烫的头发像受过电击的卷毛狮，或者取笑对方壮硕的身材像河马。

这是因为，在这一阶段双方还没有熟稔到"视玩笑为亲密"的程度，没有意识到互相逗乐取笑是比甜言蜜语更"高段"的调情方式；另一方面，是挑起玩笑的人没有先将"矛头"对准自己。

专家认为，每一对夫妻间都有很强的幽默能力，幽默能力稍强的一方应该担负起调动对方幽默能量的义务，而这种"示范"应当从自嘲开始。

28岁的佳美曾经特别不高兴丈夫叫她"花蝴蝶"（是说她去酒吧或party时总扑上很多闪粉），但自从他自称"我是一只黑猩猩"时，她释然了。"夏天结束时，在露天泳池游了起码3万米的他，黑得发亮，当佳美取笑他晒得比猩猩还黑时，每次他给佳美发短信，署名就成了一张猩猩漫画像。

这件事让佳美反思了自己对"花蝴蝶"三个字的"过敏"反应："我意识到他这样称呼我，并不是想让我作出改变，而是希望我们之间的相处更轻松。"佳美也由此慢慢学会了以自嘲的方式来结束双方的争执。有时两个人发生了矛盾，佳美想主动结束持续了一天的冷战，她就会在冰箱上粘一张纸条："猩猩：你应该原谅蝴蝶了，你知道蝴蝶是著名的'没头脑'，再聪明的蝴蝶，其脑容量都不会超过0.01盎司。"

相信没有人能在这样的字条面前板得住脸。自嘲，看似自我贬抑，其实却是结束争端的最聪明的方式，无形中，会让我们避免日常争执带来的负面情绪，实在是意想不到的促进亲密关系的高招。

别太在意他的过去

如果你不是他的初恋，一定对他的前女友或前妻有着难以言喻的好奇心，这种古怪的感觉很大程度上源于嫉妒。

而且，如果他是你的第一个恋人，这种嫉妒还会掺杂着强烈的不平衡。

然而，穷追猛打他的过去，对彼此的信赖感和亲密度的建设毫无帮助。

你很想知道，他与前女友是怎样认识的？

他的父母对他的前女友有何评价？

什么是他们分手的真正原因？

无论他的回答是谎言还是真相,对你又有什么好处?

逼他交代过去的情史,如果他的回答避重就轻、含含混混,你说他"刁滑";

如果他把细节真相都逐一告白,你的醋意又会更浓。

对于他的前女友,你是希望他尽快忘却,还是希望他一次又一次地沉湎于回忆?

所以,别自寻烦恼了,就当他的过去已被一场大火燃尽。

33岁的宝玲说:"我是赢家,何必问输家逃往何处?"信哉斯言!

找一个单独相处的平台来闲话家常

不要指望在结婚七年后,还以不断更新的甜言蜜语来浇灌你们的爱情。闲话家常也许更适合这个阶段,里面既有关爱,又有亲情,还有对各种家庭规划设想的不谋而合。

34岁的琳闵在换新居的时候,特意挑选了顶楼有露台的一套公寓,她在露台之上做了一个杉木阳光屋,放了藤制及帆布的躺椅。木屋也是他们晾衣服的地方,里面放有木书架、盆栽,还有一个家中淘汰的单门冰箱。琳闵的先生经常在冰箱里找到香槟酒和新鲜的抹茶蛋糕,有一次,他还在里面发现了一大盒冰激凌。这些储备都是琳闵为"闲话家常"提供的储备。

周末,在孩子和保姆都睡着了之后,两个人会爬上露台去喝香槟酒,各自躺着,闲闲散散说些话。话题无非是庭院里应该换些什么植物来种,哪一种节水喷头更合算;上次同学聚会发生哪些可笑的事;办公室里的笑话;还有一些个人的奇思妙想,譬如琳闵想在家中的原色木椅上画画,把它们变成"花朵椅子"和"水果椅子",但担心父母知道了会以为她在发疯。"上次他们听说我去买了四把奇贵的花梨木椅子,已经认为我在发疯;这一次在画上画,岂不是再次发疯?"结果琳闵很快得到了先生的支持,他的理由是:"不就是四把椅子吗?不做无益的事,怎么打发有限的人生?"露台和杉木小屋,最终成为这一对夫妻就很多琐碎达成共识的地方。

婚姻生活无可避免地有其家常琐碎的一面,妨碍默契感的根源之一,就是想以无休止的浪漫来替代琐碎、回避琐碎,这种做法无疑是鸵鸟式的,琐碎既然无处不在,不如来闲话家常,体验琐碎背后的微妙乐趣。

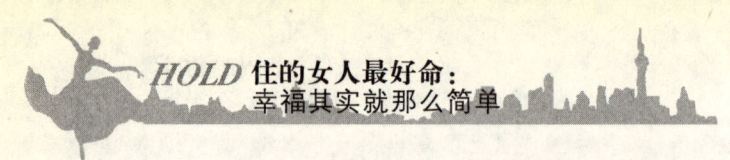
轻度冒险将增进两人的默契度

"在亲密度几近消失的时候，就是你们需要出去旅行的时候。"26岁的马尔代夫潜水教练詹姆斯认为，"对于那些怀疑对方的爱的能量已经消失的伴侣而言，静态的度假如泡温泉、K歌以及垂钓，都无法恢复亲密的'元气'，反而是对体能和勇气有要求的历险游戏，将增进两人的默契度。"詹姆斯建议感情已经冷淡下来的夫妻去体验攀岩、滑翔、潜水和探险型自助游。其中一人是高手，另一个是初学者，对增进夫妻间的默契度尤其有益。

詹姆斯手下的高级学员遥遥对此深有同感："因为工作关系，我已是第三次来马尔代夫，这一次我努力说服丈夫也一同前来体验潜水。水下是一个神秘、无声的世界，初学者来到水下，无论周围的群鱼和珊瑚如何斑斓夺目，都有巨大的心理压力。在领潜时，我们不得不利用特有的水下语言，即手势来沟通，来帮助对方克服恐惧与惊慌。"很快，在水下，遥遥夫妇达到了"此时无声胜有声"的沟通境界。在一条巨鲨从他们身边悠然自得地游过时，他们在水下紧紧相拥，体会到共同面对危机的坦然与紧张——不怕，是因为有你在；而生怕有所闪失，也是因为有你在。

替对方整理出差行李，构成远离后的"在场感"

对于双方都是"飞行族"的忙碌家庭，制造默契感显然比出差机会很少的夫妻难度更大。但身为高级会计事务所合伙人之一的琳达，对此却别有一番心得，"不知从哪一年开始，他的出差行李基本是我整理的，而我的皮箱，则由他来填满。"当然一开始也闹过许多笑话，譬如出差一周，丈夫只替琳达装上三件衬衫两条长裤，"因为他本人的出差储备，只需要这么多。"他也曾不慎给她的箱子装上易皱的外套和裙子，害得琳达一下飞机就到处找蒸汽熨烫。然而，尽管如此，琳达也没有否定对方"自告奋勇"的举措。"我把他的热心，看作希望了解我，变作我的'蛔虫'的心意表达。"

慢慢地，丈夫越来越像一个无懈可击的"御用大管家"，"他知道我喜欢乱丢胸针，就事先把我要用的胸针别在羊毛围巾上；他给我预备改善睡眠质量和调适脾胃的药物；给我备上香熏眼罩，希望我在长途飞行中美美地睡上一小觉;他终于知道出差所带的外套和长裤都必须是免烫系列;有一次,我还在箱子的角落里发现一大盒比利时巧克力,他知道我是那种容易被思乡病俘虏、会在异地的黄昏莫名其妙就沮丧起来的人,巧克力可以使我在情绪上变得欢快起来……"真是知妻莫若夫啊。

琳达认为替对方整理出差行李之所以值得推荐,是因为这样的行李箱装满对方的构想和心意,制造了远离之后对方的"在场感"。"千万不要过多抱怨对方'装错东西',如果想两个人在聚少离多的日子里心心相印,你不只要知道自己期待有怎样的旅行生活,也要了解,对方期待你过上什么样的旅行生活。"

在属于你们的领地里翩翩起舞

假若夫妻中的一方爱跳舞而另一人连最简单的慢四也不会,很可能导致双方的疏离。夫妻有能力又有心情双双起舞,是解决默契问题的关键。这一原则,也适用那些同居时间超出一年的情侣。舞伴之间随着旋律你退我进,我退你进,经常伴有强烈的身心共鸣,因此,婚恋专家鼓励那些婚姻陷入平淡窘境的夫妇练习跳舞。快三使人充满欢乐的激情,慢四则流淌着浪漫的抒情韵味……注意,能够最大程度增添默契感的跳舞场合,不是夜总会,不是舞厅,更不是公共广场,而是厨房、餐厅或者书房。

还记得《廊桥遗梦》中厨房起舞的那一幕吗?炖锅里的牛肉和土豆还在散放袅袅的香气,女人和摄影师伴着老式唱机的家常旋律,优雅地起舞……倾慕之心愈来愈浓了。试想一下,如果梦想未泯的农妇弗朗西斯卡曾经与丈夫理查德在厨房跳过舞,也就不会那么决绝地把心交给浪子罗伯特了吧?

在厨房、餐厅和书房里跳舞,意味着在最不可能浪漫的地方注入幻想,这是夫妻双方重温旧梦的温馨方式:就算踩了对方一脚,也是甜蜜的体验,这有点像笨拙的初恋。

可以成为球僮或伴钓女郎

影响现代人情感默契度的另一重要原因是:他们都是独立和自我的人,连娱乐活动也要单飞,宁愿与志趣相投的朋友一起打球、垂钓或烧烤,也不愿与爱人一起去。丁荷旅居澳洲的时候，丈夫迷上了钓鱼和打18个洞的高尔夫球，周末他经常邀集三五好友跑得不见踪影，留丁荷一人在庭院里独对夕阳。尽管一个人需要这种孤独，丁荷还是不可避免地感觉双方变得"话不投机三句多"。"与他的嗜好拔河是相当不明智的行为，很容易引发争端。"丁荷想出的法子是尽量陪伴丈夫。"即便他垂钓时我只是戴着遮阳帽看我的小说，而他挥杆过洞时，我也只是在远离球场中心的休息区写我的旅行专栏，间或望一望他，这样的陪伴也使我们的亲密度变得深厚。大多数人都是懂得投桃报李的，我这样做，使得下次在家中后院举行烧烤茶会时，丈夫会自愿留下来，为我和我的女友当烧烤大厨。"

丁荷已经悟出，有默契的夫妻应该充分了解对方的朋友，并给他们留下深刻印象："在娱乐活动中双栖双飞，显然有利于彼此朋友圈的部分重叠。如此，忠诚的纽带便越发牢固，背叛的代价也越来越大了。"

提示：远离损伤

不将你们夫妻间的矛盾告知第三者知晓。

无论这种行为是出于宣泄还是报复，都会使你们的芥蒂雪上加霜。因为，无论父母还是朋友，都不可能站在绝对公允的立场上来评判你们的对与错，他们的"歪判"只会加深双方的误会和成见。

不与婚姻不幸的怀疑主义者深交。

如果你的朋友都是离异和濒临离异人士，他们对婚姻的质疑将深刻地影响你，从而连累你也成为一名怀疑主义者。须知，婚姻的温暖与默契，是这样一种东西：你虔信它，它才可能现身，不信则永不会出现。

不要取笑他的亲人的某些作为。

虽然他也可能批评他的父母和手足，拿他们做过的傻事打趣，但你一旦这么做，即伤害到他的血脉和背景，他是绝不可能一笑了之的。要想他善待你的父母和姐妹，一定不要冒然批评他的亲人。

不要私会旧时情人。

尽管你可能辩白说，只是尽地主之谊，吃一餐饭或喝一壶茶而已，但对对方而言，这种私密的会晤，是不信任他的度量，或你可能存有某种幻想。碰到这种时候不妨双方一起去，无论旧时情人现状怎样，是飞黄腾达还是一文不名，你们挽手前往，已是赢家姿态。

不能有空也不帮对方做家事。

假若你认为家务是对方和保姆的义务，宁可在办公室打电脑游戏也不愿按时回家帮一把忙，双方的默契感将会大受影响。尤其对深受家事之累的女性来说，夫妻之间的默契，很多是在厨房里互为上下手培养出来的。你若连一根葱也不愿剥，对方对你的感觉，迟早形同冰水。

在"习惯"中与好男人共同成长

婚前，男孩会对女孩说："别怕，有我呢！"那是因为女孩遇上了毛毛虫。

婚后，男人会对女人说："别怕，我顶着！"那是因为家庭出现了灾难。

一字之差，男孩成长为男人。

婚前，女孩会对男孩说："去吧，我等着！"那是因为男孩要去给女孩买冰激凌。

婚后，女人会对男人说："去吧，有我呢！"那是因为男人要去创业。

一字之差，女孩已成主妇。

婚前，男孩与女孩相看影影绰绰，相处激情浪漫，可以没有人间烟火；

婚后，男人与女人相看清清楚楚，相处讲求实际，不能没有锅碗瓢盆。

婚前，觉得这世间只有你最好；

婚后，发现你在我的世界里都是不好的部分。

婚前，总认为女人是电视购物上的美女，可望而不可即；

婚后，女人就像快递送进门的产品，拆封使用，觉得没有广告上说的那么好。

婚前，觉得父母关于婚姻的说教简直不可理喻；

婚后，慢慢地发觉，父母对婚姻的看法简直就是真理。

婚前，男孩觉得自己的女友是西施；

婚后，男人觉得邻家的妻子像西施。

婚前，女孩觉得邻家的孩子最可爱；

婚后，女人觉得自己的孩子才可爱。

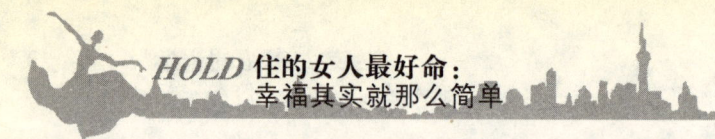

婚前，两人相爱时，天涯若比邻，难舍难分；

婚后，两人相怨时，比邻若天涯，但能小别胜新婚。

婚前，女孩说，我要找的是一张长期饭票；

婚后，女人成了长期煮饭婆，的确吃饭不愁。

婚前，男孩说，我理想的对象就是小鸟依人的模样；

婚后，果真有只麻雀在他身边叽喳个不停。

婚前，男孩很幽默，女孩很柔情；

婚后，男人变沉默，女人变矫情。

婚前，男孩对女孩说她想听的话；

婚后，女人对男人说他不想听的话。

婚前，女孩对男孩说话时，脸会悄悄地红；

婚后，女人对男人说话时，恨不得把他的胳膊拧红。

婚前，男孩天天盯着女孩；

婚后，女人天天盯着男人。

婚前，男孩年纪再大也觉得自己还年轻；

婚后，女人年龄再小也觉得自己不再年轻了。

婚前，男孩总要绞尽脑汁约女孩出去逛街；

婚后，男人宁愿在家拖地板也不愿陪女人逛街。

婚前，男孩牵着女孩的手，那是担心女孩跑丢了；

婚后，男人牵着女人的手，那是担心女人跑去购物。

婚前，女孩拽着男孩的手，那是拽着男孩去购物；

婚后，女人拽着男人的手，那是担心男人跑丢了。

婚前，男孩认为成功的定义是赚很多钱；

婚后，男人觉得如果家庭破碎，有再多钱也是失败。

婚前，女孩觉得幸福的定义是嫁入豪门；

婚后，女人会认为如果婚姻不牢，入豪门也是不幸。

婚前，我们会睁大眼睛看清楚一点，因为对方是陌生人；

婚后，我们学会睁一只眼闭一只眼，因为对方是亲人！

1.经营婚姻,不如享受婚姻

网上有位婚姻专家说:"如果妻子时刻让丈夫明白她的爱和牵挂,丈夫会以十二分的热情为妻儿、为家庭付出。"

而另一位恋爱专家却说:"女人如果真的爱一个男人,那么,请你有所保留,千万不要让他知道你的爱有多深。"

女人们听来听去,却越听越糊涂了。

为何专家的话会如此相矛盾呢?

其实,这两种说法是在爱情的不同阶段、不同的情境下的两种理论。

婚姻专家说毫无保留地爱,是指婚后夫妻之间的爱;

而恋爱专家说的有所保留是指恋爱技巧,是如何经营两个恋人之间的关系,让自己处于优势地位,最后吸引对方、俘获对方的心。

经营是一种策略,是用来对待外人的,而对于婚后的"内人",则没有经营的必要了。

婚后,你不但要用行动让他明白你的爱,你还要用语言表达出来,就像那位婚姻专家说的,要时刻让丈夫明白自己的爱和牵挂。

人活八十也好,百岁也罢,人生说到底是生命在人世间所经历的一个过程。

人生有两大主题:家庭和事业。在打拼事业的过程中,我们承受风险和压力,努力经营,争取最后的成功。而这时,正是家庭给我们提供了休憩的场所。在家里,没有患得患失的算计,有的只是放松的心态和随心所欲的享受。

试想,如果一个人打拼完一天之后,回到家,还要继续在家里"应酬",那活得多么辛苦呀!

婚姻不是用来经营的,而是用来享受的。

享受吵架,吵架就变成了沟通;

享受思念之苦,思念就会变成一首永恒而美好的诗……

享受婚姻,你才能真正享受家庭生活的美好过程,你才能沉醉其中。

人们常说:"傻人有傻福。""傻"意味着不计较得失,而"傻福"只是"傻"

过之后的一种良性循环。我听过一种说法:嘴尖舌利的女人都福薄。其实很多嘴尖舌利的女人都智商不低,说其高于常人也不为过。她们敏感、锐利,自负聪明,老觉得自己目光如炬,能看到别人看不到的所在,动不动就针针见血、直指人心。在一些时候,她们也真的是对的,对人性阴暗的一面,她们有惊人的触觉和穿透力。但更多的时候,她们实在是"想多了"。她们乐于经营,有强烈的目的性,当然,她们也希望能够双赢,但生活中她们往往弄巧成拙。她们机关算尽,枉费一片心机,男人却毫不领情。

两个愿意牵手走进婚姻的人,一定能在对方身上找到让自己感觉享受的理由。

享受心心相印,就不要虚伪地掩饰对对方的不满意;

享受家庭生活的安逸,就不要担心遭对方的嫌弃而反过来无事生非;

这样,才能让对方认清你的需要和他自身在婚姻中的价值。

只有这样,夫妻才能找到一种让双方都感觉非常享受的家庭生活模式。

有了这种共同享受的生活模式,谁还愿意、谁还舍得去打破这种婚姻呢?

有了享受,自然就少了指责;

有了享受,自然也多了笑容;

有了享受,自然也就有了感恩与报答对方的心。

谁还会去故意伤对方的心呢?

让婚姻保鲜的实用手册

如果说婚姻是一个大花园,主妇则是园丁,她的宽容、善良、厚道,就是照射在花园里的缕缕阳光,滴落在花朵上的颗颗雨露,给婚姻注入鲜活的生命。

爱屋及乌的幸福婚姻

关键词:厚道

主人公:芊芊 公司职员 婚龄9年

因为对婆家的诸多不满,一个同事与老公大动干戈。她的诉说引起其他女同胞的共鸣,于是,办公室里对婆家的声讨声一片。芊芊则一直不作声,被问急了,她就说:"他们家,挺好的。"

真的挺好吗?按照其他人的看法,不但不好,简直糟透了。

婆家在农村,结婚最初,芊芊夫妻承担了老公两个兄弟的学习费用,婆家的大事小事总是找上门来,夫妻两人不知往里寄了多少钱,操了多少心。

但芊芊有自己的幸福:老公对自己体贴有加,婆家人逢人就夸她,两兄弟对她这个大嫂更是十分尊敬。芊芊感到很满足。"农村怎么了?"芊芊说,"那地方山清水秀,正好度假,老屋就是一家人的别墅。"结婚9年来,芊芊和老公琴瑟和谐,幸福着呢。

专家指点：

凡有责任心的男人,婚后依然会对大家庭有几分惦念。如果你想阻止这种牵挂,就会影响到你的婚姻。聪明的主妇会理解老公的这种情怀,爱他就关心他的家人。要知道,婆家也是你婚姻的重要组成部分。不要试图让老公断绝和婆家的关系,他属于你,也属于他的家人。不要在老公和他人面前议论婆家的不是,原因很简单,换他到处说你娘家的不是,你会听之任之吗?

相信他,做好你自己

关键词：糊涂

主人公：柳莲　教师　婚龄6年

有一句名言叫"难得糊涂",居家过日子同样可以借鉴。夫妻常年累月厮守在一起,总有说错话或做错事的时候,就是再好的夫妻也在所难免。

在这种情况下,只要不是天塌下来的事情,不是原则问题,一方不妨来点糊涂——佯装没看见或没听见,即不把那张"纸"捅破,不使对方的过失显山露水。许多美满幸福的家庭,其实幕后都有不少"装糊涂"的事。我一位女友的老公,不久前发誓戒烟,可三天不到,烟瘾又上来了,捱不住,躲进卫生间里抽。女友虽闻到了烟味,却佯装不知,还特地跑到超市为他买瓜籽,并一个劲地表扬他有毅力,像个男子汉……丈夫既感激又惭愧,终于一鼓作气戒掉了烟。

专家指点：

当然,装糊涂不是打"肚皮官司",更不是"留一手",等"秋后算账"。而是为了给对方留点面子,给矛盾的缓解留点余地,给家庭生活增添点朦胧美。其实,你装糊涂,对方也不呆,他是会打心眼里感激你的。"难得糊涂"就家庭

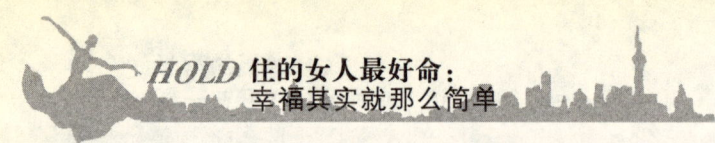

而言,实际上是一种宽容,是爱心在起作用。夫妻之间能坚持以爱为中心,以彼此的宽容和包涵为基本点,这样的家庭才是值得羡慕的。

你快乐所以我快乐

关键词:宽容

主人公:苏红 机关干部 婚龄10年

同学的老公不是升官就是发财,苏红的老公却仍然做着他的老师。苏红知道,走仕途不是老公的志向所在,他热爱教学,喜欢学生。那段时间,老公作为重点培养对象,参与学校的行政事务管理。短短的时间,老公简直变了个人,繁琐的事务,频繁的应酬,让他感到很无奈也很烦恼。苏红说:"实在不愿意干,就别干了。"老公如释重负:"你不会觉得我不上进吧?"

苏红说:"我也想老公出人头地呀,但我不希望看着你勉强自己,不开心。"

老公激动地抱住苏红:"老婆真好。"之后继续做他的老师去了。几年下来,老公成为一名优秀的教师。

专家指点:

男人的仕途固然重要,但对一个志不在此的人来说,老婆的要求不是鞭策,是绳索,将男人一道道捆上的同时,也给自己的婚姻打上了一个又一个的死结。聪明的主妇知道,名利是身外之物,老公快乐地生活在身边,才是摸得着的幸福。不要拿别人的老公和自己老公比。不要给老公制定不切实际的奋斗目标,特别不要说:"你怎么这么没有用?"

当最初的激情过去后,婚姻所需要的,是一如既往的保鲜。要让不间断的惊喜来延续美,让合适的距离产生美,让加深的信任巩固美,让宽容的理解滋润美,给彼此合适的距离、合适和空间。

2.对症下药,爱情出错不出轨

在竞争日益激烈的今天,人们的精神越来越紧张、生存压力越来越大、性格越来越独立、内心越来越封闭、两性间的冲突愈演愈烈,即使是曾经相爱的男女。

小心被激情烧焦

沐浴着爱的人们常常被激情包着裹着,幸福无比,到处都是金灿灿的阳光和烂漫的鲜花,世界因他们而存在。但无论爱得多深,双方都不能永处于感情的峰巅。爱涵盖的不单单是卿卿我我,在甜言蜜语和红玫瑰之外,也必须面对琐碎的柴米油盐和现实的一切难题,尤其是在人们日益实际和功利、物欲不断膨胀的今天。

如果你渴望两个人在一起的每时每刻都如胶似漆、保持亢奋状态,就免不了自讨苦吃,受伤害的也不单是你自己。

症状表现:极力保持爱情"高烧不退"

伊岚亲手为自己酿造了一杯苦酒。江南人杰地灵,青山秀水赋予了伊岚无与伦比的美貌和聪慧的才智,她又是家中的独女,从小到大一直被人宠着。一拿到硕士文凭,她就与从事基础医学研究的博士毕业生筑起了爱巢。

伊岚美滋滋地以为:自己可以像爱情电影中的主人公一样,如火如荼地爱到永远。

然而,男人大多是很现实的,不同的人生阶段有不同的努力目标,完成了婚姻大事,他们很自然地转移自己的"工作重心",绝不会在一个女人身上多耗费时间,即使这个女人是他的妻子。伊岚的丈夫就这样,觉得男人整天和一个女人缠缠绵绵不寻求自身的发展是行不通的,他要为出国深造做准备。而伊岚很快陷入忧心忡忡、惶惶不可终日的状态中——她发现自己被冷落了。于是她强迫丈夫像恋爱时那样专情于自己,陪她上街、陪她游泳打球、给她买小礼物……

她在得到了一千次一万次肯定答复之后,还免不了嘀嘀咕咕:"你爱我吗?你到底还爱不爱我?"伊岚不止一次地对好朋友说:"只有工作时我的心才能稍稍放下来,一下班我脑袋里的那根弦就绷紧了,我必须想尽一切办法引起他的注意,唤起他对我的热情,我希望每天都能得到他一个深深的吻,或者他能制造一个惊喜,这样心里才不会有危机感,可这样的时候越来越少了,我真怕有一天会失去他。"

对症药方:给爱情降降温

恋爱时有激情是一件好事，但它只是两个人爱情生活中一个个转瞬即逝的阶段，并由于瞬间美好的凝固，具有了永恒的意义。而婚姻最终要归于平淡、趋于冷静。大学时代的田冉也曾遭遇过激情，但她最后还是离开了初恋情人，选择了理智的网络公司老板。"现代社会的战争实际上是商战，在商战中获胜的男人大多是理性的，他们有智者的魅力和将军的魄力。婚姻是实实在在的，不可能整天处于发烧状态、云里雾里，否则一定会被幼稚的爱烧焦。我老公不幽默、不懂得在你不高兴的时候哄哄你，更不会挖空心思制造浪漫，但他能给我带来踏实的生活。"

现代职业女性太注重自我的个性，太需要赞美；而现代女性越是被物化得厉害、头脑被看得见摸得着的东西填满，她们的内心就越感到漂泊无依，越渴望温情。她们会把这种心态带回家庭，渴求另一半的恭维与爱抚。如果这种需要得不到满足，夫妻之间的争吵就会达到生死攸关的程度。

米晓阳的丈夫是位年轻的画家，他的赞美和亲昵总能让米晓阳怦然心动。他们在刺激和兴奋中度过了一年，一年中二人被累得疲惫不堪，直至"体力不支"。她向丈夫提出了"感情降温"计划：各人专注自己的事情，偶尔给爱情加点佐料。结果，他们不再为刻意取悦对方而绞尽脑汁，内心轻松了许多。米晓阳深有感触："每天能听到爱人的夸奖确实是一件令人愉快的事，可太多的赞美也会冲昏头脑，经不起日常生活的打磨。"

远离营造的完美

爱本是心灵与心灵撞击而迸发出的一种激情，是人对生活丰沛灵动的感受，它该是不经意间自然流露出来的，没有雕琢的成分。

但在恋爱之始，男女之间就极力为展现自己的优势拉开了长长的战线。

他们夹着尾巴做人，将优点展现在对方面前，小心翼翼地掩饰着自己的缺点，生怕一不留神它便顶破活塞冒出来。

恋爱的时间即使再漫长，你也能使出浑身解数为自己的弱点"遮风挡雨"，可一旦生活在一个屋檐下，你还伪装得了吗？

病症表现：在他面前，我必须是无可挑剔的

女人常常为自己所爱的男人付出青春、事业乃至个人的幸福。人们总爱说这句话："走自己的路，让别人去说吧！"但又常常是说别人容易，一旦事情具体到自己身上，就不那么简单了。真正能做到不在乎他人说自己什么、不在乎他人怎么看自己的人占少数,即使这个人是自己的丈夫。叶子在一家国际知名的化妆品中国公司任高级职员,三年内她年年得到提拔,每一次升职后她都给自己提出了更高的目标。叶子觉得婚姻生活的成功和事业成功同等重要。她看了很多有关夫妻生活艺术的书,对丈夫百般体贴,处处尽到妻子的责任。

夫妻每天见面弄得跟约会似的:丈夫很喜欢叶子妩媚的样子,她每天下班不管多晚,都要卸掉职业妆,精心地换上一副生活妆,卷曲的睫毛令她的眼睛显得更加动人,为了丈夫高兴,她就这样进入梦乡;而丈夫的些许情绪变化,都会让她心神不定,她试图用各种方法让丈夫快活起来。最近一段时间叶子感到力不从心,她的精神总是处于高度紧张状态,无论是在公司、在家里,还是在她和丈夫共度二人世界的时候,再高超的化妆术也掩盖不了她疲惫的面容。

叶子有时也想干脆不在乎对方,何必去追求完美呢?但这样做似乎是对自己的一种放弃,"丈夫对我的感情也会一天天懈怠下去, 没准哪一天会到外面寻找精彩。我是不能容忍丈夫有外遇的。"

做一个现代派的优秀妻子好像是一个作茧自缚的过程:在工作中必须有独挡一面的能力,时时得到上司的首肯;必须保持美丽,肌肤要鲜活,体形要苗条;必须料理好家务,善于理财;要保持几乎和丈夫相同的爱好;要及时充电, 免得和丈夫聊天没有谈资;要注意生活中的小节, 否则会日久生砂……凡此种种,实在让人力不从心。

对症药方:学会欣赏缺陷

残缺是一种美、弱点也是一种美,就看你从哪个角度来考虑了。

爱一个人,首先要接受他(她)不完美的一面。

付琳以她在男友面前全身心的放松赢得了爱情, 她说家是使人彻底摘除面具的地方,想躺就躺、想坐就坐、想哭就哭、想笑就笑,总之在家里可以随心所欲。她的率真也把男友内心的压力一扫而光,终于使他不顾家人的反对,与相貌平平、体弱多病的付琳喜结连理。

女性普遍感到辛苦、压力大的原因,除了外界因素外,自身的心理因素占了很大成分。所有的累莫过于心累。来自社会的、家庭的、男人的方方面面的压力往往不可避免的会造成女人的心累。女人给自己的心灵"减负"是必

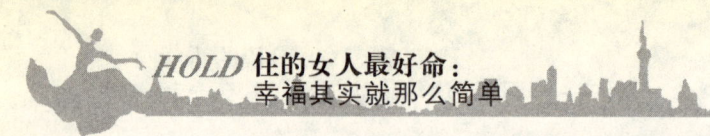
须的，而适当地忽略别人对自己的态度，走出他人的阴影、走出在精神上包装自我的误区，是心灵"减负"的重要一环。

向爱人敞开心扉

社会竞争如此激烈，使得多数职业女性像男性一样渴望金钱和名誉，导致人际关系越来越复杂，人与人之间越来越疏离。女性极力维持自己的自尊，极力维持自己的内心秘密，在社会上是如此，在家庭里也是如此。大多数人便把注意力转向明星的隐私，而没有人愿意向另一个人吐露内心最深处的秘密，因为她们太在乎自己的名声。当这种心态在夫妻之间出现时，便再也不会出现坦诚的分享秘密的夫妻关系，这让夫妻之间产生疏离感。

病症表现：我自己的事情没必要跟他说

身为一家合资企业的财务总监，圆圆的能干是有目共睹的，而在能干的背后是她争强好胜的性格，圆圆从不怕别人比自己强，因为她有信心超过他们。然而，这不是她性格的全部，她的感情相当脆弱，在内心深处对温情有强烈的渴望。圆圆的老公本分、内向，不懂得浪漫也没什么情调。婚后，圆圆几乎什么事都跟老公说，暗地里也希望他能给出个点子，但老公不是不理不睬，就是没有表现出圆圆想看到的热情；圆圆有时也撒撒娇，回敬她的却是："30岁的人了，怎么还像个孩子似的？"每次，圆圆都觉得委屈极了，她不能忍受自尊心受到伤害。

于是，她能在电话里和朋友聊上2个小时，却不愿意跟丈夫多说一句话。"有时，我真想在他肩上靠一靠，让他搂搂我，可一看到他那不屑一顾的眼神，我就对自己说：'算了吧，我自己能挺过去。'其实，对他封闭自己，我心里难受透了，常常一个人流眼泪，而在他面前却又极力表现出无所谓的样子。这种两面人的角色我不知道自己能扮演多久。我甚至怀疑自己找错了另一半……"圆圆总在担心万一婚姻破裂怎么办，这反而加速了他们感情的危机。

对症药方：抛开面子，真实表白

辛波在外企做项目投标主管，31岁了才碰到意中人。当时二人都有相见恨晚的感觉，认识3个月就结婚了。然而，好景不长，他们越来越痛彻地感到爱是一种压力。由于两个人太在乎对方，以至于留给自己的空间越来越小。辛波觉得自己被这份爱搞得疲惫不堪以致透不过气来。在他们结婚满5个月那天,她向丈夫道出了内心的苦恼,并想出了一个解决方法:做侯鸟夫妻,每周一到五分开住,共度周末。

"小别胜新婚",丈夫同意了。他们一周有5天可以按照自己喜欢的方式过,周末属于两个人。这样一来,他们反倒对重逢有强烈的渴望,有时还弄得像约会似的,因而周末变得格外温馨甜蜜,似有"执手相看泪眼"的感觉,全然没有了朝夕相处时的索然无味。经过了一段磨合期,他们才真正生活在一起。

雯雯在心理医生的鼓励下迈出了艰难的第一步,因为她发现自己仍旧爱着丈夫,只是不能忍受他的冷漠。在结婚3周年纪念日那天,雯雯在家里举办了只有他们两人参加的烛光晚宴。她特意戴上了定情时丈夫送给她的价值100多元的玻璃项链,在她看来它比结婚时的钻石三件套珍贵得多。丈夫被她营造的氛围感染,他们好像分离了半个世纪,絮絮叨叨一直说到天明。"他的毛衣被我的眼泪浸透了,我竟没感到难为情……"

如果两口子之间还有爱,就没必要把面子看得那么重。

还记得你们曾经令彼此心跳的一个个瞬间吗?

还记得你们曾经相依相偎说悄悄话的画面吗?

你们曾经是关系最亲密的人,那时似乎很少想到自尊。

拿出当初的勇气,向对方敞开心灵的大门,直接告诉他(她)你最想要的,给对方想要的,你们就能跨过人生的万水千山。

我曾经问朋友:"家是什么?"回答五花八门:"爱的栖息地"、"遮风挡雨的地方"、"旅馆"、"吃饭睡觉、调养生息的处所"……与现代汉语辞典上那个理性的定义相去甚远,内涵也丰富得多。

家的魅力在于爱,在于它能抚慰人内心的孤独与创伤,像"氧吧"一样使人身心放松,远离约束、还原自我。

3.绝世好老婆的秘密修炼法术

婚后的女人最大的期待莫过于相夫教子,做个称职的贤妻良母。

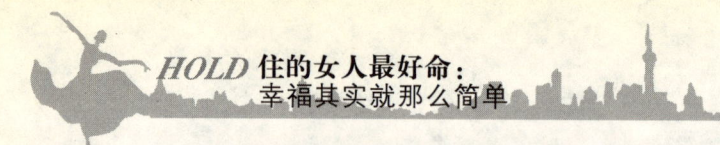
可是想归想，做起来又是另一回事了。

参考以下原则吧，它让你集万千宠爱于一身并非难事。

原则一：要绝对的温柔

都说英雄难过美人关，可普天之下，芸芸众生，上帝不可能让每一个女人都拥有沉鱼落雁之美，闭花羞月之貌，所以如果你不美的话，那首先一定要温柔。作为一个绝顶的好老婆，拥有温柔当然是头等的大事。

他下班回来，大门未进，你得把他的包接过，顺便把他的拖鞋朝着他放好，然后为他沏一杯茶，削好一个苹果(最好切成片)，如果他心情好，想跟你聊会儿，千万不能说："唉，老公，我还要洗衣，还要做饭，过会儿再聊。"你得赶紧坐下，软声细语地与他交流，听他说他的那些"英雄事迹"，一边还要作敬仰状；如果他心情不好，对你大发雷霆，千万不要说："嗨，你吼什么吼，在家逞什么能？有本事外面张扬去！"如果你想成为一个好老婆，这个时候，最重要的事就是陪他一起坐下来，怜惜地说："亲爱的，别生气，看谁把咱们家这么好脾气的老公都给惹恼了，这人肯定有问题！"管保他再要怎么发怒也发不起来了。

谁说英雄难过美人关，其实女人的温柔男人最怕也最爱。

他累了，你给他捶捶；

他痛了，你为他揉揉；

他热了，你为他打扇；

他渴了，你给他杯水；

他笑了，你在心里乐；

他哭了，你得把他像孩子一样揽在怀里。

总之，一个温柔的女人就该为老公着想，把他的喜怒哀乐当成自己的，然后，把自己的先暂时放在一边！

试想一下，如果你真的柔到骨子里去了，你的老公还不乖乖地待在你身边，想赶也赶不走了！

原则二：要绝对的注意自己的形象

上帝没有给你一张漂亮的脸，一副魔鬼一样的身材，但也绝没有让你任意地糟蹋自己。我常常看到一些结了婚的女人，对于穿着打扮丝毫也不讲究。这样的女人绝不在少数，以为嫁了老公就不需要再为谁画妆容了。其实这是需要的,而且是很需要的。

哪一个老公会喜欢一个一套睡衣打遍天下的老婆?

常常看到有些女人甚至连买菜、逛街都穿着睡衣的,这可真要不得!

女人生来除了扮靓自己其实也在扮靓男人的世界,你怎么可以因为结了婚就把这头等大事给随便唬弄过去了呢?

一个好老婆应该懂得淡妆浓抹,知道什么场合穿什么衣,不漂亮没关系,但一定得庄重得体啊!

不能淑女裙下一双旅游鞋,运动裤下一双高跟鞋,脱了丝的长统袜不要再穿,吊带衫下要注意腋下的"风景"。

如果你时常为此扫了丈夫的兴,拆了丈夫的台,拂了丈夫的面子,这好老婆的美誉你就甭想了,就连婚姻也要朝你亮红灯了。

原则三:绝对要养好丈夫的胃

也不知道是谁想出来的:"要管好丈夫,得先管好丈夫的胃",害得现在菜市场买菜的"大嫂"远比"大爷"多。

不过暂不说这话是不是真言、哲理,总之照着做准是没错的。

一个好老婆千万不能娇滴滴地说:"老公,快做饭啊,我饿死了!"

其实,很多男人都在心里想:我娶个老婆为什么,还不是给我做饭,洗衣来的?只是他不敢说出来而已。

所以,千万不要为了几顿饭,而害得老公在心里直嘀咕,这样是不值当的。

你得对着菜谱细细地研究,把"厨房妙计三百招"烂熟于心,什么汤什么料,什么菜怎么配,加多少味精多少盐,你都得反复琢磨,反复锤炼,直练到炉火纯青的地步,直练到你的厨艺都快到可以上中央台的"满汉全席"了,老公自然不会溜到饭店里,天天让你一个人在家吃饭的了!

原则四:绝对不要拿自己的丈夫与别人的丈夫比较

男人最讨厌老婆动不动就把自己拿出来K一顿,并且在K时还不忘拿别人的丈夫与自己比。

他们最不能容忍老婆说:"你看你,什么德性!就知道干这么一点破家务,人家谁谁的老公一年几万几万的,就数你最无能!"

如果丈夫也能挣上几万几万的,她又会说:"唉!你就光知道钱钱钱,人家谁谁的老公总是带她去玩,去散步的,你有陪过我吗?"

要是碰巧老公也陪过,她又会说:"唉呀,你帮我做点家务活嘛,我都累死了,你倒好,净知道坐在沙发上看电视,人家谁谁的老公可模范了,哪像你!"

仿佛全天下所有的男人都好,就你身边的这个最差劲。

一个好老婆是绝不会这样做的,她不会拿自己的老公跟别人比,就是真比了,也会这么说:"谁谁的老公能干是能干,可哪像你这么体贴啊,还是你最好,亲爱的!"这么一比,老公心里可就舒坦了!

原则五:绝对不要在老公面前太聪明,有时候他更喜欢你笨点

当一个男人觉得身边的女人处处不如自己的时候,他就会很有成就感,就会觉得这个女人正被自己的无所不晓而征服。

谁都知道男人是喜欢征服女人的。

所以,当他说世界上只有两种人时,你千万不要说三种,当他说英国的首都是纽约,你千万不要说是伦敦,你要无比崇拜地说:"啊,你知道得真多,这个……我不太清楚!"

电脑的系统坏了,你让他去修,哪怕他不会,而你却熟能生巧。你得把那些你能轻易做成的事,多交给他一点,并适时地说:"老公,你真行,我怎么就不会呢?"

一个真正聪明的老婆是知道怎样让自己适当地笨一点的,把老公调教聪明了,就是你最聪明的招术!

原则六:绝对要让老公穿着得体,要学会修裤边,钉纽扣

老公要是穿得不体面,出门去,肯定会有人说:"嗨,这家伙够惨的,家里养了个懒老婆!"

可是老婆要是穿得不体面,出门去,有人肯定会说:"嗨,这人可真够懒的,谁娶了她可就惨啰!"

没办法,这世道,就是这样不公平!

所以,在老公出门之前,你得先为他搭配好衣服,什么衬衫配什么领带,什么裤子配什么上衣,你还必须把他的衣服一件件熨平,保证棱角分明,白衬衫要洗得清亮如初,不要让领上的污垢破坏了他的翩翩风度,不要忘记时时地检查他的裤边是否脱线,纽扣是否要掉落,你得在他穿上之前,把一切都搞好,让他不会在路上出现提裤子,捡纽扣的尴尬。

如果这一切,你还不会,赶紧学吧,没办法,做一个好老婆可不是那么容易的事!

原则七:绝不能河东狮吼,秉承"母老虎"的衣钵

男人最要不得的老婆就是悍妇型的。

一个好老婆尤其要注意这一点,千万不要一不留神就成了"母老虎"。

老公动作慢了些,你要说:"今天怎么了,身体不好吗?以前可是很快的啊!"千万不要吼:"你有用没用啊,拿个东西还磨蹭半天。"

老公坐着没动,你要说:"累了吧?好好歇会吧!"

千万不要吼:"你个死懒猪,我是你的佣人还是奴仆啊?还不起来干活?"更不能动不动对老公动手,好男尚不跟女斗,好女怎么可跟男斗呢?

所以,一个好老婆是绝对不能河东狮吼的,毕竟还是做人比较好,狮子啊,老虎啊,就免了。

不然,婚姻不保,想想,哪个人愿意跟这么可怕的动物生活在一起,是不是?

原则八:绝不能对自己的爹娘"活雷锋",对丈夫的爹娘"周扒皮"

一个好老婆应该知道,丈夫的爹娘是丈夫心中绝不亚于自己的人。

所以一定要好好对待他的父母,也就是你的公婆。不要凡事先想到自己的爹,自己的娘,家里有什么好吃的,拿去点,什么好用的,送去些,这显然是没错的,谁不是父母养大的啊!

但是这些你也给了丈夫的爹娘了吗?

自己的爹娘就是他们没说,你也能时时处处地想着,以一种"雷锋"一样的思想设身处地地为他们着想,而面对你的公婆,拿一点你嫌他们心太凶,吃一点你怪他们嘴太馋,要是用一点,你就翻白眼:"不会自己买去吗?"

如果你是这样的人,那么你离好老婆可就远多了。

都说婆媳难相处,就算两人有些什么矛盾,你也要牢牢地记住,你最爱的这个男人是他们一把屎一把尿养大的,仅凭这一点,你也该像对自己的父母那样待他们,也应该无比感激地说:"爸爸,妈妈,辛苦了,现在该是我们养你们的时候了!"

而你若是真做到了这一点,就是一个十足的好媳妇,一个超准的"准好老婆"!

原则九：绝对要有一份属于自己的工作

一个女人应该是一棵独立的树，而丈夫就是你身旁的那棵大树。

如果没有一份属于自己的工作，你就会变成一根藤蔓，紧紧地缠绕在他的身上，依附着他生长。

而他当然会喜欢你对他的依恋，对他的缠绵，但是天长日久，他就会怪你吮吸了他的养份，牵绊了他的脚步，就会恨不得让你离开，好让他自由自在地生长。

所以一个好的老婆一定要知道这一点，你若是不想让自己的丈夫厌倦你，就得有一份属于自己的工作，你们必须独立着而又相互依靠，这样的婚姻才会长久。

原则十：绝不能红杏出墙

这年头，就是你不出墙的话，趴在墙头等红杏的人也是比比皆是。

一个好老婆必须是能够经受得起这样的诱惑的，而一个男人最不能容忍的事也就是妻子给他戴绿帽了。

所以这是十大原则中最必须要坚守的。

不管墙外的风景多么美丽，多么迷人，你还是要去亲亲院内的小草，它们不美，但是它们不是衬着你更美吗？

再说了，摘红杏的人只要把红杏摘到了，闻一闻，把玩几下，就会抛到十万八千里去！

你见过谁采了野花放到家里去养的，就是养，也养不了几天就扔了。到时，他把你置于烂石荒路上，你可是后悔都来不及了。

所以一个好老婆要守着你的草，守着你的院，出墙，就免了吧！

诸位亲爱的姐妹们：十大原则如果你都一一做到，那你就是男人们要找的绝顶的好老婆了！

如果你还没做到，不要慌，从现在开始向着好老婆的目标——进军！

聪明妻子绝不会这样说话

"围城"里难免潜伏着两个人的战争，一触即发之际，是火上浇油，还是春风化雨,往往决定于妻子的言语。有时候,恰倒好处的一句话,不仅能平息争端、掌握主动,还能让你们的婚姻在磨合的过程中更亲密、融洽而快乐。

想知道聪明妻子是怎样说的吗？

那你一定要首先知道——

指责的话刚脱口而出,你就后悔了；

和丈夫说话总是生硬硬的；

或者你的本意也许是好的,可说出来却全变了味——

这时一场争执往往在所难免,错误信息的传递眼看就要引发夫妻大战。

如果能有一些更好的方式来表达你的感情那该有多好……

不要说:"我知道你就会那样说。"

而要说:"你以前就曾经这样说过,所以它一定还在困扰着你。"

有很多话本身并非责难,除非你用的是含沙射影的语气。当你面带挖苦地说:"我知道你就会那样说"时,无异于是在用另一种方式骂你的丈夫是个"笨蛋、蠢人"。

心理专家认为:轻蔑会加快婚姻的崩溃。离婚最明显的征兆之一往往是无论他说什么,你都不屑一顾。

此时较为明智的表达是:"你以前就曾经这样说过,所以它一定还在困扰着你。"这样说,既真诚地考虑到了他的感受又表明你希望能为解决问题做些什么。对生活中彼此每一点细微之处都试着去体会和沟通你们的婚姻才会更为牢固。比如他加班要很晚才能回家,那么不妨把他最爱看的电视节目录下来。只有对彼此的目标、焦虑和希望真正有所了解,当要决定重大事件以及出现分歧时,你们才能够更为妥善地共同对待。

不要说:"你令我简直快疯了。"

而要说:"你那样做,我真的很难受。"

你得明确表达是什么在影响着你的情绪,笼统地否定一切只会令婚姻关系愈加紧张,解释清楚你生气的理由极为重要。

你需要强调他的行为带给你的感受,但不要列出一大堆的抱怨和委屈清单。

记住:你应一次只指出一个问题,诸如,"当我想跟你说话而你只顾自己看电视时,真的叫我很难受。"

越早说出自己当时的感受越好，"你令我简直快疯了"这句话意味着你的情绪经过长时间的压抑之后已经上升到了一个过激的水平。

不要说："这事你一直就没做对过。"

而要说："你是做了很多努力，但用这种方式是不是太费劲了？"

责备他行为不当时，你往往会指出做这件事正确和错误的方法。虽然看上去你的方法可能最好，可事实上它常常是带有你主观偏好的。

责难会使夫妻感情疏远，家庭中两个人要做到相互平等。

当需要做家务活时，男人们必须抛掉让自己很舒服的想法；而女人也得放弃控制男人完成这件事的过程。

不要吝啬对他的感激和肯定之词，这会令他乐于继续坚持下去。幸福的夫妻往往建立在彼此欣赏的基础上，他们常常会互相赞美，哪怕是日常生活中最细枝末节的地方，他们也不会忘记说声谢谢。

不要说："为什么你总是不听我说？"

而要说："这对我真的很重要。"

说他总是不听你的不仅满是责备而且还夸大了怨气，即使是最不虚心的人对你所说的话也会在意几次。使用"总是"或者"从不"这样的字眼，会引起对方的反感情绪，同时这种全盘否定的说法也把问题的责任全部推到他的身上，而让自己脱离了所有干系。

而以"这对我真的很重要"这句话作为开场，则会为你打开一扇进行建设性对话的大门，它会令你有机会说出被他拒绝的话而且提出解决问题的建议。

在表述你的观点时要冷静。通常妻子对丈夫最大的抱怨是他们完全不和你说什么，而丈夫们最一致的看法却是说得太多会引起争执。因此如果你想你的丈夫不仅听你说而且更多地和你交流，就要始终做到心平气和。

不要说："说得对，我正是要离开你！"

而要说："那给我一种想要离开你的感觉。"

威胁听上去好像很引人注意，但它们往往很危险而且不给进一步的交谈留一点余地。他可能会对你说'再见'或者讥讽你不过是做做样子，而这两种结果都是对你的一种羞辱。

就算你确实怒气冲天一走了之，你们的关系也不会就此结束，尤其当你们牵涉到孩子的问题时。

把那些一触即发的冲动放在心里，寻求能就此进行交流的途径，毕竟你"并不真的想要离开"。在这种情况下，只要夫妻间的关系还没有破裂，说出真实的感受有助于接触到问题的根本。不过，对于大多数婚姻而言，动不动就用离开来进行威胁只能随着时间的推移而变成现实。这有点像自杀，总是威胁要离婚的人将自己未来的道路一点点逼进绝境。

不要说："没什么不对。有什么让你觉得不对的？"

而要说："是的，有些事确实有问题。"

回避问题只会让事情更糟。伤口总是会化脓的，你的痛苦会将你们的关系抛向更为混乱的境地，并逐渐深化。

首先，承认有不对劲的地方，即使你并不准备立即谈论此事。这样做有助于消除紧张气氛并使你们两人处于寻求解决之道的同一条路径上。

然后，计划好(第二天晚上或是这个周末)大家坐下来慎重地谈论双方的问题。

如果双方对某些问题存在严重冲突，请暂时将怨气放在一边，直到你找到能够处理问题的时间。在你感到不那么疲惫和累的时候，会更容易发现解决问题的方案。

不要说："你总是偏袒孩子。"

而要说："父母作为一个整体，我们的意见需要更为统一。"

"总是"这个词是一个红色的危险字眼，充满谴责并常常引发怒火。

而且对方也会因此而处于防御状态，武装自己只待"一战"。

教育孩子方面频繁地意见相左不仅会产生反作用还可能造成家庭分裂。生活在吵吵闹闹的父母中间，孩子会对你们的不和渐渐习以为常，他也许会把你们婚姻的不幸归咎到自己身上。

所以在处理这方面的分歧时一定要避开孩子，将所有的委屈以及意见都暂时保留一下。

如果你们之间教育方法的差异已经大到影响婚姻的程度，不妨考虑专业人员的咨询服务。

心理专家建议你可以这样说："昨天晚上我在辅导孩子做功课时，你对他说不一定非得完成。我觉得你这样削弱了我对他的教育，而且对孩子也没

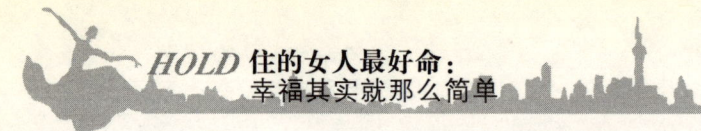
有帮助。你怎么看呢？"然后听他作何回答。

不要说："你怎么能那样对我？"

而要说："这伤害了我的感情。什么原因你会那样做？"

有不少夫妻在相互指责时都扮演了受害者的角色，这间接地表达着你们心中的怨气、遭到的羞辱和背叛。

你需要了解他为什么这样做，例如"你没给我打电话我感到很伤心。是什么原因使你昨天晚上不和我说一声那么晚还离开家呢？"这样说之后，你们两个人才能以建设性（而不是破坏性）的态度表达各自的观点，从而打破僵局。采用这种方式也意味着你应该做好真正听他说出事实的准备。

其实，只是字眼的小小改变就能令你所表达的意思有很大的不同，调节你的情绪不要带着火气和抱怨，这才是创造幸福婚姻的秘密所在。

第三章

幸福的"性格"

——一辈子HOLD住好男人

有人认为："性格决定命运。要是一个人太自私、太冷漠或者太情绪化，那么无论他跟谁结婚，结果都好不到哪儿去。"这个说法非常正确。

爸妈长辈们常常会跟孩子说："要找个靠得住的男人"或者"找个实在、会过日子的老婆。"这个说法有一定道理，不过有些家长们往往忽略了自己孩子的性格因素，光顾要求别人了。

还有些人认为，性格相同，自然容易互相理解，对各种事情的看法相似，说话也容易说到一块儿去，性格相同的人的家庭一定会非常和谐。这个说法看起来很有道理，但实际情况却相去甚远。

那么，婚姻中到底要有什么样的性格，或者说性格中的哪些方面最重要呢？

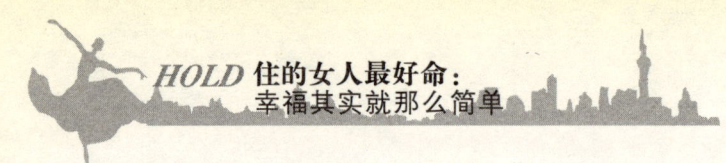

谁都躲不开，性格与婚姻如影随形

如今，在快节奏的都市生活中，浪漫的恋情正逐渐褪去亮色。

现代社会的经济独立和个性张扬，使性格不合成为婚姻解体的第一要素。

面对现实的家庭生活，只有适合的性格才能相安无事，创造一种和谐氛围，否则生活就不得安宁。

在工作压力与婚恋危机并存的情况下，更多的单身白领们关心婚后的和谐生活，"性格和脾气"好的对象成为他们择偶的首选条件。

2006年10月，互联网开展了"中国白领婚姻交友网上调查"。在具体的择偶要求方面，21.5%的人选择注重对方长相身材，12.8%的人看重对方的家庭和教育背景，11.6%的人认为学历非常重要，在这一点上女性比男性的要求更严格。10.4%的人重视对方的工作性质和收入，4.6%的人将地域归入重要的考虑范围，39.1%的人认为性格脾气最重要。

在当初的热恋激情过后，在经过无数的四季变换、欢笑与泪水，两人性格合与不合便慢慢清晰起来，出现婚姻种种不同的结果。

那么，夫妻双方的性格究竟是相近好，还是相反好呢？

其实是各有利弊。

相似者容易相互理解，但却不容易互补，你急我也急，大家互不相让。

而性格相反者却很容易互补，你急我不急，于是避免了矛盾的激化。

所以说，婚姻幸福的奥秘，幸福的关键，就是夫妻双方性格要相合而不是相斥。

我们仔细观察一下自己四周所熟悉的夫妻们，就不难发现：不少性格迥然不同的夫妻，他们相处得很好。

相反，有些性格相近或相似的夫妻，夫妻关系却不怎么好，甚至经常争吵……

这是为什么呢？

事实告诉我们：夫妻相处如何，并不在于性格是否相同、相近或不同，而是在于夫妻之间如何相处。

假如性格差异较大的夫妻,都能按以下几点去做,一定会相处得很好,成为恩爱夫妻。

首先,也是最重要的一点,那就是对性格,要有正确的熟悉,要各自尊重对方的性格。

性格是人对事物所表现的经常的、比较稳定的理智和情绪倾向,并无优劣之分,不同于品德。不同性格各有不同的优点或短处。比如,急性子者性格多直爽,轻易相处,但好发火,发起火来,可能让人忍受不了。相反,慢性子者大多态度和蔼,轻易相处,办事讲究质量,但速度较慢。性格外向的人则多活泼开朗,而性格内向的人则稳定、深沉。

其次,各自要扬长避短,异质互补。

有了正确熟悉之后,就要主动地容纳对方,而且在家庭生活中应该发扬双方的优点,避开短处。比如,让善于交际的一方主外,做事心细的一方理财。夫妻双方的经历、爱好和脾气的不同,可以称为"异质",可以互补。急性子同急性子,慢性子同慢性子,虽然性格一致,但闹起矛盾来,前者可能闹得"山呼海啸",后者则会闹得没完没了不见晴天。相反,急性子慢性子相配,如能注重互补,往往会刚柔相济,急慢相和,动静适宜,进而相得益彰。

婚姻中还是性格互补好,这是实践的证明。比如吵架的时候,一个急脾气,一个慢脾气,吵不起来。有解释的机会,有利于生活。只要不是有相同的暴脾气,就是好的。

俗话讲:"夫妻是冤家,不是冤家不聚头。"一个好的婚姻不会禁锢两个人的个性,两人都可以按照自己的意愿去发展,可以坚持自己的生活态度和价值观,然后彼此欣赏,甚至彼此互补。

夫妻之间会有很多的交流,甚至会争吵。毕竟,夫妻二人是从两个截然不同的家庭走过来的,生活在一起儿,发生争吵、冲突、分歧是必然的,否则个体的差异到哪儿去了?除非是一方压迫另一方,或者是双方都极力克制和压抑自己。而压抑的结果要么是情绪不佳,要么是缺少激情,要么是按部就班,生活刻板而无趣。

真正性格相合的夫妻是可以风雨同舟的,是可以牵手度过种种人生考验的。

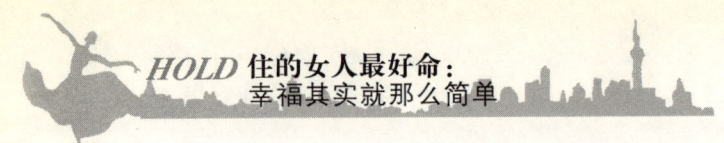
一个美好的婚姻会让两人时刻甜蜜在心,乐是甜的,苦也是甜的……

1. 为什么爱人和你"天生犯冲"?

小雅是一名护士,因为念护校出身,所以一直工作了好几年才有机会谈恋爱。但可能是机会不好,屡次恋爱的失败,让小雅的自信心大受打击。

别人给小雅介绍了个叫卫洋的朋友,虽说是相亲性质的介绍,但一见之后,小雅就打消了相亲的念头,并非卫洋不好,而是因为他实在太好了。

卫洋是一个年少有为的事业青年,在毕业后事业非常顺利,目前已经是某大集团的分公司总经理,收入高,工作体面,而且长相俊朗,家世又好,身边追求者云集。

小雅面对卫洋时,其实是有自卑心态的。她屡次被男人抛弃,对自己早已看轻,就算对方条件不怎么样,小雅也会忐忑,何况又是条件这么好的,所以她连一丁点奢求都没有,也不想参与到好男人竞逐赛里去。

但两人还是交换了QQ,小雅在心烦意乱时,会把卫洋当做一个倾诉对象,自己受的苦,心中的累,都一一说给卫洋听。有时候,两个人在QQ上聊到半夜三更,久而久之,相互的倾诉似乎成了一种习惯。

没过多久,卫洋就明确提出,要追求小雅。

这里面,实际上有一个男人的心理作用。许多成功的男人,有一种满足灰姑娘的心态,也就是说,在卫洋的眼里,小雅是个卑微的灰姑娘,而他则可以满足小雅,令小雅变成公主。

而另一方面,小雅并没有表现出自己想和卫洋在一起的渴望,这让男人放弃了戒心。而小雅一直的倾诉,把自己放在一个比较低的位置,又让卫洋的保护欲增强。

如果说女人的爱是母性加欲望的话,那么男人的爱就是欲望加征服欲加保护欲。

顺理成章地,两个人开始了交往,按理说,这一次小雅应该没选错了。从感情角度,小雅经过了这么长时间的倾诉,已经将卫洋当做精神上的依靠,爱情是干柴烈火一点就着。而从家庭习惯环境的角度来说,卫洋是城市里长大的,家庭和睦,各方面都很契合。

那这一次的恋爱,真的能幸福地开花结果吗?

小雅的上一次恋爱,直至同居结婚才发现有问题,而这一次,才刚刚约会没多久,她就感觉到非常不舒服。

问题当然是出在两个人的性格上面。

小雅是一个外柔内刚的女孩子,具体的表现是看起来温顺和善,但实际个性非常执拗和叛逆,而她并不会直接跟人吵架,遇到不高兴的事情只会生闷气,几天不理人,也不说原因。

而卫洋呢,恰恰是一个性格外向而强势的人,因为个人条件好,事业又顺利,所以为人作风固执而霸道,常不听他人意见,喜欢下各种命令,而且很少承认自己的错误。

在两个人的相处过程里,卫洋抱着为小雅好的目的,不断地下各种命令,譬如要她改变造型啊,去听歌剧啊,去考研啊,而且还不容反对,直接就帮女朋友报好名,规定好几点几分去接她。

这种事情有一次两次也就算了,但每次都是这样,小雅的逆反性格就爆发了。她的爆发并不是吵架,而是采取了沉默抵抗措施。

她连续几天都不理卫洋,就算是在一起也不说话。每次卫洋问为什么,小雅都说没什么。可明显是在生气,怎么可能没什么呢?卫洋被堵得抓狂,而小雅还故意做出淡定的样子,拼命在心里生闷气,嘴上死活不说。

两个人的性格冲突,在这一刻显露无遗。小雅虽然表面温柔,但实际上,还是希望有一个事事顺着她的男人,她需要的是自由和空间,不想处处被人管着。但卫洋恰恰是一个霸道的有控制欲的男人,他认定小雅是他的女人,就一定要从头管到底。

而另一方面,卫洋是个心胸坦荡的人,喜欢把事情摊在桌面上说开,有什么不舒服的说出来就舒服了。但小雅恰恰是个喜欢生闷气的女人,她觉得自己有什么不高兴男人应该懂得,说出来就没意思了。

这样的性格冲突,使得两个人之间的一些小事情,最后都演变成针锋相对的大事件。由于性格决定了两个人的相处方式,他们所以每时每刻都可能会发生冲突,小雅的心中一直都有闷气,而卫洋也是憋屈得受不了。

在万般无奈之下,两个人进入了冷静期,希望可以分开一段时间,把胸

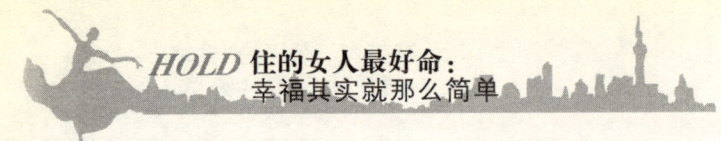
中憋闷都疏导开。

这是一个典型的性格冲突案例，卫洋是个超级大男子主义，什么事情都是"我说了算，你只需要照做"的态度。而小雅却也不是逆来顺受型的，她自己也有主意，也有很强的主观意识。

小雅来向朋友倾诉时，心里也很郁闷，她觉得是卫洋提出来要追求自己的，那他就应该有忍让，有包容。

朋友给小雅分析，其实卫洋并非因为了解了小雅的真实性格而来追求的，而是被小雅的外表给骗了。

卫洋把自己定位成王子，把小雅当做灰姑娘，而王子就是照顾灰姑娘，帮助灰姑娘的。卫洋需要的是一个听从、服从和依靠他的人。

但小雅只是外表像而已，内心却依然是主见极强的，所以他们的吵架和感情完全没有关系，根本就是性格的碰撞。

所谓的性格对撞，就是一个导火索，一个炸药，一点就着，一碰就燃。这样的情侣，就算感情再好，也一定会爆炸的。

婚姻是一个漫长的过程，需要的是人们把爆炸的可能性磨灭掉，而不是每天爆炸一次。

性格碰撞，就是婚姻的炸药包。

好脾气不等于好男人，坏脾气一定是坏老公

上一节我们说了性格碰撞导致感情不稳定，但反过来说，如果性格一致也会影响长期生活。

这听起来很不可思议。性格不对付，那当然有吵架的可能，性格一致时为什么还会不成呢？

我们继续来看小雅的案例。

小雅在和卫洋谈恋爱之前，其实也有一个姐弟恋的机会，只是因为怕被人说闲话，所以才抽身而去。和卫洋的恋爱失败后，小雅回过头来，发现那小弟弟还是乖乖待在原地，不禁母性大发。两人一来二去旧情复燃，小雅和卫洋彻底分手之后，那个小弟弟对她百般呵护，最后小雅心一软就答应了，干脆搬到一块同居。

按理说，他们是自由选择恋爱的，感情深埋好多年，也不该出现什么问题。但她唯一没有考虑到的，就是两个人共同的性格弱点。

小雅是外柔内刚的人，但同时也十分要面子，正因为如此，小雅当初就没有办法接受姐弟恋的现实，怕被别人说闲话。

在这种情况下，小雅其实需要找一个事业上没那么强势，但心理很强大的男人来做互补。但事实刚好相反，她的姐弟恋对象，是个非常典型的小男人，他的心理不够强大，虽然和小雅之间有感情，但同样对姐弟恋也有芥蒂。

一开始，他们的恋爱自然谈得很好，两个人在同居的房子里如胶似漆，还养了一条狗。但两人并不会经常出去见朋友，也不会相互融入对方的朋友圈。说穿了，就是心里面的那点自尊心和自卑感作祟。

小雅怕被人说姐弟恋，而男人又怕被人说是小白脸吃软饭靠女人养，而这两样都是事实。

他们两个的性格都是不愿意承认事实，不愿意去面对，希望可以在一个小窝里面逃避，于是两个人几乎都成了宅人，除了上班外，都只待在家里面对面，即使有对外交际也是各玩各的。

对小雅而言，虽然日子有些不正常，但一样还能过。但对男朋友来说，却有明显的心理变化。

之前说过，男人的爱情是征服欲加保护欲。而在这个案例中，小雅是物质上强大的那一个，而男人又无法在精神上强大起来，所以实际是小雅拥有了这个男人，而不是男人拥有了小雅，至少男人心理上是这么认为的。

而他作出了什么选择呢？他必然地出轨了，因为在长期被拥有的境况下，这个男人也想要去拥有一个女人。

小雅发现了男朋友出轨后，悲恸欲绝，最后决然分手。但她始终都没有明白，其实真正的问题，并不是出在男人都喜欢出轨上，而是他们共同拥有的自卑、贫弱的性格，就好像两个人都沉入水底，却没有一个人可以拯救，最后只能双双溺水身亡。

这是一个典型的性格相似而导致分手的例子，大家听起来觉得匪夷所思：性格相似不是很好吗，为什么还要有别扭呢？

其实我们每个人都有长处和短处，对生活，总有善于处理和不善于处理的方面。两个性格完全一致的人，长处和短处是一样的。

也就是说,他们成为情侣后,擅长的事情会做得非常好,可谓其利断金,但不擅长的事情,譬如爱面子、不敢承认不敢面对现实上,就会加倍出问题。

好的好到极致,坏的坏到极致。

但要记住,生活不是看你最好能到什么程度,而是看你能稳定在什么样的平均水平。生活质量不是以高潮论,而是看你平时的吃喝拉撒。就算你当过一秒钟的世界之王,只要绝大部分时间在捡垃圾,那么你就是个流浪汉。

小雅和男友就是这样,他们有非常非常开心的时刻,但是两人共同的性格弱点,却足以造成灾难。

性格决定婚姻,并不是性格一致就是好的。

三分钟测出谁最适合你

之前两个例子已经说明了,性格冲突和性格一致都会带来很多的问题,也就是说,只有性格契合的人,才可以非常好地生活在一起。

什么是性格契合呢?

我们可以把男人的性格看成一把钥匙,而女人的性格是一把锁,钥匙比锁大也好,比锁小也好,都没有办法打开,只有钥匙和锁契合才有用。

这种情况,就像是拼图,纹路完全一致的板块是没有办法拼接起来的,只有一凸一凹,纹路对应,才能刚好契合上。

在小雅的第一个案例中,她实际需要的,是一个能够给她空间,给她足够关怀而又内心强大到可以弥补小雅内心虚弱的男人,这种男人性格刚好和小雅的内向执拗契合住。

但毫无疑问,她的另一半都不是这样的。我们经常说,性格决定命运,而与此同时,性格也决定爱情,决定婚姻。

所以每个女孩子在选择另一半的时候,一定要注意性格的因素。这也是有一套流程的。

首先,请你必须要自省,认清楚自己的性格有什么样的缺陷有什么样的问题。做人可以骗别人,却千万不可以骗自己。

明明很自闭的人非说自己外向,明明很强势的人非说自己温柔,这种话骗男人还行,真的拿来蒙骗自己,只会吃苦一辈子。

当你发现自己性格上的问题时,就可以规划另一半的性格特征了。譬如你是内向自闭型的,那另一半的性格中应该有开朗的一面。如若不然,两个同样自闭的人待在一起,万一生气起来,很可能成年累月地不说话冷暴力。而有一个开朗的男人,则会哄会劝,小事瞬间化无。

再譬如,你是个非常自信的人,那么选择另一半时,则应该找到个略略带着自卑的男人。如若不然,两个都十分自信的人生活在一起会怎样?一定冲撞得特别厉害,为一个小事情谁都不肯认输,最后非要火星撞地球不可。而一个自信一个自卑,则一个强势一个弱势,刚好生活和谐。

这只是一些简单的例子,而实际上,需要掌握的规则就是,你缺的性格,男人补上;你有的性格,男人不具备。这样才能环环相扣,刚好互补。

但有一点必须要注意,性格互补和生活一致是同时存在的。

举例说明,有个女孩子性格内向,她也知道互补契合的规则,所以就找了个特别爱玩的男孩子做男朋友,他们开始恋爱后,男生天天要去酒吧玩,而女孩子很艰难地顺从了几次。之后女孩子不想出去了,男孩子又很艰难地忍受。于是两个人的生活,变成一种相互妥协和忍耐。

实际上,这个女孩子就是搞错了性格和生活习惯的区别。性格内向的互补应该是性格外向,而性格外向是指一个人的本性。天天出去玩,是一种生活习惯,他可能是外向性格的一个表象,但两者不可以画等号。

在好男人选择公式里,生活习惯是高于性格的,也就是说,你首先要选择生活习惯一致的人,然后再考虑性格因素。而这个女孩子以为爱玩的人就是性格适合,却没有考虑到,生活习惯的不协调是更可怕的。

总而言之,一句话就可以概括这两章内容,也就是:生活一致,性格互补。

做到了这一点,基本上不会离幸福很远。

难道你是上天派来整我的吗

还是那个老问题:

如果已经爱上了性格不合的男人,甚至是嫁给性格不合的男人怎么办呢?

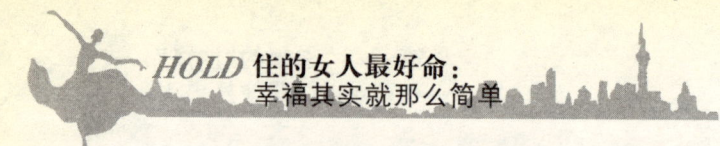

难不成要立刻分手或者离婚吗？

没有那么严重。

其实心理专家并不反对将离婚或者分手作为一段感情的最后处理手段，但请记住，如果没有经过努力而立刻分手，是逃避而不是解决问题，是对爱情的不负责任。

我们会经常发现，国内绝大部分情侣分手的原因都是性格不合，而在国外，因性格不合而分手的概率则小很多，因为国外有发达的婚姻咨询顾问，可以协调解决因性格而产生的矛盾。

事实上，性格排在选男人标准的后面，是因为它远远比爱情、生活更好处理。

爱情这种事情，是纯粹感性的，爱的时候非常爱，不爱的时候就不爱，没有任何人有办法来扭转。

而生活则牵涉到更多的人，你可以改好男人的生活习惯，那么他父母呢？家庭呢？

而且一个男人养成几十年的生活习惯，岂是女人能轻易更改的？

但性格却不同，生活习惯难改，性格反而是可以改的。

这一点，很多人都不能理解：不是说"江山易改，本性难移"吗？为什么性格反而比生活习惯更容易改变呢？

我们来看看生活中的事实。

一个人的生活习惯和家庭环境，是从他生下来开始就逐步培养的，刷牙的样子，挤牙膏的方法，睡觉的姿势，几十年如一日，从来都没有改变过，这种习惯已经是人生的组成部分，别说改了，他自己都不可能意识到。

而人的性格呢？

在每个人的一生中，会有很多次的转折时期，婴儿期、童年期、少年期、青春发育期、叛逆期，包括读大学的时候，包括刚步入社会，大家回忆一下自己的人生经历，在每个时期的性格，是否多多少少都有一些改变呢？

甚至有的人生了一场大病后，或者失恋了一场之后，性格都会有突变。

我们被本性难移这句话误导太久了，其实真正难移的本性应该是生活习性而不是性格。

所以，当两个人相爱后发觉性格冲突时，其实还是有方法来进行修正的。

方法之一是推动男方小幅度地调整性格,把原本冲突或者一致的性格,调整到互补。

譬如女方是很柔弱希望男人做主的,而男方很小男人性格,那么女方就可以鼓励、刺激他,逐步地开始对某些事情作决断。这种决断力是完全能够培养的,可能十多件事情,一两个月的时间,就能让一个小男人变得爱做主了。

但使用这个方法时,必须要小心,如果让男人发觉你在有意识地调整性格,那么可能会遭到较大的抵触,甚至是逆反情绪。所以整个过程里,一定要小幅度的,一点点来。用一些具体的小事情,让男人拧着性格去做,并且要让他做成功。

一个小男人是怎么培养成大男人的?

就是遇到事情时,女孩子撒娇让男人决定,而不管决定的结果如何,都一定要夸奖他,赞扬他选择得对。如此重复一段时间,男人会感觉到作决定的快感,以后养成习惯了,就不用再这么麻烦。

但很多人会觉得,爱情怎么能相互控制呢?

这个想法是错的,爱情的本质就是相互控制。

谁控制力强一点,谁就能在爱情里做主。

而控制力弱的那个,可能会受累更多。

当然,如果你不愿意去控制别人,那么,你也可以尝试改变自己的性格。

当你决定改变自己的性格时,请先放下两个前提:

(1)你是爱对方的。

(2)你不愿意控制对方,所以才要改变自己。

也就是说,在整个过程里,你有什么委屈,有什么忍耐,都只能自己承担。

譬如,你本来是像小雅一样内向自闭,有什么问题就埋在心底里不肯说出来。那么,请记住你是爱对方的,你不想控制对方才要改变自己。所以你必须把这些问题说出来,不管有多艰难,不管有多让你难受,一定要说出来。

再譬如,你非常强势善于做主,而男朋友同样也很强势。那么,请你一定要小女人一点,因为你是爱对方的,你不想改变对方所以才要牺牲自己。这

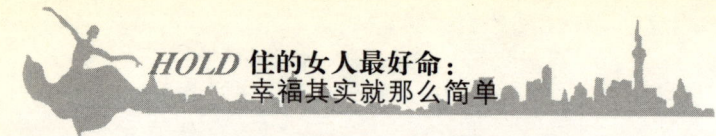

是你的选择，无论多难也一定要小女人。

改变自己的性格其实很简单，就是观察自己什么地方和男朋友有冲突，然后拧着来做，反着来做。

本来不想说的话，就要说。不想做的事情，就要做。而想要的东西，则偏偏不要，想去的地方，反而不去。

这种反向的训练，做了一段时间后，也会逐渐养成新的性格，这有点像老一辈的女人，她们在长期和男人的生活中，就是这样被磨平了棱角。

最后，必须要说，我们并不赞成女人们为爱情作这么大的牺牲，也不赞成大家为了男人放弃自我。

大家是有选择权的，是否为爱情牺牲自己，请好好决定。

2.婚姻中,那些让我们幸福的改变

结婚了，老公以为一切都将是随着岁月的呼吸，平稳地度过每一个365天。

可女人呢？女人并没有在这样均匀的呼吸中沉睡，而是一路向前——更成功、更美丽、更接近梦想。

当我们像考了高分的孩子兴奋地跑回家时，却发现老公在小心地隐藏着他的焦虑。

心理学家论证，男人更害怕改变，尤其这种改变发生在他的妻子身上，他们认为这可能会危及婚姻。

除非你不在乎你们之间的感情也来个翻天覆地的变化，否则在自己越来越成功的同时可别忽略了老公的感受。

拥有自己的公司——

陈珂　29岁　时装公司经理

魏康仍念念不忘初见陈珂的情景："一袭浅桃色裙子，一头长发，一笑两个酒窝。"婚后的日子温馨快乐，陈珂做了全职太太。每天魏康从公司回家都能享受妻子的厨艺。陈珂喜爱时装设计，不仅在家里拼拼剪剪，还买了专业书籍细细研读。对此魏康十分支持："女人嘛，有点儿自己的爱好挺好的。"

去年夏天,陈珂设计的时装参加大赛荣获金奖,很快被一间时装公司聘为首席设计师,7个月后又成立了自己的公司。当陈珂想与魏康分享成功的喜悦时,却发现他看她的眼光有些陌生,这时她才记起,他们已经很久没在一起吃饭了。

男人需要被崇拜,女人需要崇拜——数千年父系社会流传下来颠覆不破的信条。即使在女性获得相当发展空间的今天,男性给予女性的最大宽容度不过是:60%独立自主+40%小鸟依人。魏康感到陈珂正日渐飞离他的怀抱,焦虑是他心理的本能反应。

幸福贴士:

(1)保证老公仍然享有"诲妻不倦"的乐趣。学会这样的语式——"你说的真对,听你这么说我就知道该怎么办了……"下面是你早就考虑好了的决定,但听了前面的话,80%的男人不会再介意你下面说的内容了。

(2)那些能打动他的小动作不要疏于练习,男人往往因为这些而动心。我的朋友就是某一天赴宴前因为女友为他整理领带而下决心"执子之手,与子携老"的。无论多忙,体贴不能忘。

(3)他需要安全感,要证据证明你还爱他。比如小鸟,每天飞去森林,回来时都能带着快乐和清新的歌喉,谁还会认为笼子更适合它呢?作为妻子的你还是抽点儿时间下厨,或者去外面浪漫晚餐。

(4)他喜欢打网球?或者醉心垂钓?抽空陪他去,结识他的朋友,夸赞他的高分或沉甸甸的鱼篓。

只身去留学——

程敏儿 31岁 现就读美国哥伦比亚大学

一直以来,程敏儿都是汪家明的骄傲。她不仅工作出色,还是不折不扣的好太太。无论多忙,他们每天都会抽时间交流当日感受,互相打气加油。他们是唇齿相依的一个完美整体。当敏儿决定独自去国外读书时,家明惊呆了,他无法想象没有敏儿的日子,而且是整整两年!在敏儿办理签证、收拾行装的3个月里,他明显地消瘦了。

人生自古伤离别,何况对于真心相爱的人!不要以为男人对此更坚强,最先破碎的往往是貌似坚硬的玻璃。男性的不擅表达,使他们在内心深处比女性更易感觉孤单无助,你必须施行远距离爱情救生,否则可能走的时候,

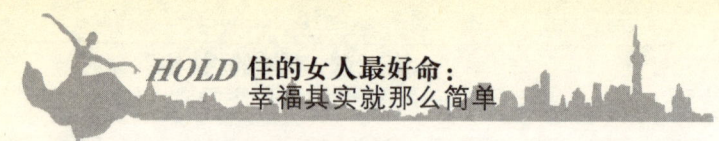

他伤心的眼神,回来时却换成了你心碎的眼泪。

幸福贴士:

(1) 打电话给你的父母让他们在周末叫他回家吃饭。你的环境包围着他,他想忘记你可不那么容易。

(2)每周的越洋电话、每天的E-mail,让他感知你生活的点滴,编造你在他乡生活不那么顺心;偶尔写信给他,用大学时代的昵称。

(3)不断提醒他你们即将共有的美好未来,语气温柔坚定。

(4)做一个730页的倒计时牌挂在你们的卧室里,一天只能撕掉一页,内容可以是你们以往的趣事,也可以是你温柔的情话。

真的整容了——

米兰 27岁 杂志编辑

米兰对自己的鼻梁和脸形始终敏感,她常觉镜自问:"我是不是可以变得更美?"为什么不呢?她选择了整容。

关于整容,她的记忆是小时候看过的一部印度电影《血洗鳄鱼仇》,当女主角在精巧的手术刀下一点点化做绝色,她的心也一点点飘飞如春日晴空的彩蝶。她把想法告诉先生向游时,向游以为她在开玩笑:"为什么?我不觉得你现在的样子有什么不妥。"

米兰向正规医院的医师请教后,选择了隆鼻和下颌整形手术。手术很成功,米兰愈加楚楚动人,可是她发觉向游看她的眼神有些飘忽——他不喜欢她漂亮的新样子吗?

一觉醒来,枕边的爱人忽然变了模样,任由谁也要打一个愣怔。何况男人的适应能力比女人要差。也许他还有着这样隐隐的担心:她变了模样,接下来是不是就变心呢?如果你有勇气换一个希腊式的鼻子,也该有办法让他知道你还是你。

幸福贴士:

(1)关爱他,多过从前每一天。

(2)将你整容前后的相片挂在卧室显眼处——瞧,我真的是越来越好!

(3)不要总对自己的新面貌洋洋得意,让一切都呈现自然状态。

比老公挣更多的薪水——

Vivian 34岁 外资广告公司副总裁

好、更好、相当好——这是Vivian职业生涯的写照,之所以最后一项不是"最好",是因为她对自己的未来充满信心。不久前她被晋升为副总裁,一切都如她所愿:有付出就有收获。

惟一的忧伤是老公江峰不这么想。他们在同一家公司,江峰也一直很努力,可由于机遇等原因,仍然是一名业务主管。江峰可以命令自己为Vivian的成绩感到高兴,但是他无法承受旁人对此瞥来的意味深长眼光。他感到自己在婚姻的小船上独自沉没,而Vivian在岸上笃定微笑。

幸福贴士:

(1)别将你在工作中颐指气使的作风带回家。

(2)他有意贬低你或是你的职位时,避免和他冲突,更没有必要戳穿他是因为嫉妒在说些违心的话。

(3)别以为他应该做"家庭煮夫",他为你煮了咖啡,记得替他擦皮鞋——你们在家务上其实一样能干。

(4)不要说:"这个家都靠我支撑。"

(5)对他的家人格外重视。

(6)请求他陪你出席公众场合,并郑重地介绍他。

(7)如果你晚上又要加班,告诉他你需要他去接你。

婚姻也是一门学问,需要用心的经营,太多的人在婚礼之后就将另一半潜意识的认为是自己的一部分,这可以说对,也可以说不对。其实婚姻是一种生活的开始,要寻找属于你们两个人共同的生活方式,也要有自己的生活和天空。

巧妙应对婚姻生活中的五个第一次

天下一千对夫妻有一千种幸福或悲伤,但绝大部分夫妻都会遇到五个"第一次":第一次家庭大战,第一次生孩子,第一次大的工作变动,第一次健康危机,甚至是第一次离婚。

这五个转折点也许会让你身心疲惫,也可能让你越来越爱他。

那么,我们如何才能达到后一种效果呢?

第一次家庭大战

婚姻让夫妻成了一家人，却使你们对待伴侣反而不像对他人那样尊重或宽容，当有这种心态且你们发生摩擦时，事态立刻就变得不堪起来。

杨露和马力结婚两个月后，就因为婆婆的经济要求发生了第一次严重冲突。马力的妈妈是个时髦老太太，经常要求儿子为她支付出国旅游、购买衣服首饰的费用。杨霞终于失去控制："你怎么这么蠢呀，你这辈子就跟你妈一起过好了！"

绕过暗礁：

一项调查显示，夫妻能否长期相处下去，关键看他们如何处理冲突。争论是无法避免的，那么就应该尽量避免争斗。怒火中烧也不要由着性子冲对方叫嚷，先休战，让自己冷静下来，直到你能用平和的口气来谈话，就算是把争斗控制住了。

具体的方法如下：

认真倾听对方的解释，不要打断或插话，也不要试着维护自己的立场。

就事论事，不要翻陈芝麻烂谷子。

最大程度地理解对方，诚心实意地与对方共同寻求解决冲突的办法。

收获：

杨露说："我有意识地克制自己不再说'我告诉过你要这样做'这类带批评意味的话。我会上前拥抱他，然后相互道歉，好像又回到了谈恋爱的时候。"

婚姻生活中，主动回避争论是掩耳盗铃的做法，忽视问题的存在只能导致彼此的怨恨。建设性的争论反倒能增强双方的关系，因为它表明你们是具有高度信任感的夫妻，不怕向对方吐露心声。迈过了这道坎，你们的关系就会向前迈出一大步。

第一次生孩子

分娩的痛苦、养育孩子的劳累，是恋爱中的情侣无法想象的。生育孩子对女性来说，更意味着巨大的心理挑战。

"当我有了孩子后，我似乎在重复我奶奶那辈人的生活。"30岁的楠楠、一个有4年婚龄的新妈妈说，"洗衣服、做饭、喂奶、打扫卫生、换尿布，我完全被这些琐碎事淹没了。我非常妒忌丈夫能离开家去上班。当他晚上回到家后，我积蓄了一整天的糟糕情绪就会爆发出来，引起一场家庭大战。"

绕过暗礁：

楠楠的感觉并不是不正常的，做了妈妈，职业女性势必要分出相当的精力给孩子，在很长一段时间，孩子会取代工作、娱乐成为头等大事。但别忘了，新爸爸的世界也被彻底改变了，最明显的一点就是他肩上挑起了全家的经沉重担。男性此时的心理特点是：通常感到自己被排除在照顾孩子的事之外，并因此产生失落感。

所以，最好的办法是利用他的这种失落，分配他做些力所能及的事，让他感到家庭成员之间紧密的纽带联系。

收获：

通过抚育孩子，楠楠与丈夫学会了怎样将父母和伴侣的角色结合起来，婚姻也进入一个崭新的阶段。"孩子使我们的感情更加深厚，因为他是我们共同完成的第一件最为严肃认真的事情。"楠楠的丈夫说，"我们学会了互相帮助，以便高效率地处理好家务事，享受属于我们的二人生活。"

第一次大的工作变动

夫妻俩无论是谁的工作有了变动，不管是升迁还是贬职、解雇，或者被派往外地分公司，都会引起家庭的波动。这时，夫妻关系被放在次要位置，工作占得优先权。工作变动不仅仅意味着经济状况发生改变，还能改变两性关系中的地位、权力、自尊以及对方对自己的看法。

朱迪、梁波夫妇结婚4年生活得工作稳定、收入丰厚，但梁波在30岁那年决定改行做法律，他花了整整3个月时间找工作。"找工作期间，不仅仅是我们的收入大幅度下降，而且我只能待在家里，占用妻子的家庭办公室。"梁波说。

梁波的妻子朱迪是个自由职业者，也不习惯丈夫天天待在家里，她必须不受干扰、集中精力工作。而且为了不影响梁波的情绪，朱迪说话还得小心翼翼，生怕伤害丈夫的自信心。为此，她也感到很压抑。

绕过暗礁：

第一步当然是重新做家庭财政预算，重新分配家务活，但最重要的还是重新认识、调整双方在婚姻中所扮演的角色。

在这段艰难时期里，最严峻的问题还是夫妻之间存在的压力。为了缓解紧张气氛，和丈夫进行亲密交谈是解决问题的关键。

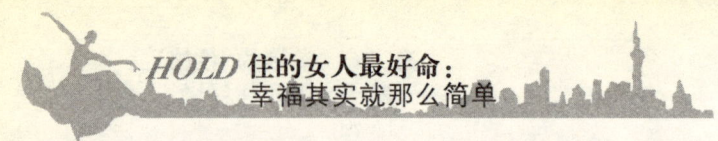

收获：

工作和金钱与自身的安全感、自我价值的体现是直接相连的。因为婚姻中第一次大的工作变动必将引发这些问题，所以通过解决这些问题，可以促进夫妻之间加强责任感和协作精神。

就像朱迪所说的："我知道很多家庭矛盾都是因为钱引发的，但我们已经尽力克服了钱所带来的困惑。"她的积极宽容心态让丈夫少了很多压力。

解决好了工作变动问题，你会庆幸自己有一个支持你的伴侣，有了他，无论生活变得如何艰难，你都不会独自去面对这一切。

第一次健康危机

家庭中任何一个成员生病，生活立刻会发生翻天覆地的变化。疾病不仅仅改变了生活秩序，还给了每个人机会来观察、考验对方如何关心照顾病人，同时也在观察自己如何面对疾病、死亡带来的恐惧和生命的脆弱。

26岁的的谢兰结婚周年刚过就做了一个大手术。手术前，谢兰在丈夫的脸上看到了恐惧。"在手术前的几周里，他变得相当消沉。"谢兰说，"他根本不同我谈任何关于手术的事情。"好在手术进行得非常成功，而且排除了癌变的可能，但是生活变得非常混乱。

谢兰卧床休养了两个月，接下来的半年她都不能工作，甚至不能做家务。更糟糕的是，她和丈夫心中充满了焦虑、敏感、孤独的情绪，排解这种情绪似乎比治病还困难。

绕过暗礁：

在健康危机降临的时候，每个人都有自己的处理方式。病人担心的可能是钱或者失去工作这类问题，另一方却害怕失去伴侣，独自面对生活。所以，你们应当说出各自的感受，共同来应对这种"可能失去"的恐惧心理。

但是，大多数的女人都讨厌别人说自己脆弱。生病时其实最需要关怀，有人却不愿意说出来，担心流露出弱点被别人觉得失去价值。这大可不必，还是向丈夫寻求帮助吧——即使你是一个相当独立的人。

如果你是健康的，那么问问丈夫希望你能为他做什么。记住一点：就算陪在他身边，你也能起到很好的安慰作用。

谢兰的丈夫请假在家照顾她，他们之间曾经有的隔阂很快就弥合了。谢兰养病期间身体非常虚弱，但丈夫无微不至的关怀却加深了他们关系。

收获：

"当丈夫向我坦承他所恐惧的是我的手术时，我意识到他是那么深爱着我。"谢兰说，"他悉心照顾我，甚至要带我去洗手间、为我洗澡。他是唯一一个为我做这些事时让我感觉坦然的人。"

第一次面对离婚

不，这说的不是你，但是你好朋友的离婚过程就像是对你自己婚姻的一个考验。

你开始思考：到底是什么导致了夫妻间的裂痕，离婚为什么成了解决问题的惟一办法？

29岁的梅子目睹了好朋友依依的离婚全过程。梅子和其他女朋友们谈起依依的离婚时，眼泪迷茫和心里困惑，她们都在想：下一个会是谁？

绕过暗礁：

梅子和丈夫联合起来，共同帮助依依。他们经常请她到家中吃饭，帮她带孩子出去玩，并鼓励她重新确定今后的生活方向。在帮助依依走出离婚后的困境过程中，梅子和丈夫的关系重密切了，他们彼此更默契了。

还有另一种情况，你们夫妻和另外一对夫妻都是好朋友。这时，如果他们闹离婚，离婚战线就会延长到你们家里来。你们想和双方都保持良好的关系，但最终却发现，和一方保持友谊对另一方就意味着背信弃义，特别是其中一人有了婚外情时，着实应该考虑一下如何与朋友讨论"离婚"的话题。

当朋友问你站在哪方的立场时，不妨撒个小谎，或是隐瞒你所得知对方的新恋情。你们夫妻俩应当暗中协商好不要受影响，不要讨论那些会引起你们争议的话题，避免把自己卷入朋友让你们夫妻不能共同应对的事件中去。

你可以帮助朋友，也可以为朋友而哭泣，但是如果为别人的离婚发生争执甚至吵架，或是把朋友的问题映射到自己的家庭生活里，那么，还是退后一步吧！抛开别人的问题，计划一些浪漫的行动，例如周末短途旅游或是到心仪的意大利餐厅共进一顿烛光晚餐。

收获：

梅子的丈夫对依依和她儿子的关心深深感动了梅子。这是一种"生还者的光芒"——你朋友离婚却给你带来了有"罪恶感"的小小收益：只要想想自己的伴侣是如何地关心着你，你根本不存在朋友的那些问题时，就会发现，

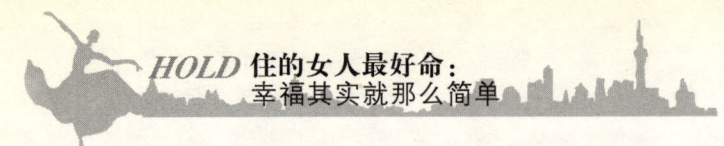

其实在这个世界上你是多么幸福！

3.婚姻性格测试——给婚姻把脉

事业需要升迁,钱财需要流通,而感情需要稳定。情感是人类不能磨灭的天性,会受到事业和钱财的巨大影响。婚姻感情的好坏,在于自身有关方面与对象有关方面的对待关系相处是否默契,这往往需要通过多项合作才能更加了解:自己的缺点对方是否可以承受,或者处理问题上观点是否一致?

对于未婚者,这是从独立自由生活转向共同生活的过程;对于已婚者,感情问题是错综复杂、扑朔迷离的。人性上,某一方面压抑过重,在另一方面必然会寻求索取,在感情上也是一样,我们很需要了解如何有效的沟通和培养生活情趣。

过度浪漫型

在他的心目中,爱情必须多彩多姿,热情必须持久不衰,结婚后,生活应该永远和恋爱期间一样,弥漫着梦幻般的激情。当这种现实与理想有极大的差距时,对伴侣的过度奢求无法达到满足时,双方便怀疑对象"变心"或者"变了性",于是,情感的磨擦将导致言语和行为上的冲突!

裙脚仔与裙脚女型

这类青年男女,在心理和行为上尚未真正长成熟。当婚姻、家庭、生活方式出现问题时,这类人会向自己的父亲母亲寻求支援和指示,却不会和伴侣共同想方设法解决,或者消化矛盾。恰巧,这时双方父母的"尚方宝剑",特别是岳母岳父"爱心"过余,指手画脚,以致婚姻由于"外力干预"而屡受波折。

完美主义者

这类人对自己或者伴侣要求的期望值过高,致使双方心理精神均受到隐型的压抑,或者明显的压力,不能自拔。

过度吝啬的人

他们不但自奉节俭,也不容许伴侣有少许的浪费,哪怕是无意的。这类人一味单纯为了存钱,或者与邻居、同事比钞票的多少,不管不顾家庭收入的现实，使得双方生活上应该有的娱乐或享受都被剥夺，甚至于连必需的开支，例如，交朋结友中必要的应酬费用，都因过度节俭而削减，使生活欠缺乐趣。

多愁善感"病"型

此种情况多见于女性身上。结婚以后，她们不断为一些"想象出来"的疾病申诉和抱怨，甚至说自己营养不良，想引起伴侣的关怀、照顾、体贴、爱抚。但是，这往往适得其反，让伴侣无法忍受和理解。

过度挑剔型

他们对伴侣的任何思想行为，哪怕是笑话，不断地进行尖锐的批评，严重的反复接短，使对方无地自容。

过度宠溺型

有些人对伴侣事无大小都为其代劳，甚至包办、讨好，唯恐不周。长年累月之后，伴侣养成了被宠爱的惯性，理所当然的习惯，于是，偶然的"侍奉不周"，便成为口舌冲突、行为磨擦的导火索。

过度戏剧化型

此类人对喜怒哀乐，都会作出强烈的反应，过分严厉，"对敌慈悲对友刁"，喜怒无常，致使一些不愉快的问题经常发生，而且难以轻易解决或者自圆其说，造成不可挽回的后果。

婚姻性格测试，给婚姻把脉？

婚姻性格测试，又有一种说法是"性格婚检"，自近一两年登陆国内一些城市以后，出现了较大争议。

如今，人格的测量方式有很多种。专业的婚姻性格测试依据的是MBTI量表。MBTI量表是根据瑞士著名心理分析学家荣格的心理类型理论，由美国的一对心理学家母女对人类性格差异的长期观察和研究而著成。它是一种性格评估测试，用以衡量和描述人们在获取信息、作出决策、对待生活等方面的心理活动规律和性格类型。经过了长达50多年的研究和发展，MBTI已成为最为著名和权威的性格测试。

婚姻性格测试，就是基于MBTI量表，对男女双方的性格匹配度进行测

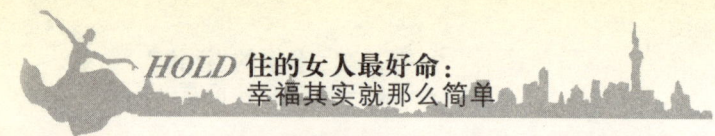

试，一共有20项指标。

完美的男女关系应该是20项指标都能得到匹配，但有一个坏消息是，理论上，两个人基本合适的概率只有1/4000。而且，在实际生活中，还会有种种人为设置，比如要考虑家境、工作单位、外貌身高等等，因此，完美的男女关系可以说是可遇不可求。但也有好消息，就是说，人的心灵是最敏感的仪器，它会感受彼此的关系，然后进行爱的选择。也就是说，主观上感觉双方相爱和客观上双方的指标匹配总体上具有一致性。

男女关系的六种类型

结构决定关系，选择大于努力。为什么有些夫妻尽管双方都付出了很多，但结果却收效甚微？很有可能是因为他们之间的结构出了问题，比如双方属于对立型的关系。

根据相关理论，男女关系可以分为六种类型。

对立型

这可能是夫妻关系中最差的一种。男女双方在价值观方面不匹配。就像一艘船，一个要往东拉，一个要往西拉，这船能开好吗？

同属型

男女双方比较相像，他有的优点她也有，他有的缺点她也有。你不妨试着想象一下，和另一个自己一起生活，会出现怎样的状况？

朋友型

这种类型用一句话来形容就是：相见不如怀念。一开始在一起感觉挺好的，但相处时间长了可能又会觉得不开心，而一旦分开了又会想念。在男女关系中，这一类型的比例很高。但这一型难以像情侣型和完美型一样做到亲密无间。

边缘型

若有若无的爱情关系，游走于边缘地带。这种类型最需要相处技巧。

情侣型

这是比较幸福的一种类型，他们拥有爱情，会自动去维护两者之间的关系，而且自我修复功能比较强。

完美型

这种关系属于西方说的天鹅伴侣，即中国的神仙眷侣。

向郭靖和黄蓉学习

而当一对夫妻的结构趋于完美时，并不意味着他们的婚姻就不会有任何波浪。因为每个家庭都有可能面临灾难，面对各种各样外在和内在的压力，但可以肯定的是，夫妻的结构越趋于完美，家庭的抗风险能力就越强。

比如郭靖和黄蓉的例子。

按照世俗意义来说，郭靖和黄蓉的恋爱婚姻关系可谓困难重重。首先，门不当，户不对，黄药师严重不喜欢笨郭靖；其次，郭靖与华筝公主还有婚约；最重要的是，郭靖有一个很深的误解，就是以为是黄药师杀了他的师父。在如此多的磨难之下，郭靖和黄蓉何以能闯过重重关卡，最终成为神仙眷侣？除了爱情，很重要的一个原因就是，两个人的性格匹配度相当高。郭靖是世界上最笨的男人，但他又是最聪明的，他知道自己的需要，知道只有甜美的爱情、亲密的关系、信任和平安的家庭氛围才是他真正期待并能满足自己的。

虽然每对情侣或夫妻的结构不可能都能达到郭靖和黄蓉那样完美，但他俩有个值得学习的地方，就是：两人虽然有很多分歧和争吵，甚至一度闹得不可开交，但是，他们的关系始终能调节到一个均衡状态。

从心理学角度来说，夫妻双方的性格是否般配是非常重要的因素。但我们都知道，爱情与婚姻和这个世界上的许多东西一样，很复杂，影响婚姻的因素很多，性格心理并非唯一因素。通过测试发现彼此性格中的优缺点和互补点，在婚姻生活中扬长避短，减少矛盾和摩擦，才是对待婚姻性格测试的正确观点。

你们的婚姻个性匹配吗？

小慧的男友是一个有激情又浪漫的人，相识一个月，他对小慧说："你就是我这辈子想找的人。"他不断在她面前描述未来，"将来有钱了，我带你周游世界，我们还要生许多孩子，让他们受最好的教育，我们还要……"听多了这样漫无边际的话，小慧反感了："不要再哄我，我们先要想想怎样去挣钱！"

有一天，女孩对恋爱了一年多的情侣说："我们该结婚了。"男孩说："结婚？"然后是一脸茫然，"我还没有认真考虑过呢。""没考虑过？那你为什么

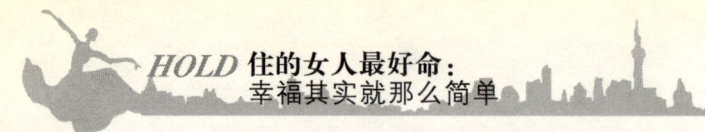
说爱我，为什么拜访我的父母，为什么和我住在一起？没想到你会欺骗我的感情！"女孩又惊讶又气愤。

这样的事每天都会在生活中发生。婚姻心理学家说，不要简单地给恋爱中的人下定义，如"花心男人""感情骗子"。生活中许多看似和道德伦理有关的恋人、夫妇之间的伤害行为，其实大部分是因人的个性不同引起的。根据著名心理学家荣格的类型学理论发展起来、对健康人群进行分类的MBTI理论和MBTI个性测试工具，在国外婚恋咨询中用得很广泛。这个理论是从四个大纬度将人的个性进行区分。

"我觉得恋爱是一个循序渐进的，可他一旦'触电'就……"

实感VS直觉

按荣格的类型学理论，人在观察和接收外界信息时的用脑偏好是不一样的。偏好实感的人，偏好用五官来收集信息，着眼于客观事实，注重实际，关注今天；偏好直觉的人着眼于事物的可能性和关联性，注重潜在远景，关注未来。举一个简单的例子，偏好实感的人去购房，要看面积、房型、朝向、性价比，总之，要走访许多的楼盘，汇总方方面面的事实、数据来考虑是否购买；而偏好直觉的人，走进某一个样板房，他不太关注细节，只是注重总体的直觉，如果直觉不错的话，又能产生许多联想，比如"一缕阳光射进来，他捧着书坐在客厅的摇椅上，厨房飘来阵阵香味……好温馨的家啊！"便会很快就做了决定。

通常，偏好实感的人觉得恋爱是一个循序渐进的过程，他们需要方方面面的了解，心里才会踏实。而偏好直觉的人一旦触电，就会有许多激情和想象，本文开头案例中的小慧和他的男友，在这个纬度上是相反的，偏好直觉的男友可能并不是欺骗小慧，他只是想象力丰富，喜欢联想、喜欢展望将来。通常这种类型的人，很擅长做有创意的工作，而偏好实感的人擅长财务等比较严谨的工作。

国外一些婚姻心理学家调查，发现如果恋人或夫妻在这一纬度上差异比较大的话，关注点不一样，就比较难相处。或许蜜月归来，偏好直觉的人会觉得对方是个老古董，只关注和讨论生活中一些琐碎的细节诸如收支平衡、储蓄、保养车等等。而偏好实感的人会受不了对方谈太多不切实际的话题，特别是聊一些有关哲学、心理学及如何改变世界的话题。

情感型老公天天送一束花给思考型太太,太太正愁没菜烧,抱怨说:"天天送花多浪费,我情愿你送的是一棵花菜……

思考VS情感

人在做决定时用脑偏好也是不一样的,偏好思考的人,会根据客观事实,依重逻辑分析来决策,注重公平原则,他们追究事件的对或错,能够"硬心肠";偏好情感的人,在做决定时,重视个人的价值观,以人为本,善于欣赏和支持他人,努力创造和谐。有这样一件事,12岁的女儿去同学家过生日,和爸爸约定10点去接她。爸爸准时到了,可女儿让爸爸开车带着她和几个同学去附近拍大头照,爸爸说:"不行,说好10点回家的。"一路上,女儿噘着嘴,爸爸也不高兴,回家后,各说各的理。

实际上,爸爸是一个偏思考型的人,他第一反应就是说好10点就是10点,女儿再提其他要求是不对的。妈妈是偏好情感型的人,她理解女儿的委屈是爸爸在同学面前没给她面子,如果换了她,她的第一反应是先顾及女儿和同学的情绪,带她们去,回家再说道理。最后在妈妈的建议下,女儿和同学打了电话,告诉她们下星期爸爸会开车去接她们拍照的。这才觉得舒服一些。通常偏好思考的人,逻辑思维能力强,做事也比较系统化。在爱情和婚姻生活中,重视伴侣的能力和智慧,对太多的情感会觉得肉麻。而偏好情感的人非常讨厌思考型一本正经的行为和强势的作风,他们喜欢以任何方式来表达疼爱之情,有时显得比较情绪化。

如果夫妻双方在这个纬度上是相反的,常常是情感型的人听不到对方爱的表白而抱怨对方冷血,而思考型的人觉得对方的想法不可理喻,他们的思维方式是:因为爱你才娶你的,婚后的表白是多余的。

内向型丈夫说:"我已经厌倦你的朋友,我们什么时候可以共享一些高品质的独处时间?"外向型太太嘟哝起嘴:"你是不是不喜欢我了?"

外向VS内向

这不是我们通常所理解的外向的人能说会道,而是指一个人的精神能量的获得是通过外部世界还是自身的内部世界。外向的人更喜欢探索外部世界,通过和人的交流,以及大量活动获得精神能量;内向的人,着重于内心世界,通过不断地思索而获得精神能量。婚姻生活中,偏好内向的人,会不理解外向的人的一些行为,如好动、爱不停地说话,表达观点出尔反尔,其实内向的人不了解，外向的人是通过行动、与别人的交流来学习和思考的。而内向的人说的话都是经过深思熟虑的。比如一对内外向的夫妇吵架，外向的人会把离婚挂在嘴边，但只是气愤时随口说说，一旦内向的人说"离婚"两字，那肯定是一个决定了。如果彼此不理解对方，在一起会产生矛盾的。

但如果夫妻中有一方因为看到对方的一些外在表现而误认为对方是内向或外向的话，问题会更大。我曾为一对夫妇作过咨询，丈夫是一个在生意场上左右逢源、在众人面前谈笑自如的人，妻子更活跃，不但在家话多，还喜欢和朋友在一起。婚后半年，他们吵开了，丈夫说："我已经厌倦你的朋友，我们什么时候可以共享一些高品质的独处时间？我特别需要安静。"而妻子认定丈夫和自己一样，也是一个外向的、喜欢交友的人，冲她发火是因为现在不喜欢她了，所以才讨厌她的朋友。后来我和她丈夫做了交流和测试，实际上他丈夫天性是偏内向的，只是工作环境培养了他的交往能力。只要一回归到自然的生活状态，他还是喜欢安静和独处。

婚姻生活中，偏好认知的人比较懂得享受生活，他们不在乎办公桌、衣柜和房间里的脏乱，有时朋友的一个邀请，就可以让其飞到很远的地方去旅游；而偏好判断的人，会把周边的环境弄得很整洁，有计划，守时，怕变化……

判断VS认知

这是两种互补的生活方式，偏好判断的人，喜欢有条理地生活，做事有计划有目标。有足够的信息时，他们倾向于下结论。偏好于认知的人，喜欢弹性、自发的生活，对更多事的可能感兴趣，做事不太讲计划性和规律性，注重过程而非目标，不喜欢做决定。本文开头提到的那个没有认真考虑过结婚的男孩，可能就是一个偏好认知的人，而女孩则是相反类型的。

所以，同样是我爱你3个字，两种类型的人说出来的含义是不一样的。偏好认知的人表达的是当时的一种感觉，没有具体的计划，而偏好判断的人轻易不会说这3个字，一旦说这3个字，就表示他已经认准一个人，并计划朝着婚姻的目标迈步。在婚姻生活中，偏好认知的人比较懂得享受生活，他们不在乎办公桌、衣柜和房间里的脏乱，有时朋友的一个邀请，就可以让其飞到很远的地方去旅游，他们喜欢千变万化的生活；而偏好判断的人，会把周边的环境弄得很整洁，无论小事还是大事都要有计划，守时，喜欢稳定的生活，怕变化。两种类型的人生活在一起要有思想准备，可能会争吵不断。

MBTI理论认为，人不同的行为模式，是源于天生不同的用脑偏好，人在4个纬度上的不同偏好，组合在一起，把正常人分成了16种人格类型。通过测试你可以知道，你可能是实感+思考+外向+判断型，也可能是其他15种类型，MBTI理论会告诉你每一种类型在面对亲密关系时具有的特质和行为表现，以及各种类型之间的匹配度和缓解个性冲突的方法。当你有情感困惑时，不妨了解一下。

如何鉴别"疼人"好老公？

会疼人的男人，是最温暖的，也是不可战胜的。

这类极品男人，是女人的最爱。

尊重、在乎、关怀、细心、温柔、有礼等词汇，可以成全一个好男人的"疼人风范"。

疼人可以是克林顿拥抱希拉里，也可能是小布什当众品尝夫人做的菜，当然戈尔与太太亲密跳舞，也是一大选项，至于布莱尔怀抱初生婴儿亲太太的脸，更是深情动人……

会疼人的好"性格"男人，有什么特点呢？

成熟——张爱玲说，丈夫应比妻子大15岁或20岁，这样才懂得照顾体贴妻子。当然这只是一家之词，但是会疼人的男人，一定要成熟可依赖，可以是大哥可以是老师，至于该大太太或小太太多少岁那是次要的。

细心——他会分辨出妻子16种不同的微笑吗？

温柔——梁朝伟那样深情迷离的眼神，他有吗？

貌似教育——老公严肃地对赤足下楼的妻子说："地板很凉，要穿鞋子！"

抱——男人自以为扛着太太上床浪漫，其实，女人更喜欢你抱着她转圈。

服务——一位女同事常常抒情地倚窗回忆，曾经有个上海男友，每次总是默默地为她剥虾，再看她优美地咀嚼、咽下、擦嘴、浅笑……还有一个镜头挥之不去，有一次，她鞋湿了，他用电吹风专心地忙碌着……

以德报怨——因为小吵，妻子躺在床上赌气，丈夫坐在床沿认错，她不领情，用屁股一撞，丈夫摔在地上，不疼，自嘲一笑，起身，仍然为她拉了拉被角，熄了灯，再轻轻地带上门出去……

会厨艺——在厨房里忙碌着，下了味精，出锅，上盘，叫一声"老婆，你先尝尝！"

有关数字——他记得结婚纪念日吗？他记得岳母的年龄吗？他记得太太的生日吗？体重呢？

总之，"疼人"是很感性的一件事，一句话、一个动作、一些细节，甚至一个眼神、一丝微笑、一行泪水……找对一个人疼爱，其实也是在疼爱自己。所以，让我们都来好好"疼"一生。

1. 诊断好男人，是门大学问

男人和女人有着说也说不完的千差万别，但他们有更多可以互补的地方。其实，男人和女人就好比是纽扣，只有纽和扣连在一起才能挡住风，才能暖和。

所以，当你想要享受家庭生活的融洽和甜蜜的时候，就应该对男女的差别性与互补性有清晰的认识。

用你的眼睛来诊断男人

女人的幸福总和男人有关系，所以女人一定要懂得学会观察一个男人，包括他的习惯和性格品质等。

为了自己的幸福，你必须深入了解任何一个有可能成为你老公的男人。

首先，可以花大半天时间跟他聊一聊，让他误以为你已经喜欢上他，甚至产生可能会跟他共度一夜的错想，此时，男人通常会露出本性，于是你轻而易举就可看清他的人品。

再者,可以从一些小细节观察他,从穿着及小动作很快就可以判别一个人的个性。现在就教你,即使他闭着嘴,也可以从外在解读他的方法。

1)从整体穿着来品评一个男人

一个从头到脚都穿着同一个设计师服装的男人,跟一个每天都穿蓝上衣卡其裤的男人有何不同呢?他们都是没创意的家伙吗?其实,这样穿着是为了快速达到看起来不错的效果,他们可不愿意花太多心思在打扮上,还有许多更重要的大事业等着他们全力以赴。

如果,这个男人总是走在流行的尖端呢?女生流行百褶裙,他也不甘示弱地买百褶衬衫来穿,这时可要注意了,这代表他花在吸收流行资讯的时间,比他关心你的时间要多得多。

2)三秒钟打量法

要在最快时间内认识一个男人,只要掌握两个重点,头发和鞋子。对生活中的小细节不关心,这些都会反映在男人鞋子的清洁程度上。头发亦然,从头发的整洁程度,对他的邋遢也可略知一二。这样粗心的男人可就辛苦你了,因为他一定不会记得你的生日,也别提你爱用的香水品牌,甚至搞不清楚你妹妹叫什么名字,你每周换一双鞋他更是毫无感觉。

不只要看他鞋子干净不干净,还要瞧瞧他穿怎样的鞋,如果他总穿绑带鞋或总是扎着整齐蝴蝶结的运动鞋,他绝对不是懒惰鬼,他若偏好后空鞋、凉鞋、拖鞋,可能有点随性,能不能带得出大场面是你得考虑的。

3)屋子透露主人性格

如果有机会,你一定要到他住的地方瞧瞧,那正是另一个认清他的好时机,但是,最好是突击造访,如果他早就准备好恭迎芳驾,把房子彻彻底底打扫了一遍,准确度就会大大降低。

如果,你一进他家门,发现的是乱七八糟一阵混乱,千万别大惊小怪,一口认定他就是一个脏鬼,最乱的房子通常是最忙碌、最成功的人士所拥有,因为他们把时间都花在工作上了。一个事业有成的单身汉家中厨房沾满灰尘是合理的,他们实在没有多余的时间去自己煮饭。

一个会把内衣裤烫得整整齐齐、袜子按照颜色排列的"超级处女座先生"就理想吗?答案因人而异。如果你的男友是这样的人,你从此以后可以不用担心冰箱塞成一团找不到东西,屋子里的清洁工作你也可以少做一些,即

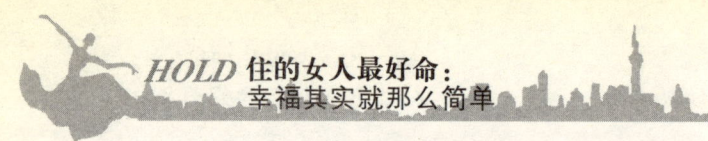

使你们很要好，这样的男人可能也不会留你过夜。因为他可能会怕你弄乱他的干净床单，在某种理论上，你的存在会干扰到他的干净空间。和"洁癖先生"交往，小心他老是拒你于千里之外。

女人看穿了男人，也就看明白了生活，掌握到了幸福。干得好，不如嫁得好，要想嫁得好，必须懂得去观察一个男人，必须有女人应该具备的眼光。

好男人需要时间的诊断

老公是女人一生的幸福依靠，选择老公一定要心明眼亮，既不要被假象所迷惑，也不被短时间内的温柔所迷惑，因为，好男人是需要时间来发掘的。

有些女人感叹："好男人早就名花有主了，还能给我留着？"

对于这样的感叹，我们只想说，好男人是不会天天等在你楼下、苦等着你临幸他的。他们需要你花时间去发现、去挖掘。

首先，我们应该学会用变化的眼光看待不变的男人。好男人是一个活的群体。长江后浪推前浪，一代新人胜旧人。人类一天不灭绝，好男人与好女人的产生过程就不会中断。有生命就有希望。

再次，我们应该学会用不变的眼光看待变化的男人。好男人是一个动态的概念。这里可以从以下几个方面考虑。

1)个体的变化

人处在生命之溪与社会大潮中，时时刻刻都在变化着。昨天的好男人，也许今天已变坏；今天的坏男人，明天未尝不可能变成好男人。

2)优秀的人不等于在感情上顺利幸福

精英、名人的家变，我们不是每天都可以看到听到吗？好男人不一定全都名花有主。很多好男人与很多好女人一样，都仍在寻寻觅觅之中。单身好男人是大有人在的。希望尚在人间。

3)你有识英雄之慧眼吗？

好男人额头上没有刻字。人心如深海。有时候，好男人以坏男人的面孔出现；又有时，坏男人以好男人的面目诱惑你。怎么样才能把好男人在芸芸众生中辨认出来呢？你的评判标准是什么呢？总之，不要因为自己没有眼光，而感叹天下好男人全死光。关键是要历练自己的识人能力。

4)你有抓住好男人的能力吗?

有些好男人就是喜欢坏女人,这个我不否认。但大多数好男人,大多数男人,都是喜欢好女人的。如果一个女人有某些缺点,令好男人对她敬而远之,而她还苦着脸感叹好男人没有留给她,那这个女人就欠缺点自知之明了。

5)为了得到好男人,你付出过努力吗?

当一个好女人有幸遇上一个好男人时,这个女人却固守什么女人不要主动的破传统,故作矜持,守株待兔,错失机会,那她又能怨谁呢?须知真正的好男人往往是有点傲气的,未必愿和追求你的一般男人一道,做什么裙底之臣与花间狂蝶的。卓文君就敢找司马相如私奔。笔者不是鼓励私奔,然而,伟大的爱情往往是以大智大勇作前提的。《卧虎藏龙》有句对白:"握紧手,你一无所有;放开手,你就拥有一切。"可是,现实往往是:"握紧手,你还拥有手头上的一点点东西;放开手,你就会连本来拥有的那么一丁点也失去。"希望和幸福,其实就在你手中。

只有在开导失恋的人时,我们才会安慰,你失去了一根草,得到的是一片森林。只有在你所遇到的好男人已经铁板钉钉地变成坏男人时,我们才会劝说,你不放开手,怎么能抓到更好的东西呢?

不要感性地作出诊断

很多女孩都不懂得一个道理,那就是男人和女人是完全不同的两个种类。如果要抱着找个同类的想法去寻找对象,则很容易失望。男人和女人的差异甚至不是玫瑰和百合的差别,而是土和水的差别。不是细节的差异,不是品种的不同,而是完完全全本质上的不同。这种区别不在生理而在心理,不在外表而在内心。两性之间,除了第二性征有着显著差别外,更是在心理上有着难以跨越的鸿沟。

男人结婚,社会目的是第一位的。他们渴望通过结婚,证明自己的成熟,证明自己开始承担责任,可以挣钱养家,照顾妻小,担起做丈夫和做父亲的责任。社会也因为一个男人结婚了,而正式认定他的成人身份,在很多场合接纳他的加入。

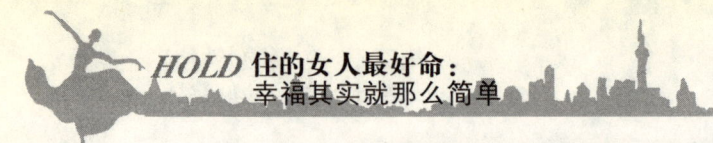

　　而女人结婚，情感目的是需要的。她需要获得一个属于自己的家，得到一个真正疼爱自己的男人的关心。她需要身体上的爱抚和精神上的沟通，需要在和另一个人身心交融的结合中完成自己的彻底成熟。她也需要成为一个母亲，来延续自己对家庭的爱和期望。

　　所以男人寻找对象，常会根据理性，寻找最适合的女性。而女人寻找对象，更多是根据感性判断，找自己最喜欢的男性。

　　结婚之后，男人的重心还是会放在工作上，因为男人的成就感来自于职位的不断升迁，薪金的不断增加，社会地位的不断提高，以及个人身份的不断提升。工作会让他们得到满足，得到众人的瞩目和赞许，会让他们朝着成功一步一步地迈进。

　　而结婚之后，女人的重心不由自主就往家庭方面倾斜。即使她们投入到工作中，也会留一份心思考虑为家人做什么饭菜，添置什么衣物，如何让家人生活得更舒适，这一方面是和她们对家庭的情感需求紧密联系的。另一方面，家庭的和谐快乐会给她们带来比工作表现突出更大的成就感。看到家人的笑脸，会让她们觉得自己的付出得到了最好的回报。更有一些女人宁愿专职在家做一个全职太太，专心相夫教子，为一心扑在事业上的丈夫当好贤内助。

　　男人对待感情的态度，是没有得到的就是最好的。他们在婚前会对女朋友百般讨好，百般容让。一旦结婚之后，就觉得把自己老婆牢牢拴住了，便不再像婚前那样为老婆跑前跑后。他们的甜言蜜语也逐渐减少，看别人的女人，总会觉得越看越美，越看越好；看自己的女人，却觉得不再新鲜，没有感觉。

　　女人对待感情的态度，是一旦选择了就不轻易撒手。她们把结婚看成是自由时光的终止，希望丈夫和自己对婚姻抱有同样的态度。结婚前她们可能还很娇纵，一旦结婚之后，便总想把丈夫紧紧抓在自己身边，害怕他们对自己不忠。如果说婚姻是一双鞋子，那么即使鞋里有沙，女人也会忍耐着，就算受伤流血，也不愿意把鞋脱掉。

　　要想维持一个和平幸福的家庭，不仅要去发现两人之间的共同点，还要认识到两人之间有着如深沟纵壑般巨大的差异。结婚不等于抹平这些差异，而是要认清，并且尊重对方的视角和个性。结婚更不等于要改变对方，而是要在两人的种种差异中间寻找到一个平衡,互相磨合,互相适应。每一个家庭中的成员,更是要学会欣赏对方和自己的不同之处。这个世界正是因为存在着丰富的多样性,而显得生机勃勃。

2.不要低估男人的恋爱智商

女人们,永远不要低估男人的恋爱智商,绝大多数的男人,恋爱智商非常高,他们绝不是你想象中的那么傻!

一个年轻漂亮的美国女孩在美国一家大型网上论坛发表了这样一个问题帖:《我怎样才能嫁给有钱人?》

正文:

我下面要说的都是心里话。

本人25岁,不是纽约人。

我非常漂亮,是那种让人惊艳的漂亮,

而且谈吐文雅,有品位。

我想嫁给年薪至少50万美元的人。

你也许会说我贪心,但在纽约年薪100万才算是中产,本人的要求其实不高。

这个版上有没有年薪超过50万的人?

你们都结婚了吗?

我想请教各位一个问题——怎样才能嫁给你们这样的有钱人?

我约会过的人中,最有钱的年薪25万,这似乎是我的上限。

要住进纽约中心公园以西的高尚住宅区,年薪25万远远不够。

在瑜伽课上我认识了一位丈夫是投资银行职员的女士,她住在一个毗邻曼哈顿的高档社区。

她一来没有我漂亮,二来也没有什么特别吸引人的地方。

她是怎么做到嫁得如此之好呢?

我有以下几个具体的问题。

①有钱的单身汉一般都在哪里消磨时光?(请列出酒吧、饭店、健身房的

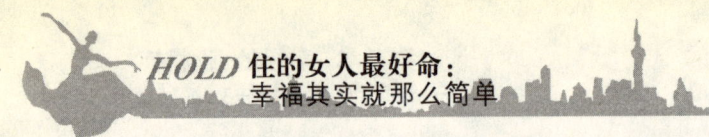

名字和详细地址。)

②找异性的时候你们关心些什么？请认真回答我。

③我应该把目标定在哪个年龄段？

④为什么有些富豪的妻子看起来相貌平平？我见过有些女孩，长相如同白开水，毫无吸引人的地方，但她们却能嫁入豪门。而单身酒吧里那些迷死人的美女却运气不佳。

⑤那帮律师、投资银行里的从业者、医生到底能挣多少呢？他们在哪里交友呢？

⑥你们怎么决定谁能做妻子，谁只能做女朋友？

⑦我说的这些都是很坦诚的想法，大多漂亮女孩都很肤浅，至少我敢于把这些话写出来。

随后，该帖引来了一个非常绝妙的评论，而这篇评论号称出自一位华尔街分析师之手。

以下是那个精彩的回帖。

我怀着极大的兴趣看完了贵帖，相信不少女士也有跟你类似的疑问。

首先，让我以一个投资专家的身份，对你的处境做一分析。

我年薪超过50万，符合你的择偶标准，所以请相信我并不是在浪费大家的时间。

从生意人的角度来看，跟你结婚是个糟糕的经营决策，道理再明白不过，请听我解释。

抛开细枝末节，你所说的其实是一笔简单的"财""貌"交易。

甲方提供迷人的外表，乙方出钱，公平交易，童叟无欺。

但是，这里有个致命的问题，你的美貌会消逝，但我的钱却不会无缘无故减少。

事实上，我的收入很可能会逐年递增，而你不可能一年比一年漂亮。

因此，从经济学的角度讲，我是增值资产，你是贬值资产，不但贬值，而且是加速贬值！

你现在25，在未来的5年里，你仍可以保持窈窕的身段，俏丽的容貌，虽然每年略有退步。

但美貌消逝的速度会越来越快，如果它是你仅有的资产，10年以后你的

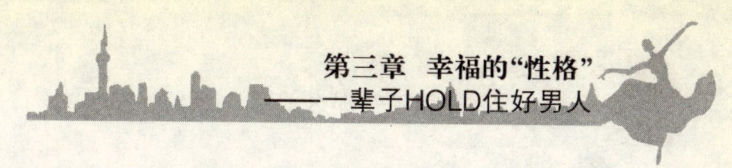

价值甚忧。

用华尔街术语说,每笔交易都有一个仓位。

跟你交往属于"交易仓位",一旦价值下跌就要立即抛售,而不宜长期持有——也就是你想要的婚姻。

听起来很残忍,但对一件会加速贬值的物资,明智的选择是租赁,而不是购入。

年薪能超过50万的人,当然都不是傻瓜,因此我们只会跟你交往,但不会跟你结婚。

所以我劝你不要苦苦寻找嫁给有钱人的秘方。

顺便说一句,你倒可以想办法把自己变成年薪50万的人,

这比碰到一个有钱的傻瓜的胜算要大。

希望我的回帖能对你有帮助。如果你对"租赁"感兴趣,请跟我联系。

任何稍有资本的年轻女人都想嫁给比自己更有资本的富有男人。但问题就出现了,往往一个拥有良好背景的男人,同时也拥有一个良好的经济头脑。当你在算计他是否够资本充当你此后人生的固定"提款机"时,他也在计算你能够带给他同等的经济效益。所以,与其费心费力的上演一场"龙凤斗",还不如不断提升自己的价值,这确实比遇到"一个有钱的傻瓜的胜算要大"。

男人的耐心都很有限

有些女人条件稍好,就总认为自己非得嫁个王子才捞回了本。但男人很理智也很现实,条件优越的男人很少有无比挑剔的,若是能遇到一个好女人,他会立刻去接触并接受,或许他并不是那么容易移情别恋,只是你让他等太久而已。

大学里的彤彤,自视身居好女人之列,也就未免有点骄傲和矫情。有那么几个男孩子对她大献殷勤,这其中就有H同学。

H同学高大阳光,篮球打得很棒,而且有高深的小提琴造诣。这些都是他的外在优点,只能加分。对于彤彤而言,他最可贵的地方是,有着十分幽默的性格以及懂得怜香惜玉的细腻心思。彤彤和他在一起总是十分开心,有聊不

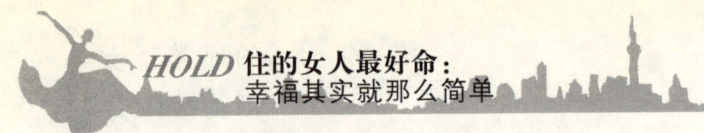
完的天、说不完的话。

不久后,他便对彤彤告白了。

一切似乎顺理成章,但此刻彤彤的骄傲与矫情空前膨胀,于是,彤彤告诉他:"我们好像还不是很了解彼此,我们还是先做朋友吧。"H同学无奈地同意了。其后,他对彤彤的关怀更是到了无微不至的地步,甚至大冬天还常常拿着早点候在女生寝室的门口。

后来,甚至于很多同学都以为他们在拍拖。于是,H同学又进行了第二次的告白。这一次,彤彤已经很是心动,但彤彤又矫情了起来:"恩,还是以后再说吧,我总觉得自己现在还很小。"这次的告白以H同学无奈的微笑收场。

那晚回到寝室,彤彤默默地筹谋着等H同学下次告白的时候,就扭扭捏捏地答应他算了。

结果,一个月后,彤彤惊见H同学身边已经出现一位极为可人的女友。

如今,彤彤已经33岁了,仍是单身。她自问对男人的要求并不算高,但时下什么都讲快,甚至连感情也是接受就接受,不接受就拉倒,奈何她偏偏选择慢慢来,哪怕是面对自己喜欢的人。结果,"慢慢来"被理解为不接受,机会也就一再错失了。

"其实过去也有人追。如果单是为想拍拖而拍拖,我老早已拍拖了。只是对于感情事,我会想得很清楚,绝对不会贸然接受。"不过,往往就在她还在想的时候,对方见她没什么反应,就已打退堂鼓了。

"现在的男人好现实,约会一两次就想跟你发展成为恋人,而我却认为,两个人相处最重的是沟通,能彼此分享大家喜欢的东西,是需要时间慢慢了解的,但他们大部分都没想过在这方面花时间。"

说到这,彤彤不由自主地叹了口气。

男人都是务实派,即使你忍心让他"等你等到我心碎",可他们还不一定愿意等到"花儿也谢了"。所以,不要长时间考验男人的耐心,男人的耐心是有限的,这是很多女性朋友的切身体会。

诊断老公人选的几个关键词

女人选择男人,应该是选择能跟自己过日子的人,而不是选择金钱、地位、权势,更不能在这些东西面前迷失了自己。女人如果把自己放在附属的地位,而不是平等的地位,那就是自己跟自己过不去。

你可以按照以下几个关键词,去判断你将来老公的人选。

1)可靠

男人可靠,说明他待人处世可信度强。男人在事业上发展,缺乏令人信任的品质,就很难获得成功的机遇,没有一个上司愿意任用不可靠的下属,没有朋友愿意找不可信的人合作。在情场上常打败仗的,恰是那种不能赢得女人信任的男人。不被信赖,这是男人最不成功的人生。

可靠是男人的第一美德,也是男人的最大魅力。所以,找老公首先要看他的人品怎样,看他是不是一个可靠的男人。

2)刚强

百炼成钢的男子,站在女人面前是擎天柱,他百折不弯,任凭风吹雨打。人们常说,爱情是经不起一发炮弹的木帆船,哪个女人敢于登上这样脆弱的木船去经历几十年的婚姻风雨?刚强的男人能造大船,能挺立船头为你遮风挡雨。感情的波折,家庭的困难,一遇刚强,都化险为夷。这种安全感只有从刚强的男人那里才能得到的,他永远不会做逃兵,也永远不会做你的包袱。

3)果断

大多数女人骨子里是愿意处于从属地位的,特别是在情侣眼里,唯唯诺诺的男人,显得软弱可欺,没有骨气,一个连女人都能欺负住的男人准没出息。男人一挺起腰杆,说话掷地有声,女人就顿起敬意。有主见的男人,遇事勇于做主张的男人,都能获得女人的尊重。

4)责任感

责任感强的男人不自私自利。责任感是男人拥有的最高尚的品德,富有责任心的男人一定是个好老公,他会尊重爱情,忠于职守。得到尊重的你,能够保持人格独立,获得身心自由,追求价值人生。想得到的已经拥有,付出的已经得到尊重,这样的你无怨无悔。

5)事业心

时代的变迁,导致女人审美观移位。过去,夫贵妻荣,男人的功名利禄,带给女人以炫耀和尊贵。现代社会,女性解放,与男人比肩同行,许多女人的事业心、成功欲不亚于男子。女人自己能够得到的,就会不再感到弥足珍贵

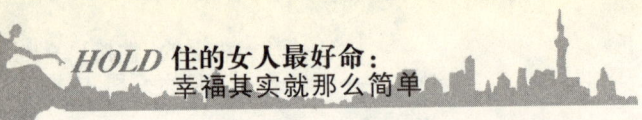

了,而且共同追求事业,容易怠慢缠绵的爱情,也容易产生家庭隔阂。个性强的女人是时时都想与男人换位的。

但是男人的事业心,仍是你应该相当看重的。男人不思进取,懒惰消沉,甘拜下风,你则脸上无光,虚荣心大受伤害。

6)独立性

独立性是男人成熟的标志,是男人的立身之本。男人最重要的是有精神独立,树立独立人格。

男人有了独立人格,才能安身立命,才能发展自我,也才能保护你,让你放心地追随他,归属他。

7)细心周到

细心周到的男人有长者风范,他像守护神一样陪伴女人。生活型的男人,与他在一起,你会受到悉心爱护,他令你倍增幸福感。

他会做家务,勤快主动,一切做过的事情都能达到井井有条。

细心周到的男人容易讨你的欢心,也许他做不成什么大的事业,但他会全心全意地爱家、爱你、爱孩子。

有这些魅力的男人才大概是女人要找的好老公。但是,这里有一个误区:任何一个男人都不可能十全十美,女人在选择自己的老公时,千万不可面面俱到,否则的话就永远也找不到了,你应该明白:找不到最优秀的没有关系,找到最适合自己的便可以了,因为,对现实生活来说,最适合的就是最好的。

*3.*HOLD住这几点,你就HOLD住"好性格"男人

1)女人还是要努力让自己出色些,从能力到容貌。

台湾有名广告词:认真的女人最美丽。每个人都有选择自己生活方式的权利,但一定要认真,对自己,对工作,对生活,这样的女人就算不是天生丽质,也有一种自信从容的美,只有这样一种美才能和时间对抗,才是好男人欣赏的类型。玩弄生活玩弄男人的人最终也会被玩弄。

可能很多姐妹不是工作上很出色的人,但能把自己收拾得干净清爽,也

是一个很大的优点。不管怎么说，现实中的男人还是首先容易以貌取人的，不是所以的男人都只爱最美的女人，对于干净清爽的女人，大多数男人还是有好感的。

2)好男人，对自己有要求，对女人没要求。

凡是对自己工作得过且过，却对自己的女友有诸多要求的男人，还是敬而远之比较好。这样的男人，婚后变成毒舌男的机率最高。我们姐妹嫁人，最低要求是被自己的丈夫尊重，认为自己有权利对妻子呼来喝去的男人不是好的结婚对象。

3)嫁人最主要看人品、性格。

相似的性格，相似的人生观、金钱观是婚姻生活最好的保障。个性不同，两个人平日里都说不来，就算是全世界都公认其是金童玉女，天生一对，也是不能嫁的，毕竟你的一生中大多数时间是要与他共度的。

4)一开始就说配不上你的男人，以后他永远都会配不上你。

对一些出色的女生来说，总会遇上一些看似潜力股的男人，你为他改变自己，付出全部，他却说，你对他太好了，他的学历，金钱，能力，地位，相貌等等配不上你。我身边好多姐妹们的例子证明，没有自信，只能靠你屈就才能交往的男人，以后对你不会好的，你的出色只会让他更自卑。

5)托付终身前，要看一看他的家人。

我们不要看他家有多少钱，要看他家家人是不是家庭和睦，关心礼让。一个有男人打女人，大家还不闻不问，装作没看见的家庭，以后也不会管你的死活的。每个家庭都有缺点，要问清自己男友的态度，一味愚忠的男人，心里对妻子的尊重是有限的。

6)对自己手紧，对女友也手紧的男人没有情趣。

对自己手松，对女友手紧的男人一定自私，是最不能嫁的。

金钱是最能看出一个男人本质和感情的东西。姐妹们谈恋爱不是谈钱，但如果他在钱上让你感觉不对，就该好好想想他是不是合适你了。在谈恋爱的时候，正常的消费是应该的，见面开始就说清要AA的男人太精于算计，也太怕吃亏了。在未来的婚姻中，有许多需要人牺牲的地方，这样的男人会最先跑掉。

7)打人的男人不能要，被打一次一定要分手。

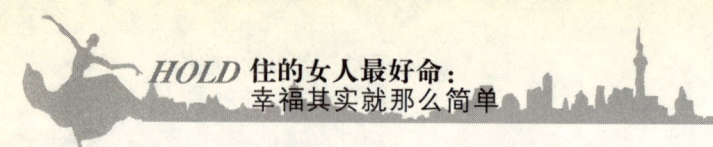
花心的、脚踩几条船的男人不能要，发现一次一定要分手。老话说了，当断不断，反受其乱。

8）恋爱中女生要有自己的底线。

决不能因为爱他，就放弃自己的尊严，侮辱自己的父母，抛弃自己的工作。好的感情，婚姻一定是双赢，而不是单方面的牺牲和成全。

9）遇到自己喜欢的男人，一定要勇敢去追。

单恋是最伤人的，也是最没有结果的。

10）有话明说。

有什么想法，说出来，不要让男人去猜，能沟通，你的生活会更快乐。不能沟通，说明你们的幸福还没有保证。我想，没有一个男人是以猜女友心思为乐的。为这个原因，失去一个好男人，真的很可惜。

11）不要一开始就在男人面前做贤惠状。

如果他对你的付出心安理得，却不懂回报，他有大男子主义的嫌疑。如果你时间长了，心里放松了，做得没有以前好，他会很受伤，会觉得你骗了他或是你不爱他了。不如一开始，就有分寸的表达爱意，给他表现的机会，让他为你做些事。说实话，男人对自己付出的东西印象比较深刻。他为你做得越多，付出越多，对你越留恋，越放不开。

反而，你的付出，会让他的获得的比较没感觉。在婚姻中，常干家务活，常照顾孩子的男人放弃婚姻的可能性要低得多，正是因为这个家是他辛苦造就的，他更舍不得放弃。很多花心狠心的男人都有一个最贤惠，无私的女人在默默付出。我最终下决心嫁给自己的男友，是因为他和我说："我非常操心你，我总怕你过得不好，或是遇上什么事，只要一不看见你，我就非常担心你。"他的付出和我的感激是我们俩最好的相处模式。

12）当断则断。

人人都有犯错的可能，但如果一错再错，就是自己有问题。好多姐妹因为"和他在一起N年了"，"我为了他付出了……""我已经……岁了"而忍受和一个不善待自己的男人生活在一起，最后受伤的还是自己。我的一个朋友和我说过："这个世界上的事，没有一成不变的，它要么变好，要么变坏，总之，没有不变的。"这句话直接促使我走出了一段不好的感情。因为，我知道，如果要变，那段感情只会变得更差，以后我受的伤会更多。我的勇敢是我现在过得不错的最坚实基础。

13）因为爱而爱，不是为了一场漂亮的婚礼或是梦想中奢华的生活而爱。

一切幸福都需付出代价，但不要让有些代价毁了你的一生。年轻的女生容易被虚荣所蒙蔽，但在真正的婚姻中，那个能在夜里给你盖上蹬掉的被子的男人才是值得托付一生的男人。

14）要珍惜真正爱你且对你好的男人。

好的男人会以真正对你有益的方式对你好，不是纵容你，也不以爱你的名义束缚你。这样的男人很少，如果遇到了，一定要珍惜。年轻的男人往往会以纯真的方式爱自己的女友，他可能不成熟，但他的爱是真的，不要轻意放弃。以后在社会上历练多了，你才会知道一颗真心有多宝贵。

15）一切都来得及。

这个世上有很多好男人正在苦苦寻找另一半。不是所有的男人都会在乎你以前的婚姻，更不是所有的男人都在意你的年龄学历。在很多好的婚姻中，男人爱的是自己女人的笨，天真或是嘴角的那颗痣。你受过的伤，他会加倍疼惜，你的勇敢，会让他更加尊重。所以，即使受了伤，也要像金三顺一样，勇敢去爱，就像没有受过伤一样。你只有首先开放了自己，这个世界才会放开你。

16）不要为男人一开始的追求就付出自己的心。

好男人和坏男人在追求你之初，都会关心你，接你送你，给你发短信，在你生病时照顾你。不要一有人对你好，你就马上陷进去，想一想，多看一看，再做决定。一般，四个月，足够的接触，足以让你了解他。网上的交往不算的，再长时间的网络接触也不算的，真实的生活才有意义。你要和他一起吃饭，逛街，一起做些事，才能了解他。你过得快不快乐，你自己知道。很多时候，不是男人在欺骗我们，是我们自己在骗自己。

17）如果爱他，接受他的现在，别幻想他的改变。

如果他能改，当然最好，不然，就想一想，你能不能接受。婚前的每一个缺点，婚后都会被放大。他抽烟，而你又爱他，就努力接受吧，婚后戒烟的男人太少了。其他缺点也是一样。

18）年轻的男人更容易为女人改变。

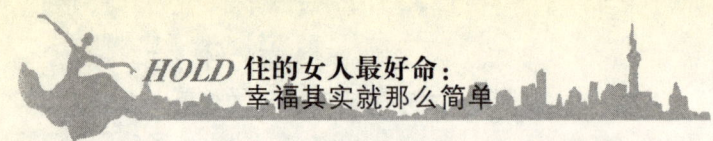

30岁以上的男人往往生活习惯、生活方式已经固定，为一个女人完全改变的可能性不太大了，他更需要你去适应他。反而是年轻的男人比较愿意为心爱的女人改变。

延伸阅读 七个能改变你婚姻的爱情故事

这七个故事很简短，但它们说的都是一个主题——爱情！真心希望你们每个故事都看一下，不会用很长时间，但保证你能感到那种被震撼的感觉！

（一）

他和她邂逅在火车上，他坐在她对面，是个画家。他一直在画她，当他把画稿送给她时，他们才知道彼此住在一个城市。两周后，她便认定了他是她一生所爱。

那年，她做了新娘，就像实现了一个梦想，感觉真好。但是，婚后的生活就像划过的火柴，擦亮之后就再没了光亮。他不拘小节、不爱干净、不擅交往，他崇尚自由，喜欢无拘无束，虽然她很乖巧，可他仍觉得婚姻束缚了他。但是他们仍然相爱，而且他品行端正，从不拈花惹草。

她含着泪和他离了婚，但是带走了家门的钥匙。她不再管他蓬乱的头发，不再管他几点休息，不再管他到哪里去、和谁在一起，只是一如既往地去收拾房间，清理那些垃圾。他也习惯她间断地光临，也比在婚姻中更浪漫地爱她，什么烛光晚餐、远足旅游、玫瑰花床，她都不是在恋爱和婚姻中享受到的，而是在现在。除了大红的结婚证变成了墨绿的离婚证外，他们和夫妻没什么两样。

后来，他终于成为了有名的艺术家，那一尺尺堆高的画稿，变成了一打打花花绿绿的钞票，她帮他经营帮他管理帮他消费。他们就一直那样过着，直到他被确诊为癌症晚期。弥留之际，他拉着她的手问她，为什么会一生无悔地陪着他。她告诉他，爱要比婚姻长得多，婚姻结束了，爱却没有结束，所以她才会守候他一生。是的，爱比婚姻的长度要长，婚姻结束，爱还可以继续，爱不在于有无婚姻这个形式，而在于内容。

（二）

他和她是大学同学，他来自偏远的农村，她来自繁华的都市。他的父亲是农民，她的父亲是经理。除了这些，没有人不说他们是天生的一对，在她家人的极力反对下，他们最终还是走到了一起。

他是定向分配的考生，毕业只能回到预定的地方。她放弃了父亲找好的单位，随他回到他所在的县城。他在局里做着小职员，她在中学教书，过着艰辛而又平静的生活。在物欲横流的今天，这样的爱情不亚于好莱坞的"经典"。

那天，很冷。她拖着重感冒的身体，在学校给落课的学生补课，她给他打过电话，让他早点回家作饭。可当她又累又饿地回到家时，他不在，屋子里冷锅冷灶，没有一丝气息，她刚要起身做饭，他回来了。她问他去哪了，他说，因为她不能回来做饭，他就出去吃了。她很伤心，含着满眶的泪水走进了房间。她走过茶几时，裙角刮落了茶几上的花瓶，花瓶掉在地上，碎了。半年后，她离开了县城，回到了繁华的都市。这便是婚姻，坚强而又脆弱。如同漂亮的花瓶，放在一个合适的位置，可以经受得住岁月的风化，但是只要轻轻一碰，掉在地上，就可能会变成无数的碎片。

（三）

他和她属于青梅竹马，相互熟悉得连呼吸的频率都相似。时间久了，婚姻便有了一种沉闷与压抑。她知道他体贴，知道他心好，可还是感到不满，她问他，你怎么一点激情都没有，他尴尬地笑笑，怎么才算有激情？

后来，她想离开他。他问，为什么？她说，我讨厌这种死水样的生活。他说，那就让老天来决定吧，如果今晚下雨，就是天意让我们在一起。到了晚上，她刚睡下，就听见雨滴打窗的声音，她一惊，真的下雨了？她起身走到窗前，玻璃上正淌着水，望望夜空，却是繁星满天！她爬上楼顶，天啊！他正在楼上一勺一勺地往下浇水。她心里一动，从后面轻轻地把他抱住。婚姻是需要一点激情的，它就犹如沙漠中的一片绿洲，让我们疲劳的眼睛感到希望和美，适当地给"左手"和"右手"一种新鲜的感觉吧。

（四）

他是个搞设计的工程师，她是中学毕业班的班任老师，两人都错过了恋爱的最佳季节，后来经人介绍而相识。没有惊天动地的过程，平平淡淡地相

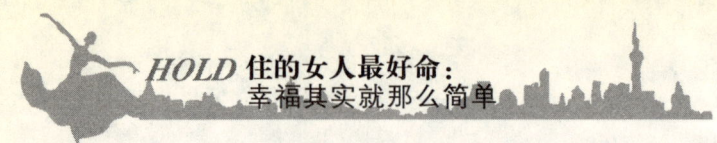

处，自自然然地结婚。

婚后第三天，他就跑到单位加班，为了赶设计，他甚至可以彻夜拼命，连续几天几夜不回家。她忙于毕业班的管理，经常晚归。为了各自的事业，他们就像两个陀螺，在各自的轨道上高速旋转着。

送走了毕业班，清闲了的她开始重新审视自己的生活，审视自己的婚姻，她开始迷茫，不知道自己在他心里有多重，她似乎不记得他说过爱他。一天，她问他是不是爱她，他说当然爱，不然怎么会结婚，她问他怎么不说爱，他说不知道怎么说。她拿出写好的离婚协议，他愣了，说，那我们去旅游吧，结婚的蜜月我都没陪你，我亏欠你太多。

他们去了奇峰异石的张家界。飘雨的天气和他们阴郁的心情一样，走在盘旋的山道上，她发现他总是走在外侧，她问他为什么，他说路太滑，他怕外侧的栅栏不牢，怕她万一不小心跌倒。她的心忽然感到了温暖，回家就把那份离婚协议撕掉了。很多时候，爱是埋在心底的，尤其是婚姻进行中的爱，平平淡淡，说不出来，但是真实存在。

（五）

楼下住着一对老夫妻，男的是离休的处级干部，女的退休前是一家大医院的主任医师，他们的两个孩子，一个是某局里的中层干部，一个在国外读书。

入秋的一个傍晚，我看见那老夫人在翻晒萝卜，我很奇怪，像她这样的家庭，还用自己腌菜吃吗？我问她，张阿姨，你家还腌咸菜吗？那老夫人笑起来一脸的幸福，她说你王伯就爱吃我做的萝卜咸菜，吃了一辈子都不腻，过去工作再忙，都要给他晾菜，何况现在退休了，有的是时间。

望着翻菜的老人，忽然就想起林语堂先生的名言：爱一个人，从他肚子起。对那些走过几十载风风雨雨的婚姻来说，爱可能真的就落在碗里，落在"萝卜干"上了。不是每份爱都是惊天动地的，实实在在，朴实无华是婚姻的一种境界。

（六）

和许多家庭一样，他们曾经那么热烈地相爱过，但是随着岁月的流失，他开始变得冷漠了。这大概就是人们常说的"审美疲劳"吧，激情越来越少，心开始了漂移。

他开始上网,聊QQ,在虚拟中寻找新鲜的感觉。一日,他在一个网站看到一个署名"飘落的枫叶"所写的短文,写的是一个女子对婚姻对生活的失望。那优美的文字和文字间流溢的淡淡忧伤,深深打动了他。他不明白,一个感情这样细腻、丰富的女子,她的男人怎会不知道珍惜?他禁不住翻阅了那女子的注册资料,却发现那注册的信箱竟是妻子的姓名全拼,他猛地释然了,妻子的名字不正是"枫"吗,自己怎么就忘了?

妻子曾是大学里的文学社团主席呢,只是婚姻让她淡忘了许多爱好。

他走进厨房,用手从后面环住妻子的腰:"我们吃完饭出去散步吧。"

妻子肩头微微一颤:"太阳从西边出来了?你不上网了?"

他转过妻子的身,看着那其实很好看的脸说:"我以后天天陪你散步。"

"不识庐山真面目,只缘身在此山中",人们常说身边没有风景,其实风景往往就在你身边。

（七）

他和她都是小工人,薪水不高,但是足够生活。丈夫很普通,妻子却很漂亮,也很伶俐。

因为彼此都很有时间,他们每个月或是出去看场电影,或是去逛逛公园,间或出去吃顿晚餐。只要妻子想,丈夫就陪着。什么事都顺着妻子,只要妻子高兴,只要条件允许,他从来不说半个"不"字,好像从来就没有自己的想法。

他们出去吃晚饭,妻子让丈夫点菜,丈夫说:"点你爱吃的吧。"妻子有点生气:"你就没一点自己的主见!是不是有点窝囊!"丈夫愣了,叹了口气:"我只是一个普通的工人,不能给你宽敞的住房和漂亮汽车,我只想在自己'能'的范围内,给你最好的。"

世界上有卑微的男女,却没有卑微的爱情,爱她,就给她最好的,我想这也该算是婚姻的真谛吧。

第四章

幸福的心态

——练好修养，HOLD住精彩生活

一个女人要在当下这个竞争激烈、关系繁杂的社会中活得精彩，实在是辛苦。这个社会对女人的要求太苛刻：在公司里要能独当一面，在家庭中要做贤妻良母，在社会中要保持良好形象……如果你没有头脑不懂手腕，如何在家庭、职场和社会上赢得地位？

女人在身体上是弱者，在精神上却可以成为强者。女人懂得心计，就可以把事情办得滴水不漏，让领导折服。懂得攻心的女人，可以使自己魅力四射，让男人倾倒，更能使家庭温馨幸福。

有人说，女人是通过推动男人来推动社会进步的，是通过培养孩子来决定未来的。因此，如果女人能够走出自己心理上的误区，生活将会更精彩，世界也会更美好。

幸福女人心态修炼

有人说,女人犹如一年四季的风景,春夏秋冬各有各的温馨与从容。朝霞满天的时候读她,犹如欣赏一滴露珠的色彩;艳阳高照的时候读她,犹如感受一弯清泉的滋味;月光如泻的时候读她,犹如体味一朵蜡梅的清香。春天的时候,你能读出一份羞涩与娇柔;夏天的时候,你能感受到风情万种;秋天的时候,你能闻到丹桂的飘香;冬天的时候,你能品评一缕温馨轻轻地拂过心田。你会感悟到变了的是季节,不变的是情愫。

漂亮的女人先天造就,楚楚动人,有修养的女人愈久弥香,让人难以忘怀。

而懂处世智慧则是女人立足社会,取得成功的关键所在。

1. 化解嫉妒——淡定从容天地宽

嫉妒是女人的一种天性。俗话说,男人妒才,女人妒色。女人很容易嫉妒,但同时,女人又希望自己被别人所嫉妒。小时候嫉妒别人的好看裙子,长大后嫉妒别人的男朋友,结婚后嫉妒比自己大的钻戒,有了孩子之后嫉妒比自己价聪明的孩子,甚至连远在千里之外的婆婆都成了嫉妒的对象。这跟女人这种生物的性别有关系,没有对和错之分,因为这在很大程度上可以满足她的虚荣心。通常,敏感的女人能一下子从对方燃烧的眼里读出嫉妒,如果她善良而聪明,那么她会不动声色,一笑了之。如果她爱慕虚荣,那她可能会得意非凡,借机炫耀。因此来说,善于嫉妒的女人一般都不会有个好性格,当然也就不会有个好生活了。

比如说,在街上看到一个身材妙曼的时尚女子的背影,男人会想找机会到正面,看看她是不是美女。女人则在想她是否不是美女,她心里会说:"背后还不错,前头一定不怎么样吧!"如果确实如此,她会觉得很安慰;万一从前面看,又是个美女的话,她的心就会难以平衡,必须找些话暗中贬低她:

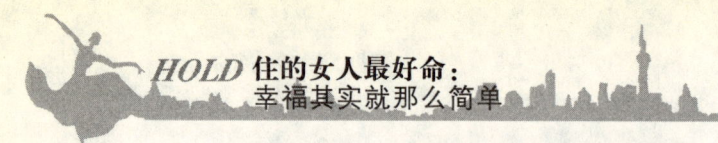

"可惜气质不太好。""就是衣着品味有点问题。"

以前看了一则流传很广的小故事，说有一个女人遇见了上帝。上帝说："现在我可以满足你任何的一个愿望"，她听了高兴不已。上帝接着说，"但有一个前提，就是你身边的人会得到双份的报酬。"

这个女人的脸马上就沉了下来。她心想：如果我得到一份房产，我的朋友就会得到两份房产了；如果我要一箱金子，那朋友们就会得到两箱金子了；如果我要一个男人做丈夫，那么，她们就会得到两个丈夫……她想来想去，都觉得不值得。为什么自己遇到了上帝，却便宜了朋友？

她实在不甘心让朋友占便宜。最后，她一咬牙，对上帝说："您挖我一只眼珠吧！"

当然，你可以想象到，这个女人被挖掉了一只眼珠，她的朋友们相应地被挖掉了两只眼珠。因为不想便宜朋友，她宁愿失去自己的眼睛，也不愿意跟朋友一起高兴，却愿意跟她们一起痛苦。

在这个世界上，有很多人生活得比你好，比你富有，但是，每个人都有自己的幸福，你也有他人没有的快乐。与其嫉妒别人，不如享受自己的幸福，做好自己的事情！何况，嫉妒并不能让你改变任何东西，打击了那些比你成功的人，你就能获得成功吗？中伤了那些比你幸福的人，你就能获得幸福吗？

相传刘伯玉妻断氏嫉妒心很强。刘伯玉曾经称赞曹植在《洛神赋》中所写女神洛嫔的美丽，断氏听到后，气愤地说："君何得以水神美而欲轻我？我死，何愁不为水神？"后果真投水自杀。于是后人将她投水的地方称为"妒妇津"。相传，凡女子渡此津时均不敢盛妆，否则就会风浪大作。

这个故事反映了普遍存在于人类社会中的嫉妒心理，这也是人性的一大弱点。

从中不难看出，在嫉妒的背后所隐藏着的，除了难以启齿的沮丧与愤怒，究其根源，还是不公平。人都有一种公平心理，当现实和理想产生差距时，人就会不自觉的形成攀比，内心会产生严重的不平衡体验以及对他人的反感，造成人际关系紧张。

对女性来说，从生活的现象上看，女性的嫉妒是和她人互争长短所产生的一种意识，嫉妒和羡慕很像，它都是在和她人比较过后，觉得自己无论如何都有胜算时所产生的一种感情。但嫉妒和羡慕相比，往往有着更多的心理失衡，有时甚至包含着敌意。令人奇怪的是，女人嫉妒的对象也多是女人，一个女人的相貌、才华、爱情、家庭、金钱等等，都有可能使另一个女人心生妒意，甚而坐立不安。有时候，女人还可能因为嫉妒另一个女人而寝食难安，甚至陷于疯狂，她不会阿Q精神胜利法，她容易钻牛角尖。她会把嫉妒进行到底，坚定不移。

从人格性格上来看，一般来说，低自尊者的嫉妒心往往会更强，而高自尊者的嫉妒心一般会弱，具体表现就是：

自卑者：自卑的人往往会自我感觉与他人有差距，一直未能顺利发挥潜能。一旦在她看来和她水平旗鼓相当的人成功或者幸福，就容易心生嫉妒。

性格偏焦虑者：这部分人不仅会对未来的事情表现得过分担忧，对切身的利益有时候也会过分关注，极易产生嫉妒。

自我意识较弱者：由于对自我缺乏足够了解，对本身的优势和不足认识较浅，这类人也很容易产生盲目的嫉妒心理。

对周围环境缺乏信任感和安全感者：当与周围的人没有建立起相互信任的关系时，在利益面前也很容易产生嫉妒心理。

当然，并不是说，怀有嫉妒心的人就十恶不赦，其实生活中的每一个人都会或多或少的存在着嫉妒心，对此，不必大惊小怪，更不必为此紧张惶恐，其实嫉妒未必是坏事，它可以帮助我们保持清醒的头脑，并且通过努力来不断提升自我的能力。

人生在世，一定要有一颗平静和睦的心，切不可心怀嫉妒。古人说："己欲立而立人，己欲达而达人。"别人有所成就，我们不要心存嫉妒，应该平静地看待别人所取得的成功，这是拥有幸福人生的秘诀。

当嫉妒心理萌发时，或是有一定表现时，首先，要冷静地分析自己的想法，同时还要客观地评价自己，从而找出自身的问题。其次，要积极主动地调整自己的意识，控制自己的动机和感情。当认清了自己后，再重新去评价他人，自然也就能够有所觉悟了。

要想化解心中的嫉妒，做一个幸福女人，你需要从以下修炼自己。

1）化嫉妒为羡慕

如果在你的同事中有人因为你的魅力仪表风度而嫉妒你，那么不妨把你的美容方法告诉她，根据她个人条件指点她的穿戴，让她变得优雅起来。

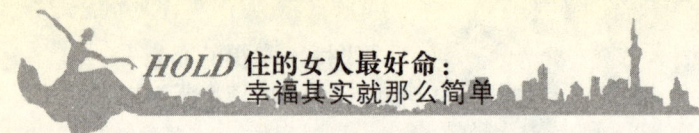

当她因为你的指点而得到别人的赞美时,她会非常感激你的。同样的道理,如果你嫉妒别人的种种优越时,不如去羡慕。羡慕和嫉妒是两种非常相似但又截然不同的复杂情感。它们都包括失望、悲伤、羞愧等多种成分。但羡慕往往指向更正向的情感以及更多的愉快体验,并希望自己也早日获得同样的成果,是成长和竞争的一种重要动力。而当羡慕一旦发展出攻击性,就会演变为嫉妒,最终可能会伤人伤己。

2)化嫉妒为同情

如果你是一个出类拔萃的职业女性,在工作中可能有很多女同事忌妒你,尤其是那些年纪比你大,资历比你深的人,更会以为将要获得晋升的应该是她而不是你!

但是请你先别生气,先别痛心,千万不要以为她们的情绪反弹是专门冲着你来的,要理解她们失意的心情。同时,你要多编造或挤出自己生活中许多还不如她们的"隐情",告诉她们你是多么的苦恼或不幸,比如说什么丈夫冷淡啦、孤独寂寞啦,等等。让她们觉得你其实也不容易,有些地方远不如她们。而且你要切忌张扬,谦和地夹起尾巴做人。以此唤起忌妒者心理的平衡,反而对你会生出些好感或同情来。

3)让出名利

有一些女人与同事的关系不好,是因为过于计较自己的权益,老是争求种种的"好处",时间长了难免惹起同事们的反感,无法得到大家的尊重,而且这样做总在有意或无意之中伤害了同事,最后使自己变得孤立。而事实上呢,这些东西未必能带给你多少好处,反而弄得自己身心疲惫,并失去了良好的人际关系,可谓是得不偿失。如果对那些细小的,不大影响前程的好处,多一些谦让,一些荣誉称号多让给其他同事,与他人共同分享一笔奖金或是一项殊荣等等,这种豁达的处世态度无疑会赢得人们的好感,也会增添你的人格魅力,会带来更多的"回报"。

4)快乐之药可以治疗嫉妒

快乐之心药可以治疗嫉妒,是说要善于从生活中寻找快乐,就像嫉妒者随时随地为自己寻找痛苦一样。如果一个女人总是想:比起别人可能得到的欢乐来,我的那一点快乐算得了什么呢?那么她就会永远陷于痛苦之中,陷于嫉妒之中。快乐是一种情绪心理,嫉妒也是一种情绪心理。何种情绪心理占据主导地位，主要靠自己来调整、把握。

5）少一份虚荣就少一份嫉妒心

虚荣心是一种扭曲了的自尊心。自尊心，是自强不息的心，追求的是真实的荣誉，而虚荣心追求的是虚假的荣誉。对于嫉妒心理来说，要面子、不愿意别人超过自己、以贬低别人来抬高自己，恰恰是虚荣的表现，是一种空虚心理的需要。单纯的虚荣心与嫉妒心理相比，还是比较好克服的。而二者又紧密相连，相依为命。所以克服一份虚荣心就少一分嫉妒心。

6）进行适当的舒缓

嫉妒心理使人感到痛苦，当这种心理还未发展到严重的程度时，适当地舒缓是相当必要的。

这种舒缓并非是出气、解恨，最好能找一个处事冷静而客观的朋友，或亲友，将自己的想法合盘托出，以达舒缓的目的。然后由对方适时地进行开导，以达到引导的目的。这虽不能从根本上克服嫉妒心理，但却能中断这种不良心理朝着更深的程度发展。

2.聪明看事情——"糊涂"做女人

很多女人容易在小事上认真，大事上却犯糊涂。

我的一个闺中密友，结婚前，她对他的表现很满意，谁说他不好准生气。结婚后，她的看法就全变了，老是发牢骚说自己瞎了眼。我和她聊天，谈及此事。说起来，她非常气愤，仔细听来却都是些鸡毛蒜皮的小事。

我说："其实，这些事情，结婚前，他都存在，只是那个时候，你没看见。结婚了，你看见了，却看不到结婚前让你高兴的事了。所以，你还是糊涂一点好，别那么较真，多想想他结婚前，你是怎么看上他的，他的优点，不就没事了。"她瞪着眼睛说："我是怎么喜欢他的，我都快忘了。"我说："你现在是光看他的缺点，不看他的优点，当然就忘了啊。以后糊涂一点，别管那么多，自己高兴，他也喜欢，一举两得的事情，多好啊。"

有人说，婚前要把眼睁的大大，婚后只需睁一只眼、闭一只眼。所谓的闭一只眼睛，其实就是"装傻"。任何事情都有它的模糊地带，婚姻也不例外，太较真了，只能使婚姻产生细小的裂缝，婚姻不是一朝一夕的事儿，天长日久，缝隙越来越大，以至于无法修补，后悔晚矣。如果不想对这段婚姻放手，那么不妨试试"装傻"。

这样说并不是让你去忍气吞声，而是换一种思维方式，把生活中的小事儿模糊处理。婚姻是两个人的事，两个人的事远比一个人的事要复杂和繁琐，细究起来，无非是些鸡毛蒜皮芝麻绿豆的小事。老公和女同事打打招呼、说说话，没什么，人生活在群体中，不可能不和异性接触。老公包包里面有点钱，给他留着，男人出门没钱成啥话，用不着搜刮得一干二净，让人坐车、买水的钱都没有。老公有时想在外面和几个朋友轻松一下，让他去，男人的累是女人不能理解的，让他适当的发泄一下，不用跟着去。这个时候你的"糊涂"是一种信任，得到你的信任，于是他回报给你的也是信任，对爱情和婚姻的信任。

很多女人总是容易走极端，不是抓住生活中的小事不放，就是在大的原则问题上看不清，最后让自己很受伤。

给大家看几个生活中的例子，都是真事，百感交集之后也请你把握"糊涂"的火候，不该糊涂的时候绝对不能糊涂。

1）前不久，我身边有一位朋友，终于与他的男朋友分手了，因为人家又找到了新欢女友。其实在三年前我就奉劝过她应该尽早结束这段危险的恋情，因为女比男大九岁。男人只是一时冲动才追求她，而她就误认为这是真正的爱情。等两人激情慢慢散去，周围亲属朋友同事甚至陌生人都投来异样的眼光，男的终于意识到自己的选择有问题，转而当有更年轻的漂亮女子出现时他就义无反顾地抛弃了前女友。当时这位女人在我面前哭诉男的是如此无情，而男的抛弃她的决定似乎就用了一秒钟而且没有任何的物质补偿。此时再说什么又有何用呢？

2）如果你碰到一位这样的傻女人那是偶然，而接二连三的遇到就颇让人困惑了。我的一位女同学今年都四十多岁了，然而，仍然保持着十八岁的心里。当年她的确娇美，班里有四五个特别优秀的男同学都追求她。可是她在大学找了一个所谓的美男子，婚后多年后才发现此男子不仅好色而且贪财，既玩女人又贪污，最后此男被抓进监狱。出狱后此男又迅速与另一个女人同居，她才彻彻底底认清这个垃圾男人。

3)还有一位是朋友的朋友,她是某大学的教师,应该说曾经是一位才女,请记住只是:"曾经"。她和老公一直平静的生活,没想到当年一位十分仰慕她的大学同学当了小老板,有一些小钱,又再次对她展开爱的攻势,要知道这时两个人已经组成了家庭并且双方都有儿女。两人私下定下君子协定,各自与自己的另一半离婚,然后再组建一个新家庭。可笑的是,女的顺利地离了尽管两人仍住在同一套房子,而那个小老板却没有离婚。

各位,请别问我一个道理为什么要讲三个故事,因为这三个故事差不多涵盖了女人的个个年龄层次和在每一个感情阶段所犯下的"大糊涂",其实综合来看,这三个女人都"曾经"漂亮过,都天真单纯过,也都对爱情执着认真过,但她们都是自我感觉良好,看不到自己身上的缺点,被石头绊倒了只会不断埋怨石头摆的不是地方。爱情是亲密,是激情,但最重要的还是承诺,如果一个男人对你连承诺都没有,那么他用什么担当起感情里的责任?

我们只能慨叹:可怜之人必有可恨之处!

如今的女人都懂得"水至清则无鱼,人至察则无徒"的道理,任何事情都不能太过,因为物极必反。因此,懂得在爱情生活中适当的"糊涂",是一种智慧的境界。其实只要你用心观察,往往会发现,懂得"糊涂"的女人更幸福一些,因为她们看起来是那么单纯、柔顺又宽容,让男人充满安全感,总是能勾起男人的自我英雄主义。

一个懂得"糊涂"的女人是容易集结贵人的,每当她们遇到困难的时候,总是会有人出来帮助她们,而她们明明天生洞悉世事,却又善于从不着一语的拈花微笑,令男人在备感自信之余,更铭记在心。越来越多的女人开始意识到,"糊涂"女人面对感情,比锋芒毕露、明察秋毫的女人走得更长久,幸福感更强烈。所以,我们为什么不去做个"糊涂"女人?

女人"糊涂学"养成计

要想将"糊涂学"应用得得心应手,女人们还需要掌握重点实地修行,不断地提升自己的段位,将幸福扩大化。我们可以依照前人的经验之谈,掌握幸福女人糊涂学。

糊涂案例一:家庭理财他做主

传统观念中,男主外,女主内,家庭事务该是女人主理的范畴,家庭财政的管理权自然也是如此。尽管有点约定俗称的意味,但现在,家庭的财政主理权在婚姻中却是个敏感区域。很多女人会认为家里的经济大权掌握在男人手里,会让自己缺少安全感。但是对财产问题太过计较在国人眼里又显得不近人情,这样不仅容易破坏夫妻感情,也无法从根本处解决问题。其实,这时候女人不妨运用一下"糊涂学",对钱表现得迷糊点,大胆放手让他来理财,体会家里由男性理财的乐趣。

其实,男人理财更有利于家庭财产积少成多。这一观点,女人必须承认,男人花钱更理智,不会轻易为打折让利买单。但是,此时,"糊涂"不代表真的被动服从,女人要懂得抓住家庭中财政权利的关节点,比如双方坦诚透明的收入状况,比如不动产的共同持有问题等等,只要心里明白家庭的财产状况,也不必事事询问,因为你需要做的是,学会培养他的理财习惯。

一个家庭,小到水电煤气费,大到各类贷款、大件支出,轻则频繁往来银行,动辄绞尽脑汁精打细算,把这些活计独揽一身,累!不如好好利用他需要你帮忙分析的时机,培养他财产透明化,收支明晰化的理财习惯,让你如生意场上的大老板,不必亲自管理,一切皆在掌握,换来"甩手掌柜"的逍遥自在。

糊涂案例二:自由空间模糊学

即使是夫妻,尊重对方的私人空间和小秘密也基本上是现在男女都承认的一个法则。但是,如果你不小心看到老公在网络聊天时和网友言语暧昧,或是老公过于沉迷于自己的朋友圈,还是会觉得愤懑不已,这时不要忘记糊涂学。

婚姻中,你可能对他照顾有加,从服饰的搭配,到双休日的安排,甚至连他公司里的人际关系统统在你的管制范围。事无巨细、明察秋毫的相处方式,让他像生活在高压氧舱,不断地积累压力。而你也因为太明白,徒生心事,郁郁寡欢。两人相处都需要自己的空间,难得糊涂便是针对此事的一剂良药。他不小心撒谎了,大可不必刻意去揭穿他,学会睁一只眼闭一只眼的"糊涂学",傻傻地笑着告诉他,其实你只是担心他,他便会明白,感激你的包容和护佑。

信息太过清晰会让双方的生活显得太过乏味,然而信息不对称对婚姻来说又是件危险的事情。因此在运用这种"糊涂学"时,我有几点建议以供参考：一是在自己和老公间建立坦诚交流的氛围习惯；二是打入他的朋友圈；三是培养一到二项自己和老公的共同爱好。

糊涂案例三：两人生活等于六人相处

婚前以为婚姻是二人世界，婚后才发现需要和睦相处的是六个人。你和他还处在磨合阶段，两个家庭的差距更是超乎想象，意见相左的时候，"幸福女人糊涂学"绝对是处世的不二法则。

一桩婚姻的背后是两个家庭，尽管不是一家人不进一家门，但实际上，成为一家人的目标实现绝对属于糊涂学范畴。运用一些糊涂原则可以让两个家庭顺利衔接：第一，模糊距离，相见不如怀念，距离产生美，这也是为什么现在很多年轻夫妻更愿意单独居住；第二，模糊印象，即使产生摩擦，格格不入，聪明的女人也从不和公婆正面发生矛盾，在保持自己在公婆面前的好人缘的同时，要培养老公成为沟通的管道。

其实所谓让女人要装糊涂，就是让女人学会宽容、克制，还是老调重谈。如果爱一个人，就要真正站在他的立场上，这样，什么"糊涂"的智慧就都有了。

3.忍让有度——爱一个人可以，但不要过于爱

祖宗留下的古训教导我们，要"忍一时，风平浪静，退一步，海阔天空"，但这并不是要求我们凡事都要忍到没脾气的地步，而是教导我们在可能要与别人争吵时，先退一步，忍一忍，防止双方的正面对垒，发生冲突。

所以，忍让必须有个度。如果有人无意中冒犯了你的话，为了体现你的大度当然应该忍让。如果他是有心为之，而且伤害你很深，甚至对你的尊严构成威胁，你当然不能再忍。即使非忍不可，那也不过是一种迂回式的处事计策，"小忍而图大谋"的计策，关键在于我们在忍让之后，仍然要找到合理的解决问题的方略。

情感相处中，除了一些新鲜刺激的开始，女人往往从开始的被追求状态高高在上，把自己最后弄到被动的一方。男人却常常手握情感收放的主动权，即便有"从奴隶到将军"的经历，过程一般也很短。所以婚姻被称为"爱情的坟墓"，其实很有道理的。

在生活和职场也是，因为女人的弱势群体地位决定了她不得不被动，即使面对不公，也只能忍生吞气，就像《蜗居》中宋太太慨叹："我这十几年的付出，得到的不是将来老了可以有个相互扶持的走向墓地的人，却是在为别人做嫁衣裳，我度过了苦尽，把甘来留给了后人。"

爱一个人可以，但不要过于爱，过于爱会使人有负担甚至把人吓跑！不喜欢一个人可以但不要过于讨厌，过于讨厌最终害的是自己！

如果你们一旦进入了情感和谐的状态，那就真的是海阔天空了，他给了你他的世界，你也因此得以丰满爱的羽翼，宽容释怀他那片刻的疏懒，进一步退一步都是爱。婚姻里如果没有彼此宽容妥协的耐心与智慧，总会有一方张生跳墙或者另一方红杏出墙。倘若男女彼此宽容，彼此理解，忍让有度，围城的天空也会辽阔无边！

说到底，还是有度，而不是无边。当女人面对那些自私自利、或专横跋扈、或冷漠无情、或刚愎自用等各型男人的时候，偏偏很不幸的，你和他相爱，亦或是已经步入婚姻，那么你又该怎样把握这个度？没关系，让我来教你几招吧！

第一招：忍让有度

是的，你是女人，被动、温柔和宽厚是社会赋予你的品质和要求，何况你还爱过他，甚至已经和他到了不可分割的地步，你以为你所能做的只有忍让，无条件的忍让。那么我想问问你，当你在扪心自问这些问题的时候，你的心情是不是也在自我的安抚中愉悦了呢？没有，你的忍让没有让糟糕的局面和心情发生半点改良，反而是心情越来越糟、越来越压抑，生活的积极性大打折扣。这些都是忍让造成的，所以你要想改变这种糟糕的局面，就不要永远自欺欺人的忍让下去了。但我也不是要你撕破脸皮与他大动干戈，而是从怒气中安静下来，理清纷乱的头绪，抓好时机使出第二招。

第二招：坦诚布公

忍让是一把割肉的钝刀，当你无法忍受时，就不要缄口不语、默不作声了，大大方方、理直气壮地告诉他：他的行为已经超过你的底线，现在你忍无可忍了！通常大部分男人在吃惊的同时也会反省自己并未注意的劣迹，并逐渐改正。但请你记住，在说这翻话之前，一定要作好心理准备，不要因为可能会发生的糟糕的后果而表达不清，或者半途妥协。既然已经表明态度，无论是什么结果,都必须让他清楚你的想法和感受,不然指不定他将你这个"软柿子"捏到什么时候呢!

第三招:走为上策

对于一部分对感情和婚姻有责任心的男人来说,你这样的谈话方式已经表明了你的立场,他会为自己的行为向你道歉并且悔过。还有一种情况就是:对你的任何反应都无动于衷,该怎么还怎么。那么,你没必要再忍让、再抱怨下去了,更没理由再留恋了,就像一桩破碎了的婚姻一样,是该说分手的时候了,与其绵绵无期的长痛倒不如瞬间的短痛。不过,当你出好前面两招,出这一招的可能性非常小。

额外奉送:与男人和平相处的秘诀

并不是所有男人都是十恶不赦的,毕竟他当初能够选择你,并且给你婚姻的承诺是经过一番深思熟虑的,也就是说,与其忍无可忍的与他一刀两断,不如找一个技巧和方式与他和睦相处,继续演绎属于你自己的幸福模式。

就像工作一样,如果你不了解上司的为人、喜好、个性,只顾挥汗如雨地埋头苦干,工作再怎么出色也是得不到上司的赏识和认同的。生活中也是,首先选择一个男人并且和他相爱,继而走进婚姻的殿堂,想必是有着共同语言的,就像你们谈恋爱的时候一样,多多留意一下他的言谈举止,品味一下他的为人,多欣赏他的优点和长处,这样不但可以减少相处过程中不必要的摩擦,还可以促进相互之间的沟通。

4.返璞归真,减一分欲望多一分自由

当我们把21世纪叫做"她世纪",当女人尝试着和男人一起主宰这个世界的时候,为什么却有越来越多的女人觉得做女人难,做女人累?女性的力量越张扬,便却越不像女人?而男人也变得更不像男人?

或许,是对现代物质过分的追逐导致对传统的背离;

或许,是对享乐的肆意放纵导致诗意的消失;

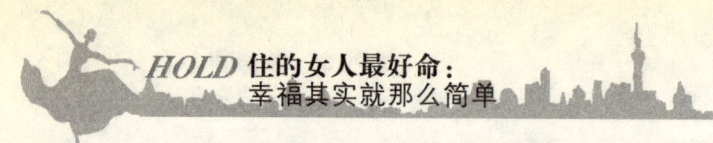

或许,是缺乏坚守,心境在荒芜;

或许,是生活中没有仪式失去必要的尊重和规则;

或许,是缺乏对生活和自身性别的敬畏……

做女人,不能百无禁忌!

于是,我们呼唤"伊人归来",做一个心智健康、有文化和精神修养,在喧嚣的现代生活潮流中,有所坚守和保留以及敬畏的真女人。当然了,每个女人都希望自己不但温柔善良,还要独立自信,好成为男人眼里的好好女人。可是,你知道男人眼里的好女人是什么样的吗?

根据一份调查表明,男人最看重女性的美好品质是:

(1)善良,要有一颗善待他人的心。

(2)真诚,以真心对待周围的人和事。

(3)温柔,中国传统女性最美好的品质。

(4)母性,做了母亲的女人才是完整的女人。

(5)个性,有自己鲜明的爱憎、喜好。

(6)独立,有自己的事业,自己的追求。

(7)其他——内敛、体贴、不要太虚荣。

男人最不喜欢女性有以下表现:

(1)太过强势,不管是工作还是生活,女人都应以柔克刚。

(2)虚荣心太重,总喜欢和人比较,别人有什么自己就要有什么,让自己和男人都觉得身心疲惫。

(3)好胜好强,很多问题都喜欢和男人争个长短,其实男人有时要求的不过是一个名分。

这些结果可能让你有点始料不及,曾经他一直口口声声说爱你的全部,原来还有那么多的缺点他不能容忍。与其反感和厌恶,不如改正自己。

这世间,美好的东西实在多得数不过来。我们总是希望得到的太多,让尽可能多的东西为自己所拥有。人生如白驹过隙一样短暂,生命在拥有和失去之间,不经意地流干了。如果你失去了太阳,还有星光的照耀;失去了金钱,你会得到亲情;当生命也离开你的时候你却拥有大地的亲吻。

拥有时加倍珍惜,失去了就权当是接受生命真知的考验,权当是坎坷人生的奋斗诺言。拥有诚实就会弃了虚伪;拥有充实就会弃了无聊;拥有踏实就会弃了虚浮。无论是有意丢弃,还是无意丢失,只要曾经真实地拥有,在一些时候,大度的舍弃不也是一种境界吗?

在不经意中失去的,你还可以重新去争取;丢掉了爱心,你还可以在春天里寻觅;丢掉了意志,你要在冬天里重新磨砺;欲望太多,成了累赘,还有什么比拥有淡泊的心胸更能让自己充实、满足?

其实所谓轻松生活或是简单人生,不过是欲望少一点。欲望少了,心理的烦恼也相应少了。相反,如果一味地任由欲望膨胀,则很有可能陷入空前紧张的生活节奏之中,人也会因此而失去本来的理智。我们可以扣着自己的心门问问自己:以前那些烦恼和痛苦,是不是因为欲望实现不了而造成的?

这让我想起了一部电影,名字叫《亲密》,它能极好地诠释了一个女人的欲望和自由。

每个星期三下午,这个女人都会来到男人那简陋的公寓,他们互相不知道对方的名字、身份,但却一次次地继续着这不成文的约定。

女人仅把这一切当成一场游戏,她并不想改变什么,在她乏善可陈的生活中,因这一场游戏而变得生动有趣起来,她独享着这个秘密,每次从男人的房子离开,她总是脚步轻快,脸上带着满足的笑意。

可男人慢慢对女人产生了好奇。他开始跟踪女人,渴望了解她的生活。当一个星期三的下午,她没有出现在公寓里,男人开始感到了失落和不安。他到他能寻找她的地方寻找,带着些许的疯狂。慢慢地男人发觉,他真的是爱上了她。她不再只是一个周三的下午来,然后离去的沉默女子。她成了他心上的牵挂。

可是游戏毕竟是游戏,一旦规则被打破,将无法继续。女人决定退出游戏,她最后一次来到男人的公寓。

他流着泪,表达着对她的眷恋与牵挂。他恳求她,留下来。现在,留下来。好吗?而她也流着泪,却对他说:NO。

女人并不爱自己的丈夫,她对眼前这个男人也是有了感情的,但她仍然选择了离开,也许,自始至终,她并不想到占有什么,也不想失去什么。她只是想在一成不变的生活中消解无奈与绝望,她只是想她用她自己的方式,让自己活得更像个人。

于是最后一次疯狂。沉默着流泪,压抑着抽泣。然后是离开,永远的。

有些时候，天使的背后就是魔鬼。每个人的灵魂中都会有最黑暗的角落，这才是完整的人性。因此，关于这个电影的意义，导演说的是："人天生是不完美的，但这就是生活。"

如果剥离了社会整体风化的背景，这些关系确实应该是"正常男女关系"，但实际上，它们却被打上了浓重的情色色彩，而我们的现实就是，一个女人必须要在道德规范下才可以自由。手抚胸口，扪心自问，其实每一个女人都知道爱情不是放纵的借口，但是如果你不要求太多，不去关注远处的风景而忽略了身边的人，就不会落到最后的下场。

因此，欲望少一点，自由就多一点。

金钱，消费，享受，生活质量——当你把这些相关的词排列起来时，发现它们有一种递减关系：金钱与消费的联系最为紧密，与享受的联系要弱一些，与生活质量的联系就更弱。因为至少，享受不限于消费，还包括创造，生活质量不只看享受，还要看承受苦难的勇气。在现代社会里，金钱的力量有目共睹，但是这种力量肯定没有大到足以修改我们对生活的基本理解，男人和爱情也是如此道理。

因此，做一个简单幸福的女人就要返璞归真，摒弃生命旅程中那些不必要的行李——欲望，你才会获得更多的自由和幸福。请你谨记如下守则：

(1)工作计划与男友约会档期冲突，取前者。前者不会辜负你，而且越老越不会。

(2)只有小女孩才会用吸烟、夜游、多交男友表示成熟，你就不必了。

(3)最好不要让初次约会的男人知道你住所，若对方坚持送，那么到楼下即可。

(4)酒吧里认识的男人就不必留电话了。

(5)男人对自己的好色就像律师对罪犯：明知有罪也要辩护。你知道就行。

(6)爱你的工作，但不要爱你的老板。

(7)浪漫是一袭美丽的晚礼服，但你不能一天到晚都穿着它。

(8)嫁大款就像抢银行，收益总很大，但后患无穷，若能不试，还是不试为好。

(9)不要逼男人撒谎，他会恨你。也不要把他的话当真，你会恨他。

(10)再爱他，也不必为他去做自己不愿的事。

(11)随缘,但不是说不努力。

(12)同事的恭维就像香水,可以闻闻,但不要喝。

(13)永远不要问这个问题:"为什么不爱我?"

(14)真诚地微笑,别怕皱纹。

(15)其实,人生即使有伴也是寂寞的。不如及早培养兴趣,比如中年之后种花养鱼。

(16)恋爱就像玩麻将,不认真没乐趣,太认真易伤心。

(17)无论服饰还是工作,简洁都是最好的。

(18)一个人是否可靠,全看你用什么样的手段控制他。

(19)男人总是向不把他放在眼里的女人献殷勤。

(20)学着理财。

(21)太在意一个人往往得不到。钱也一样。

(22)找一项有兴趣的体育活动,坚持下去。

(23)遇到让你心动的人,不妨喜欢一次。

(24)每年做身体检查,了解自己的健康状况。

(25)如果你的房间越来越雪白素净,访客越来越少,桌面地板不允许有一丝灰尘,听到孩子的吵闹会心烦,每天洗手超过20次,快去看心理医生。

(26)私人朋友不要常到办公场所找你。

(27)不必好奇别人怎样评价你,想想你是怎样评价他的。

(28)别和道德观不同的人有私交。

(29)你看上去有多大,其实就多大。

(30)要快乐!

善待自己,HOLD住自己

人们常说,在婚姻大战中,受伤重的总是女性。为什么会这样呢?因为女性天生具有情感特性:情感丰富,直觉敏锐,富于感性思维,感受性强。这就使女性在感情纠葛中最容易受到伤害。在丰富的感性世界里,如果缺少理性

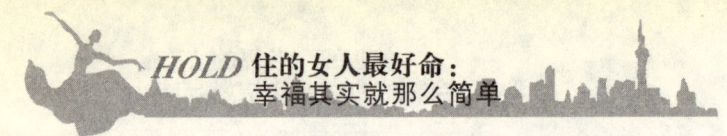
的约束，就会任情感随波逐流，由情绪来支配一切。情绪会带来认识问题和行为的极端化，会让人失去控制，会让人变得鲁莽和冲动。所以，凡任由情绪主宰的女人，最后自己受到的伤害也最重。

柔情似水的女性，如果再加上一点理性的思考和行动，能清醒而客观的认识问题和处理问题，就变得完美了。这样的女人是智慧的女人。智慧的女人知道这样做首先是善待自己，同时也是保护自己。当然，这需要有个长期修炼的过程，才能逐渐达成心智的成熟。

1.善待自己，人都有犯错的时候

拥有一个幸福的人生其实很简单。

第一不要拿自己的错误惩罚自己。

人有多少烦恼是自己跟自己过不去？人非圣贤，谁能无过？如果一有过错，就终日沉陷在无尽的自责、哀怨和痛悔之中，那么其人生的境况就会像泰戈尔所说的那样：不仅失去了正午的太阳，而且将失去夜晚的群星。

第二不要拿自己的错误惩罚别人。

人们都会为自己的过错而痛悔，但不少人受伤的虚荣心会疯狂地寻找能够掩饰伤口的更大的虚荣，去情不自禁地要去惩罚别人，而那些无辜受到惩罚的"替罪羊"或迟或早都要奋起自卫。

第三不要拿别人的错误惩罚自己。

许多人也许骄傲地说，这不是我的写照。未必！如果不拿别人的错误惩罚自己，那怎么会不时生发出这样的一些邪念：他都敢胡作非为，我又何必故作清高？正是这种惩罚，使我们感到生活得很累！

如果你学会犯错时善对自己，就感觉不到有压力，也不太可能进一步犯错。一旦你不再烦恼于那些不太完美的决定，就会有时间想了解你怎么犯的错，怎么避免以后犯类似的错。拙劣的选择从来都不是故意做出的。没有人会在第二天日程表的顶端写上"使自己出错"。无论你何时犯错，要记住：犯错实在再平常不过了，每个人都会犯错，而且，所有的错误，即使是最严重的，都100%可以原谅。

不要用别人的错误来惩罚自己, 这个尚可以说得过去, 因为错在别人。更重要的, 不要用自己的错误来惩罚自己, 尤其是很多女人因为自己犯的错误不可饶恕, 日日沉浸在忏悔和自责当中, 并且因此惩罚自己, 惩罚对方。

与其如此, 不如防患于未然, 女人的一生当中, 有一些错误是不能犯的:

1)青春年少时, 不要轻易奉献出自己的第一次。

当然时代在进步, 我们也越来越多地和西方在接轨。其实年轻时, 很多女孩都会做错, 但是女孩请问自己, 你真正想要什么? 又可以承担多少?

2)做了女人后, 不要让自己被无知纠缠。

或许是从第一次开始, 你就必须先保护自己! 掌握一些必要的性知识, 这才是良策。

不要让自己在不想要孩子的时候怀孕, 也必须看清一个男人的品性, 不要让他闯的祸秧及到自己。

3)走入社会后, 不要被金钱冲昏头脑。

女人虚荣, 在学校, 所受到的金钱的冲击还有限。当踏入社会后, 面对金钱的诱惑, 在你幻想钻石豪宅之前, 请先看清楚, 你何德何能可以拥有这些?

4)平淡如水后, 不要为了寻找激情而套牢自己。

通常步入中年, 逃不开平淡乏味的生活, 这时候, 内心开始空洞, 开始盼望着激情, 这是人之常情! 只是, 寻找激情是为了什么? 激情后, 我们仍然要回归到现实, 这个世界上永远没有免费的午餐, 在释放自己的同时, 不要让自己被新一轮的无谓烦恼而套牢。

如果你真的迷失了, 痛苦了, 受伤了, 就不要为自己所犯的错误惩罚自己。不要责骂自己, 对自己说你有多蠢。那只能让你更加确信自己做了拙劣的选择, 会使你惶恐不安, 增加进一步犯错误的机会。

一段感情没了可以分手, 可以被别人的关心吸引, 但是, 千万不要拿对方的错以及自己的错来报复自己。冤有头, 债有主, 当你不能惩罚到你痛恨的人, 只能伤害到自己和无辜的人, 最后吃亏的是谁? 我举一个很简单的例子, 当别人把感冒传染给你的时候, 也许你痛恨, 也许你恐惧, 但你不是积极地治疗, 而是采用报复的手段, 也去传染别人, 也去报复他人, 你的病会因此痊愈吗? 可以指望把病感染给你的人你终于有一天可以再传染回这种病吗?

再举个简单的例子, 有个网友把病毒网址发给了你, 你中毒了, 却从此

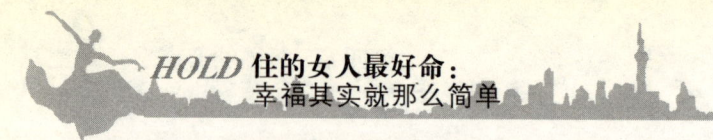

不再信任任何人给你发的任何地址，哪怕是中秋祝福、生日贺卡，这样损失的是谁？还是你自己，你失去了快乐，你失去了信任，你失去了朋友，你失去了上网的快乐，就这样，病毒的制造者们得意于自己的胜利，这样的冤冤相报又何时能了？

在感情上，没有谁对不起谁，只有谁不珍惜谁。有时候不是上天在捉弄我们，而是我们自己在作弄自己。不要在不值得的人的身上浪费时间。人生短短几十年，不要给自己留下什么遗憾，想哭就哭，想笑就笑。即使不自在，也要随性一点，不要无谓的压抑自己。命中，不断的有人离开或进入。快乐要有悲伤做陪，雨过之后会有天晴。如果雨后还是雨，悲伤之后还是悲伤，那也要从容面对，微笑着去寻找下一个奇迹的出现。因为有些事情我们无法控制，那么就控制自己吧。一段感情，与其深埋，不如拿出来清理，丢或留，都要有个交代。值得的，可以去守侯，不值得的，不必去苛求。忘了，放了，明明白白重新上路，去期待属于自己的幸福！

当然，善待不等于娇惯，正如我们关爱孩子不等于溺爱孩子一样。善待男人就是尊重、体贴、关爱和珍惜自己的男人。偶尔给他表扬，不时给他鼓励；闲暇漫步时，不妨主动偎在他的身旁；公共场合，可大大方方牵着他的手。不要以为既成的夫妻，不再需要浪漫，更不需要在他人面前秀恩爱。也许在他的眼里，这是你给他的肯定，给他的尊重，更是给他的信任。这些虽是微不足道、并不引人注目的小节，可你能让他更加自信；你的小手放在他的手心里，你的香肩倚靠着他臂膀，你小鸟依人的娇羞，能让他在别人面前尽显威猛。

善待别人，其实也是善待自己。这个世界上，没有谁不会去犯错误，没有谁的错误不可原谅，如果还有感情基础的话，如果对爱情还心存留恋的话，那么，你一定会让自己宽容起来。有的女人能先知先觉，或者知微见著，或者由点到面，着眼长远。知微见著的女人一般善于观察和思考，细腻而敏感，对未来有较准确的感知能力，有很好的预见性。因为善于观察，她对老公的每一点变化了然于心。又因善于思考，她明白此时的自己需要冷静，需要思考，而他则需要尊重，需要自尊。因懂得全面地看人处世，她更懂得如何原谅自己，和放下自己犯的错。

作为女人，如果真正学会了善待自己，那么你也一定会善待你身边的每一个人;反之,如果你能善待你身边的每个人,那他们也同样会善待你,善待你的亲人。如果我们每个人都学会了善待别人,当你学会善待时,也就学会了快乐的生活。

2.自我认知,永远知道自己要的是什么

人的性格分为很多种,有的人内向,有的人外向,有的人豪爽,有的人耿直,有的人固执,有的人懦弱,等等。正是这些纷繁的性格构成了丰富多彩的人生。以前人们都崇尚知识改变命运,但现在越来越多的人信奉性格决定命运,这一点是有科学根据的。

譬如O型开朗、A型偏激、B型激进之类,这种"血型性格"说,虽然具体结论仍有待证实,但专家认为,血型对性格肯定有着一定程度影响,因为这也是生命科学的一部分。在心理医学上有一种叫作"A型"的性格,A型性格是比较好动、率性、进取、爱表现、爱说话。但这里说的A并非指血型,而是一个医药上用来对比的,它的相对性格是"B型",就是比较冷静、不好争辩、也比较内敛。

比如说,温柔是女人的天性,但可以耿介刚直的女性更为人所乐道,正直不趋于俗流,使她们显得卓尔不群,风骨铮铮。具备这种性格的女人生来就没有女性那种羞色造作之气。她们忠肝义胆,不畏权势,由于她们不迂回,不婉转,所以也容易四处碰壁,即使命运多难、艰辛曲折也掩饰不了他们真正的人格。

这是从人性分析得来的结论,下面的故事更能充分说明这一点,一个女人的命运是和她的性格密不可分的。

"易求无价宝,难得有心郎"——这句经典诗剧出自唐代才女鱼玄机之手,"玄机"是她出家之后的道号,鱼玄机原名幼微,字蕙兰。她从小聪颖过人,5岁背诵诗歌百首,7岁能作诗,12岁已经是长安有名的诗童了。可惜的是鱼父早早过世,家境贫寒的她生活贫苦,这时,她认识了她的老师:温庭筠。温庭筠把鱼玄机介绍给了一名富贵公子李亿做偏房小妾,但正房妻子恨她入骨,令李亿把她给休了,仅3个月的婚姻便支离破碎。之后,李亿暗中把她

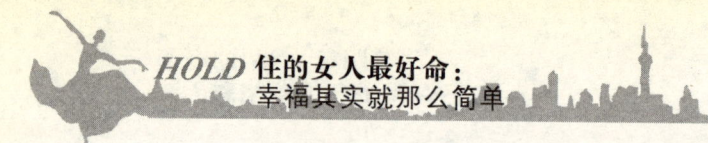
安排到了道观里,鱼玄机在道观里日日夜夜思念郎君,可是后来李亿跟妻子远走他乡,扔下她不管,顿时,鱼玄机觉得自己被抛弃了,心理发生了极大的变化。鱼玄机有着众多的交往者,其中她最中意的情郎是陈题,可有一次,鱼玄机怀疑她的侍女与情郎有染,居然将侍女杀死!事情当然是败露了,而遇到的审判官居然是一个曾经被鱼玄机拒绝过的男人,于是,鱼玄机被判死刑,是时年仅26岁。

这样的结局是让人深感无奈的,但仔细分析来看,这和鱼玄机的性格是密切相关的,她疑心,怨恨,残忍,原本可以扭转时局的机会在她的手里也变成了末路。

女人总是感性的,尤其面对爱情时,女人变得脆弱和爱幻想。事实上,爱情的追逐和浪漫通常是一场男人导演给女人看的大戏,当女人被动地享受梦幻时,男人却在清醒地辛劳。“导演”是需要成本的,过多的浪漫、付出和关爱,会让男人感觉很累,尤其当他有一天意识到爱情成为事业的障碍时,会把这一切归咎于女人,他会把爱情当成负担,把女人当成累赘。一个值得女人爱的男人,永远是事业重于爱情,只有在征服女人的阶段,他才会“集中优势兵力打歼灭战”。爱情、婚姻和家庭永远只是男人的大后方,只有在战争的空隙,他才会偶尔眷顾。从根本上说,男人的一生不属于生活,而属于“战争”,包括征服女人。

因此,女人也应该学会像男人一样懂得自我认知,永远知道自己要的是什么,这样才不会去犯错误,让自己难过和后悔。

性格决定命运,看看星座女人的星座和命运吧!

白羊女

很美貌,也很骄傲,喜欢被拥护包围的感觉。心里有了信念就会不顾一切去实现它。很会收服男人。看她们一直换的签名就知道其心里的感觉要表达出来才舒服。她们勇于表达爱,也勇于承担爱的痛楚。倔强,自信。她对这个世界充满好奇,不怕以身试炼,所以受了伤也会措手不及,茫然无辜。

金牛女

美食美男主义。旅行冲动症(行动力跟得上意愿),性格呈半打开半封闭状态,除了自己感情其他都能侃侃而谈,思想开放,不愿受束缚。会有疯狂想法,但行为都较理智妥当,分得清轻重是非。有隐藏的固执和脾气。小疯婆子,任性倔强,疯玩起来满地打滚,什么都表现得不在乎,但关上门就写起了小日记。平时说话直接并且伤人,自尊心很强。

双子女

她带点憨厚的聪明,带点自以为是的狡黠。乐于接受新奇刺激的东西,但不会轻易尝试。思想开放,行为相对保守。思维很快但不精明,宽容,很有同情心。有道德底线,爱欣赏美男,但内心很专情。早熟,颓废面具下较天真,喜好刺激,恋旧情,还算洒脱。

巨蟹女

外表温和,偶尔孩子气,内心有狂野的一面,喜欢旅游但也恋家,不算太宅。容易陷入自己的想象世界不能自拔。高度的细腻敏感,高度的冷漠绝情,情感强烈而绵长,习惯虐人虐己。脾气多变,嫉妒心强,照顾家人很用心,很有聪明女人的一套。记性很好, 几年前的一件让她不舒服的小事可以记很久。

狮子女

每段时间看到的都是不一样的她, 不是美瞳颜色变了就是指甲颜色变了要么就发色变了。爱玩新鲜刺激的东西,个性有些张扬但不张牙舞爪。爱情至上,勇于去爱,不会介意对方的身份地位,享受被男人欣赏和拥护的满足感。说话直率,常以大姐大的口气劝导闺蜜,但自己往往做出飞蛾扑火等幽怨的事情。外表开朗坚强,内心彷徨而阴暗。脾气倔强,待友真诚,会为别人着想。

处女女

洁癖到发指,敏感到发疯。神经质,走在自己的逻辑里出不来,和她吵架必定是头痛脑涨、当其发现是思维方式的差异导致双方讲不通时,会索性把听筒搁一旁,由对方发泄去,末了话筒里还传来其阴冷的喊声:"你怎么不说话了?!你再说啊!不讲话是什么意思!"

对老公很好,照顾细心。但疑心病病入膏肓,蛛丝马迹难逃她法眼;自恃过高,虚荣好面子。遭被判时会一哭二闹三上吊,放言她不得好过那男人也不得好过。最终落了个爱情自尊皆失的结局。

天秤女

有点小纯真,不介意别人的看法。很自我,追求自己美和他人美,喜欢的事情绝对会放手去做,思想不受各种形式的羁绊。爱憎分明,嘴不留情(但会保持客观)。对人好不求回报。生活态度顺其自燃,知道自己的弱点在哪里,但改正很难。看得开。有颓废消极的一面,存在于自己的心境小天地里。

天蝎女

超敏感,感受能力超级强。说话很直,但一针见血,喜欢的会把它说得很好,不待见的会很讽刺。大大咧咧,心眼其实很细。对于恋人和朋友都没有中间地带,非黑即白,冷漠。受伤便会倾向于自我封闭。喜爱旅游,探险,刺激(道德范围内)。

射手女

与她能开任何玩笑,相处起来非常轻松。她内心有隐隐的不安分,但是需要被人点燃。她很宽容,待人真诚,假话不说。在生活细节方面神经不是很细,有点造作,打扮很女人,但是内心挺豪爽,会生活,想得开,爱自由,不太介意旁人的看法。

摩羯女

貌似和谁都熟但和谁又都不熟,爱情上善用冷暴力,家务会做,会像要求自己一样要求对方,失望情绪无法释放会导致积累后的爆发。时有追求自由无拘无束的想法。喜欢诙谐而一语中的的表达方式,实际人生却无法真正诙谐洒脱。外表比内心老成稳重。心里喜欢的人可以默默放很久,放到自己的心失温。人际关系保持在收支平衡的状态。对自己的付出有严格的警戒线。

水瓶女

外表温和甜美,内心层次丰富纵深。感情史复杂,真爱线索简单(即主线明朗,分支驳杂)。对不爱的男人有非凡的掌控力,对爱的男人有惊人的忍耐力。拥有强大而细腻的感受力和理解力,看人待事一针见血。理智清醒,会选择多金厚道的男人结婚(但并不奢求男人专一,看得清也看得开),生活因物质安全而更显安全,爱情因男人厚道也更显安全。从年轻时的缥缈幻想,到结婚时的成熟实惠,她终于实现了曾用青春追寻的安全感,妥当着陆。

双鱼女

很理性,精明人。她的心里有杆秤,你对她好一分,她也会对你好一分,但绝对不会更多。其实她是一个很有想法的人,知道自己适合什么职业,一早就会作好准备,找时机就跳。这也难怪很多双鱼女可以把老公收得服服帖帖

3.宽恕他人,没有不可原谅的罪行

就像在影片《岁月惊涛》里的片段一样,一个简单粗暴的父亲,一个美丽柔弱的母亲,和三个孩子。每当父母亲发生冲突争执时,"每当我们兄妹需要逃避时,就会进行一套仪式,我们找到一个没有痛苦、寂静又能安抚心灵的世界……"三个孩子总是会不约而同跑到湖边,一头跳进湖里,手拉着手躲在湖面下。这对他们来说,是一个安全的地方。从精神分析的角度,跳进水里,意指躲回母亲的子宫,影片通过这种方式,暗示孩子们对母亲的过度依恋。

孩子有他们的躲避方式,那么对于那个忍受暴力的柔弱母亲来说,她却是这个家庭中最强大的,她控制着一切,她用爱来温柔地控制着她的三个孩子:把每一个孩子叫进房间床边,母亲贴近孩子耳边告诉他:"三个孩子中,你是我最疼爱的,我爱你远超过他们,我最爱你,你也爱我么?不要告诉任何人,这是我们俩之间的小秘密,你能保密吗?说你爱我。"

就这样,母亲用温柔的爱控制着每一个孩子,保持着对她的忠诚——做她永远忠诚的孩子。尽管最后那个家庭宣告破裂,但是孩子却在破碎的家庭里学会了宽容,因此影片结束时,说了一段话,儿子说:"我在纽约学会爱父母,尽管他们有缺陷、愤怒的本性。在家里,没有不可原谅的罪行,但如今是生命之谜支持我,我再度期望每个男人和每个女人都能有两段人生。"

这便是一个女人用宽恕换来的最好的结果,虽然有点遗憾,但是却是最完美的。这就是生活。

我们生活在这个世界,免不了和各种各样的人打交道,也免不了会出现矛盾,产生不愉快的事。一旦遇到这种情况,如果让矛盾激化,那事情就有可能无法收拾,你也可能因此失去一个朋友,而多了一个敌人。此时最好的解决办法就是宽容彼此,双方都能主动退一步,化干戈为玉帛。

当两个人之间产生矛盾的时候,女人常常会认为错在对方,认为对方应该主动前来道歉。可是,一旦选择这样的情绪,就必须花很长时间消除心中的不满,这就等于把自己的情绪交给别人掌握。何必要为难自己,不如主动先退一步。

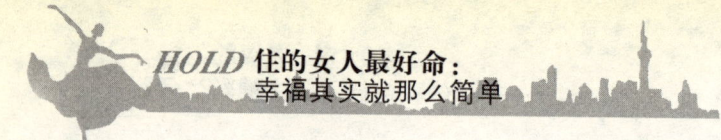

　　换个角度想一想。每个人都有犯错的时候，有的错误还是无意间造成的，是无心的。假如你是那个犯错的人，是不是希望你"得罪"的那个人能原谅你？如果对方原谅你，你的心情又是怎样的？如此这样的想一想，做到宽容对方也就不难了。

　　宽恕得罪你的人。其实可能这个人得罪你不是有心的，或是出于无意的，或是因为恐惧。不要以为得罪你的那个人心情就很好，说不定对方的心里也不好受，所以有的时候不要因为别人得罪了你就记恨，甚至中断你们之间的关系，这是绝对没有必要的。

　　试着按以上的三点去做做看，你就可以掌握什么是宽容，学会宽容。宽容是良药，可以治疗人和人之间的矛盾带来的伤害；宽容是橡皮擦，可以擦去人和人之间的互相伤害。会宽容的女人不会因为愤怒伤害到自己，不会用生气来惩罚自己。

　　当爱不在，请学会放手，这是放下对他人的惩罚，也是放下对自己的不快。没有什么过不去的坎，一切都可以交给时间来疗伤，同时，宽恕别人，原谅别人的错，你还可以获得很多的好处，每一个好处都与幸福有关。想知道有哪些好处吗？仔细朝下看。

宽恕带给女人的健康好处

　　第一，降低血压。

　　血压增高，手冰凉是人生气时身体常有的一种反应。如果你爱生气，如果对别人的伤害耿耿于怀，你就需要检查一下自己的血压是否升高。专家告诉我们，一旦你宽恕了他人对你的伤害或者过错，你就不会那么生气，血压也就会降下去了。

　　第二，减轻压力。

　　心眼小的人，压力也大，这是因为很多事情装在他心里，讲不出来，也放不下。一个人总是扛着压力，那会是一种什么状态？身体能好吗？一个人若是宽宏大量，什么都想得开，包括别人对自己的伤害，那么这个人就一定是无事一身轻。心里没包袱，生活、工作都会很快乐，幸福也会随时来到你身边。

　　第三，稳定心律。

一般人的心律在每分钟七十左右。生气的时候，特别是面对面争吵的时候，心律一定会加快，从而增大心脏的负担。如果一个人总是不肯原谅他人的过错，气愤不止，心律就很难恢复到正常范围内。为了不给心脏更大负担，弄一个宽宏大量的胸怀，我看比什么都强。

第四，拒绝抑郁。

想不开、心眼小的人最容易心情抑郁。学会宽恕至少会减少很多令你抑郁的机会。不信的话，可以问问已经抑郁了的那些人，他们一天到晚大脑忙得很。他们想的并不是如何过好生活、如何做好工作，相反别人如何对不起自己的地方隔三差五就要拿出来"晒"，唯恐忘得一干二净。这样的人不抑郁谁抑郁？

第五，减少焦虑。

不能宽恕别人的过错往往有这样一种情绪，好像别人都在跟自己过意不去。人家从他眼前经过，没有跟他打招呼，他也觉得对方对他有看法。殊不知，是他对别人的"不是"耿耿于怀才使人家少说为佳，唯恐哪句话不到位让他老人家生气十天半个月。

第六：心理健康。

心脏病、糖尿病以及癌症等很多疾病都属于"心病"，即与人的心态有一定关系。人的心病又从什么地方来？有相当一部分是因为无法宽恕他人的过错而产生的。可以这样讲，学会宽恕他人在某种程度上可以大大减少感染心病的几率，甚至还能拆毁很多疾病的温床。

4. 三思而后行，多一点考虑少一分阻碍

都说恋爱中的女人智商为零，其中不言而喻，女人很容易在感情中迷失自我，变得感性和冲动，变得多疑和敏感，变得执拗而不去考虑后果，最后当自己义无反顾、飞蛾扑火之后，带着遍体伤痕，才独自去舔舐伤口。

世间很多的悲剧往往不是事情本身，而是女人的思维方式。每当面对不公平的待遇时，女人不会去想，怎样考虑可以保全，怎样可以取得发展，而是一味地去抱怨。于是女人都在感慨：做女人难，做女人累。她们的心思不是放

在自己的生活、工作和幸福建设上，而是胡思乱想：丈夫是不是有了外遇？为什么自己总是感到受忽略？为什么自己总有操不完的心？为什么和别的女人相比，自己总是最惨的那一个？

你有没有自己反省过？有多少焦虑是不必要的，有多少操心是作茧自缚，有多少猜疑无济于事，有多少不幸无能为力。我们都知道，这个世界上没有完人。如果你硬要说世上有完人，那么这样的人也轮不到你，王子公子英雄豪杰有一大堆呢。没有完人，即意味着任何人都可能在某方面经不起比较，尤其是把他的短处和别人的长处比。不幸的儿童都有共同的不幸：他们被比傻了，语文比张三差，数学比李四弱，英语比王五烂，好孩子都在别人家……这些不幸的儿童如果成年后落入不幸的婚姻，就会发现童年阴影再现：他不如张三幽默，李四比他有钱，王五比他能混，好老公也都在别人家。与其去猜疑和担忧，不如把幸福的筹码放在自己的身上，走出迷失自己的心理沼泽，你会发现海阔天空，生活更精彩。

无论是面对生活还是事业，无论是男人还是感情，女人都必须学会三思而后行，因此要从根本上把握幸福，只有女人自己。从现在开始，从自身开始，去多考虑和把握如何发展和驾驭未来，才能掌权生活和家庭，从而在根本上减少不必要的阻碍。

胡思乱想不如完善自己

女性的细致、认真、敏感，使她们在某些方面比男性更有优势。但从另一方面来说，女性也有心胸狭隘、多疑、偏执、完美主义、情感脆弱等缺点。

熔儿在搬家时偶然发现了丈夫过去的一本日记，了解到丈夫以前和恋人之间的一些事情，从此，她就天天审问丈夫这是怎么回事，而且她自己还把日记反复看了多遍，熟记在心，走到哪里，都会回想起丈夫过去是否和别人来过这里，做了什么，等等。这令她非常痛苦，整夜整夜地睡不着觉，白天也无心工作。他们的孩子都上小学了，熔儿不想和丈夫离婚，但也不能原谅丈夫，就这样互相折磨，使丈夫也痛苦万分。

有许多女性虽然没有上述这样极端的行为，但她们也还是常常容易怀疑丈夫或男友的忠诚，把很多精力用于胡思乱想。她们不仅对对方缺乏信任,更缺乏自信。我经常问她们:"人生的时间有限,我们拿多少时间来真正考虑自己的生活、工作和娱乐呢?我们是否值得把这么多的时间来想一些不相干的人和事呢?"有些人听后会恍然大悟,觉得自己是应该多考虑自身的成长,与其像看贼似的看住丈夫,把自己折磨得心神俱损,容貌憔悴,还不如更关注提高自身素养,完善自己。看人往往是看不住的,把握自己才最重要。自信、自爱的女人才有魅力!

不能奉献得没有了自己

一个人的性格一半是源于遗传,还有一半是由于后天的环境影响和教育。女性在成长过程中,家长会不自觉地给她们过多的保护,女孩似乎就应该比男孩娇气一些,男人就应该帮助女人。结果导致女人比男人有更多的依赖性。

许多女性结婚以后主要精力都放到了丈夫和孩子身上,觉得有丈夫在外面奋斗就行了,夫贵妻荣。当丈夫的事业发展了,孩子长大成人了,她就变成了多余的人,在别人眼中毫无吸引力,自己也感到很自卑。

女性身上的母性使自己愿意无私奉献,但女性一点也不考虑自己的成长、事业和爱好,很快就被奉献空了,最后失去自我。即使家庭很富有,女性也应该有自己的事业和空间,因为女性的自信来源于自立。

秦菲嫁人以后就成了专职主妇,每天的主要工作就是做做家务,逛逛街等。老公工作繁忙,无暇顾及她的寂寞,朋友们又都要上班,没谁陪她消遣,秦菲越来越苦闷,觉得自己怎么就成了黄脸婆了呢?后来,在心理医生的帮助下,秦菲做了一个SOHO女人,整天既休闲又忙碌,不再有时间去关注老公的电话和脸色,结果倒成了老公经常关注她的行踪,欣赏她的新生活。

有人把女人比喻成一本书或一所学校,但是,如果没有了新鲜的内容,那还有什么吸引力呢?所以,女性在关心家庭的同时还应该多关心自己的事业发展、人格修养,让自己的生活充实起来。

女性的快乐来源于自己

女性的情感是丰富的,容易多愁善感的,那么女人的快乐应该来源于

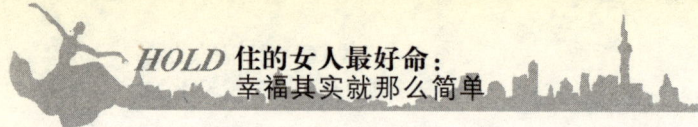
谁？许多女性埋怨丈夫爱她不够，对她不浪漫，不体贴，不理解，自己感到很烦恼。

小羽的丈夫以前对她特别关爱，经常要送她小礼物、卡片什么的，情书也往来频繁，令她感到非常幸福。可结婚几年后，丈夫的工作越来越忙，对她也越来越冷淡，竟然忘记了他们的结婚纪念日和她的生日，使她特别难过。是丈夫不爱自己了吗？还是另有所爱？她开始怀疑有没有永恒的爱情。

其实，夫妻两人的关系并不是一成不变的，而是发展变化的，从浪漫到现实，从鲜花到果实，过去丈夫经常送卡片，现在就得考虑给家里挣房子挣车了。刚结婚的3年内，两人处于迷恋期，之后就进入依恋期了。女人应该考虑自己创造快乐，而不是等待别人给予快乐，变成感情的乞丐。女人可以有自己的社会交往、自己去购物、健身、旅游、学习新技能。让自己活得更有价值，女人才能更快乐。

别用爱把丈夫隔离起来

不管怎样走出去，女性还是比男性更关注家庭，也更受制于家庭。女性和公婆的关系就比丈夫与岳父岳母的关系难相处，因为某些女性很敏感，过分关注自我的感受。其实，女性多关心一下别人的感受，许多关系就能处得很好。许多人不自觉地只想到自己的需要和爱好，并不愿意考虑别人的需求，从小在倍受大家的呵护中成长起来的人更是如此。

林灵结婚才一年多，夫妻关系一直很好，其先生是大家公认的好好先生。近来，婆婆从外地搬来和他们同住，先生是个十分孝顺的儿子，因为工作特别忙，就希望妻子能够多照顾他母亲。可林灵一直在丈夫的宠爱中生活，现在家中又多了一个人分享丈夫的爱，陡然觉得心理很不平衡，自然对老太太就有些出格的举动。她一心想的是自己如何被丈夫忽略，要争一口气，却一点也不考虑丈夫的需要和感受。其实，她只要对他妈妈好，他就一定会回报更多的爱。一些聪明贤惠的妻子对丈夫前妻的孩子特别好，结果事半功倍，赢得了丈夫和孩子加倍的爱，可有的人却想不到这一点。

成语说"爱屋及乌"，在夫妻生活中应该也很合适，和丈夫的至亲家人争宠最终很可能会打翻他爱的天平。

别让自己变成碎嘴婆

女性对待爱情的态度在结婚以后会有一些变化，不自觉的表现出要制服丈夫，而不是尊重丈夫。新婚夫妻在甜蜜的同时总是避免不了许多争吵，这些争吵的焦点就在于"谁说了算"。

小关夫妇刚刚结婚半年多，却为一些小事吵得不可开交。他们都是受过高等教育的知识分子，平时温文尔雅，可在家里吵起架来却是另一翻面孔，为什么呢？原来是为了争夺家庭中的"领导权"！丈夫以前自由自在惯了，东西随手乱放，不太注意小节，小关就不能容忍，一定要改造他。等丈夫一回来，小关就盯着他，一会儿嫌他碗没洗干净，一会儿嫌他乱扔袜子，变得越来越爱唠叨。丈夫觉得家就是放松的地方，结果搞得比在单位还紧张，于是越来越不爱回家，而妻子的抱怨也就越来越多，形成恶性循环……

其实，尽管你已经做了很多家务事，但功劳却被唠叨给抵消了，丈夫不但不感激反而很反感。聪明人的选择是：(1)做而不说；(2)两人一起做；(3)不要管他，让他自己做。总之凡事不能太苛求完美，要睁一只眼闭一只眼。这样，两个都不会觉得累了。

别把母爱变成一种专制

在家庭里，母亲要承担更多的教育孩子的责任，但是，女性的许多性格特征却影响了孩子的心理发展。例如，女性的认真和细心，反而限制了孩子自己的感觉功能和组织能力，孩子一切都依赖母亲，自己则丢三落四、粗心大意；女性的勤劳让其忍不住要对孩子的一切包办代替，而使孩子的动手能力、生活自理能力极差；女性对孩子的过度保护，使孩子不敢面对外面的社会；女性的敏感、紧张，对孩子身体和学习的过度关注，容易使孩子变得神经质；女性的唠叨让孩子失去了自信心和自己的价值观……

这种过分保护、过分关注的母爱，实际上演变成了一种专制，会严重地影响孩子心理的健康发展。女性可能是各个方面的专家，但要做好母亲，首先要成为儿童心理学家，因为对待孩子只有爱并不够，还要有科学的知识和方法。

TIPS 你现在的心态容易被哪种男人骗？

想知道你现在的心态容易被哪种男人骗？来做个小测试就知道。姐妹们可要看清楚哦！

1、你觉得你是过了三十岁，都还会对爱情产生幻想的人吗？

□ 是的→2

□ 不是→3

2、你身边相亲成功的案例多吗？

□ 挺多→3

□ 比较少→4

3、你在异性面前发过狂吗？

□ 发过→4

□ 没有发过→5

4、有时候你的感情不顺利，会觉得这是因为你运气不够好吗？

□ 是的，拿来安慰自己不错→5

□ 并不认为，可能是缘分的因素→6

□ 什么运气缘分，全是人在作怪→7

5、你正式地相过亲吗？

□ 相过→6

□ 没有→7

6、你觉得网络相亲靠谱吗？

□ 还行→7

□ 不靠谱→8

□ 没家人介绍的靠谱→9

7、你是个宅起来的时候不理任何人，玩起来后玩得很疯的人吗？

□ 是的→8

□ 不是，任何时候都疯→9

□ 不是，基本上一直很宅→10

8、你家里是在你哪个年龄段开始催你找男友的？

□ 23之前→9

☐ 24左右→10

☐ 27左右→11

☐ 30之后→12

9、如果有可能，你觉得恋人最好还是从哪里找？

☐ 朋友当中→10

☐ 熟人的同学或朋友→14

☐ 同事→12

10、跟相亲的对象见面，你觉得最好是约在哪里？

☐ 公园里→11

☐ 餐厅里或咖啡厅→13

☐ 电影院→12

☐ 广场上→15

11、你不想去见这次的相亲对象，会穿着很随意，说话也很随意吗？

☐ 会，为了吓走对方→14

☐ 不会，不管怎么样不能输人→F型

☐ 会随意，但不是为了吓走对方，只为自己舒服→13

12、你相信爱情奇迹会降临到你的身上吗？

☐ 相信→A型

☐ 完全不相信→13

13、你觉得你所经历的感情中，这些男人全都是不靠谱的吗？

☐ 是的，相当不靠谱→E型

☐ 有一部分不靠谱→B型

☐ 都挺靠谱→15

14、如果你点了一杯咖啡，而相亲对象只点了一杯白开水，你会觉得对方是因为什么原因？

☐ 不想买单→B型

☐ 为了省钱→16

☐ 纯粹只喜欢喝白开→F型

☐ 其他原因→16

15、如果你要去见相亲的对象，你会穿什么衣服？

☐ 黑白的职业装→E型

☐ 带花色的裙子→B型

☐ 休闲衣服→C型

16、刚开始的时候，你对相亲充满好奇且怀抱希望，后来相多了你的感情可能是？

☐ 麻木→C型

☐ 绝望→D型

☐ 畏惧→A型

A型

色狼猥琐男

你是单纯的，觉得相亲也不过是认识朋友的途径而已，可是这样的你却容易遇到一些并不单纯的人，他们是直白的，是有色心的，一旦看上了你，就会"打开天窗说亮话"这样的话题，会让你马上对男人觉得绝望，会拒绝跟一个如此猥琐的直男来一场相亲。因为过程实在是让人倒胃口，话题实在是让人觉得恶心。

B型

软饭男

可千万别以为男人都有自己的骄傲与自尊，才不会屈尊于女人脚下任由女人摆布。事实上，这个社会也存在相当大的一部分软饭男，他们吃女方的用女方的，还不觉得羞耻。而一直努力奋斗的你，相亲的时候却最容易遇到这样的男人。他们一开口便是问你的工作薪水家庭背景身家财产。一旦听说你有房有车，父母还不用你赡养的时候，两只眼睛就会如同看到猎物的狼一样，发出绿光。他们会对你穷追不舍，图的可不是你这个人有多好，而是追到了你，就如同追到了一张长期的饭票，有什么途径是比自己奋斗还要容易成功的事情？当然有，就是当一个极品软饭男。

C型

爆发户嘴脸男

有一种男人，他巴不得你去追问他有多少个人资产，是否有房有车，是不是位居高职，是否拿着不错的薪水。即使你不愿意去打听这一方面的东西，他也会主动地告诉你这一切，还夸夸其谈用以证明自己是多么有能耐，多么成功的一个人。可是这一切在你的眼中看来，都没有必要如此急切表现。因为相亲只是刚接触而已，就像你从来不会去问一个刚认识的朋友太多私人的事情，因为你们的关系还没有发展到那么熟识的地方。这样的男人一副典型地主老财模样，却让你感受不到其他丝毫的魅力。

D型

小市民心态男

有的人天生就是一副小市民的心态，先不论相亲的时候会不会考虑聊一些轻松有趣的话题，或许他一上来就是跟你聊房价又涨了多少，聊物价又上涨了多少。在你的心中，虽然柴米油盐人人都要接触，可是生活本来就已经很不容易了，为何还要在相亲的时候还谈论如此沉重的话题。更何况，那个人还在谈论的过程中，给你一种庸俗不堪的感觉，整个儿一小市民，或许喝杯水都还要考虑花了多少钱。这种小气鬼，还是要敬而远之的。

E型

情陷过去男

虽然一直忘不掉上一段感情的人大有人在，但是你是受不了相亲的时候一直跟你谈他的初恋前任的。因为在你的心中，谁还没有一份或几份感情，都沦落到相亲的地步了，还一直谈论过去的事情，实在不是太会尊重这次的相亲。而且那个人纯粹把你当情感垃圾筒了，什么东西都往里倒，却不会考虑你的感受。一个劲地大聊特聊感情史，至今念念不忘，你又不是当一个情感咨询家，凭什么要接受他的感情垃圾。

F型

太爱表现男

这一类人其实并不算太极品，只是行为模式与语言交流实在是让你找不到任何共同点，整个相亲过程他都在一个劲儿地说，说个不停，却从来不给你发挥的机会。即便你好不容易插上了话，他也会将你的观点一一地拍砖拍回去，让你有一种想一砖头拍死他的冲动。因为在你的眼中，他是如此不绅士、没风度，也显出他是一个比较注重自我表现的人，跟这样的人交往，如果你没有当他一辈子陪衬，在他背后一言不发的人的觉悟的话，还是珍爱生命，远离这样的自私且自大的极品男人。

第五章

主动寻找幸福

——恋爱可以，但不能滥爱

　　男人选择女人凭感觉，女人选择男人靠直觉。

　　万一不幸女人选错了男人，要么选择忍受，要么创造奇迹努力去改造，但这难度很大，所以与其被动，不如主动选择好男人，恋爱可以，但千万不要"滥爱"，亲爱的女人，擦亮你的眼睛，来看看，这几类男人要慎之又慎。可以说以下男人是女人出嫁的大忌，必须引起女人特别的注意。

关于劣质男——死也HOLD住不嫁

女人选择什么的男人把自已嫁出去,什么样的男人是好男人?

这并没有标准的答案,因为所谓的好男人其实永远只是相对的,抽象地谈好男人的标准对女人对婚姻对家庭并无实质帮助。女人只要掌握一点:适合自己的男人就是好男人,无论他在别人眼中是好还是坏,只要你认为他适合你,你跟他在一起能幸福,那么他就是好男人。好男人只存在于具体的某个女人的心中而不是抽象的所有女人的心中。

但即使这样,女人仍然必须要避开以下几类男人——无论他在外人看来多么的优秀,无论他看起来多么的帅气或是女人认为他有多么的适合自己。

女人什么都可以糊涂,唯有对这几类男人必须保持清醒。

*1.*软饭男——完全可以考虑一脚踢开

吃老婆软饭的男人总是打着迫不得已的幌子,以失意或失运等理由,为自己的软弱无能找个托词,这样的男人还能算是男人吗? 有人总说,男人主要是给女人以精神依靠, 经济物质的是其次, 女人真正爱的不是男人的钱财,这当然没错,真正负责任的男人当然要对妻子忠贞,给妻子以精神依靠。

可什么是男人的责任? 大部分人却错解了男人的责任,男人的责任当然在于对妻子对家庭的责任,只是不要把这种责任只限于精神层面的,而首先应该是物质层面的, 试问一个男人连老婆孩子都养不活或者是让老婆孩子过得很苦,你能说他是一个负责的男人吗?

一个真正有责任感的男人首先得是负起家庭的经济责任,这是一个前提,是基础,连这一点都做不到,其他的一切都是空谈,是花言巧语的骗局罢了。

软饭男人共同的劣根性就是懒惰和吃不了苦还有那可怜的自尊。你说他懒吧,他玩起来还挺积极,比如玩游戏看电视或找麻将之类的;你说他吃

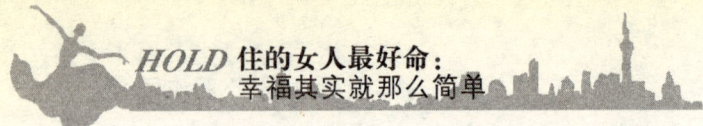
不了苦吧，他能够通宵打麻将。更可悲的是他那残存的自尊，心还不小，一般性的工作他还看不上，男子汉大丈夫岂能做那些低三下四的工作？呜呼，悲哉。可吃软饭就吃软饭吧，在家里多少也帮着做些家务，至少操心下孩子的事吧，他却非但不做这些，脾气还挺大，难伺候。因为他们身上所谓的敏感、脆弱，其实不过是为了掩盖自己心安理得去吃软饭的借口罢了。

家有"软饭男"，女人怎么办？

在中国这个有着几千年封建传统的国家，"男主外，女主内"是一直以来的传统，妇女在婚后大多放弃工作事业在家中相夫教子，但随着社会和历史的变迁，这种观念已悄然发生变化，女人的地位越来越高，工作出色事业有成也是女人的追求，于是出现了因为妻子收入高，男人辞掉工作回家专心料理家务的新型"软饭男"，这当然只是一种家庭分工的转变罢了，不存在可悲不可悲的问题，是社会发展中的一种必然要出现的正常现象。

我今天要说的并非这种新型的"软饭男"，而仍然是我们传统意义上的"软饭男"，即不愿自食其力而依靠老婆养活自己的男人，所谓吃软饭的男人。

我有一个女同事，博士学历，事业谈不上有成但也还不错。她的老公是大专毕业的，她则是本科毕业后工作分配到一个普通的医院上班，工作几年后老公不思进取，家庭经济状况不佳，形势所逼，她无法说服老公进取，就选择了自己去考研，研士毕业后，有了小孩，到一个新的单位工作几年后，一切似乎并没有什么实质的改观，老公还是老样子，不思进取，典型的吃软饭的男人，要靠老婆养家。

这样家庭压力仍是很大，于是我这个同事又再一次选择了考博，为了现实的经济问题，她选择了苦读，当然读博还是多少改变了一些命运，博士毕业后她就来到现在我们这个城市，一个沿海城市，一个大学的附属医院，各方面收入当然比以前好了不少。自然她老公也跟过来了，6岁的女儿也跟过来了，可唯一没有改变的就是她那个吃软饭的老公，本来到了一个沿海城市，又是一个新的城市，可以重新开始奋斗，可她老公仍旧是那样，找了一份工作也是瞎混，收入还不够自己用。关键是他一点也没觉得不好意思，工作不认真做，心安理得地花自己老婆辛苦挣的钱。

　　苦的是我这个同事，三十五六岁的女人看起来像是四十五六，没日没夜，除了工作还要带小孩，接送小孩上幼儿园也是她的事，回家还得做饭。

　　我们都很不理解她的所做所为，为什么要这样无条件付出？这样的男人不值得付出，这样的男人没有一点值得可爱之处，没学历，没能力，没工作，没骨气，又懒惰不思进取，也许他只是孩子她爸罢了。

　　在一个房价高得惊人的发达沿海城市，靠一个人支撑的家庭可想而知，所以我这个同事有点视钱为生命，甚至到了一定程度就疯狂敛钱，我们都觉得她过分，既同情她又鄙视她。难怪人们都说，女人的长相三十年前是爸妈给的，三十后是生活给的，嫁给什么样的老公，过着什么样的生活，都显现在女人的脸上。

　　家里有个这样的软饭男人，女人是否就只能忍气吞声就此认命？当然不是。

　　软饭男当然需要关爱，但决不值得同情可怜。可怜、同情，只会造成他们对吃软饭的"理所当然"。这碗饭比硬饭好消化，不用费什么力气嚼，便可一口咽下。

　　对待软饭男，女人当然首先要给他机会重新站起来，给他改过的机会，而且女人必要时也要给他压力，不能让他总是心安理得，他不去奋斗，你替他奋斗也许可以平衡家庭的经济来源，但却加深了他的劣根性。

　　所以给软饭男人的机会不能是无限期的，如果真的劣根性不改，也许离婚是女人最好的选择，这不是破坏家庭的完整，而是对人性基本的尊重。

　　爱不是完全无条件的，也不是单方面的，也许你爱他所以纵容他，但他对你却没有爱，有的傻女人也许会固执地认为他还是爱你的，可什么是爱呢？难道就是口头上说说吗？实际行动呢？只知吃软饭的男人能真正懂爱吗？一个连老婆都不懂怜惜的男人根本就是一个冷血男人，更谈不上爱。这样的男人，女人完全可以考虑一脚踢掉，一个人过也许苦，但至少少个累赘，省力也省心。

　　你也许有一层障碍，就是孩子。孩子是女人永远的牵挂，为了孩子，女人也许只能选择默默承受，可小孩也不是你一个人的，当然男人也许更狠心些，他能放下你放不下，可静下心来想想，这样的家庭岂不是教给孩子学会好吃懒做的极好模板吗？勉强维持这种让女人窒息的家庭对于孩子的成长教育未必有利。

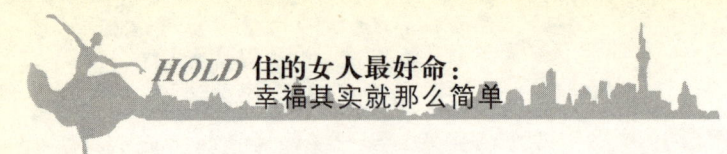

TIPS　软饭另分类

第一款：合作型。

他们并不是要占有女方的财产，而是想借助对方积累的社会基础、人际关系等优势，为自己搭建一个创业平台，以便两个人共同去打造事业。

我认识一个相貌堂堂的小男人，年龄26岁，他找老婆的标准就是：有稳定收入，要月收入比他高的姑娘，因为他每个月的收入不足两千，如果对方收入也是如此，那么在供房、养子、养老的事情上，就存在着危机；文化层次不低，这样才能通情达理容得下他低收入的现实。在他的概念里，婚姻就是一种投资，感情与经济付出一定是渴望回报的，他期望在婚姻中得到的是更加安逸而并不辛苦。

第二款：投机型。

他们大多相貌不错，又比较有生活情趣，但在事业上没有特长，一旦想找伴侣时，容易怀着"投机"心理，希望找到舒适安逸的新生活。他们找交往对象时不太计较对方的外形、年龄，而主要考虑财力，即使自己结婚后做"家庭煮男"也无所谓。

第三款：依赖型。

他们过惯了锦衣玉食的生活，外表看上去风度翩翩，谈吐不凡，但在事业上一事无成。这类男人很会讨好女人，且外形出众。一些感情空虚、家产殷实的独身中年女子，也乐得选择这样的伴侣。

2.果断离开暴力男——成功与否攸关人身安全

近年来，因家庭暴力导致夫妻感情破裂、婚姻解体的案例呈上升趋势，家庭暴力已成为仅次于婚外情导致夫妻离婚的又一大杀手。

家庭暴力所造成的危害到底有多大？不难想象！要知道，无论我们的配偶做错了什么，我们都没有权利去伤害对方，婚姻关系也没有赋予我们这种权利。施暴者的行为会使受害方的身心受到摧残，人身安全得不到保障。没有安全感的婚姻能维持多久？三个月、半年抑或一年，压抑的情绪将会引发一次又一次的暴力行为，犹如火山爆发。而其所带来的结果也是灾难性的，夫妻间的情感打没了，家庭破裂了，更有甚者施暴者将被追究刑事责任。

习惯对老婆施暴的男人，往往有两种心理原因，一是报复心理，二是自卑心理，也有少数男人可能是自身强势、厌恶对方或猜疑心理在作祟。可无论出于什么心理，"女人是用来疼的，老婆是用来爱的，而不是用来打、用来骂的"，不管他幼时有怎样的经历，都不能成为同情他、怜悯他、原谅他的理由。

施暴是会上瘾的。一旦他们在家庭暴力中得到某种快感，很易上瘾。你不要指望自己能救赎他，碰到这样的暴力男，还是果断离开吧。

果断离开"暴力男"

"走，我带你去验伤！他把你打成这样，你还不离开？还是觉得他爱你？"真不敢相信，平常在连续剧里才能看到的傻女人竟然会出现在我身边！

小雷第一次对小莉动手时，我就劝小莉务必离开。一般人很难把"暴力男"和温文儒雅的小雷连接在一起。暴力男和长相无关，他们更不会在脸上写上"暴力男"三个字，所以我区分暴力男的唯一方法就是看他打不打女人，只要动手打女人的男人都是暴力男。但偏偏有很多傻女人，暴力男打了她们，只要他们忏悔、对她们好一些，她们立刻就忘了他们带来的种种伤害。有暴力倾向的男人往往有一就有二，小雷也一样，自从第一次打了小莉后，出手一次比一次重。作为小莉朋友的我心疼不已，一直劝小莉说赶快离开这个暴力男。

但每次小莉看到小雷下跪道歉、流泪许诺心就软了。她一次次原谅他的冲动、他的坏脾气，但他每次说过痛改前非就又忍不住动手。

当小莉哭着说分手，说再不能忍受时，小雷居然拿出刀，说自己不能离开小莉，如果小莉一定要抛弃自己，他就选择两个人同归于尽。小莉吓坏了，她不能想象，以后永远生活在这种可能恐惧中，现在唯一的方法只能求助家人、求助法律。

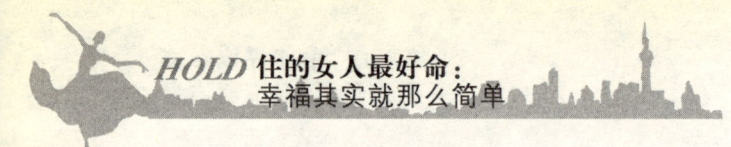

如何和暴力男说分手

和"暴力男"谈分手是很重要的事,成功与否攸关人身安全。

"渐渐离开"是很重要的概念,因为"分手"两个字是最容易让暴力情人抓狂的导火线。在听到"分手"两个字后,暴力情人往往会求合、恐吓威胁、精神虐待,甚至是伤害杀人……如何远离这些让人胆战心惊的行为,保障自己的安全、全身而退,是每个遭遇暴力情人的人都应该好好思考的问题。

与暴力情人分手要慢慢来:先放一些分手的信息,或先稍稍疏远一些,观察一下他的反应和情绪,如果没什么太过激的反应再进行下一步,要循序渐进地慢慢谈,千万不要冒然摊牌,这有可能刺激他的非理性。

光天化日下谈分手:选择在公共场所谈分手,找朋友共同前往,别单独赴约,若他对你的设防行为不悦,你就请朋友躲在附近等你,这样也可就近保护。

小心说话:先推想他听到"分手"两字后可能有的反应,然后再选择自己说的话,如面对暴力男时千万别批评、刺激他,千万别说已另外有男朋友,这些都是哪壶不开提哪壶的惹火话,严重的还会惹祸上身。

警戒总在分手后,必要时要勇敢求助。

如果有"暴力情人",分手后往往才是恐惧的开始。比如说你会时常接到无声电话, 对你软硬兼施、甚至恐吓威胁求你回来, 下课或下班时被跟踪……给自己、家人和朋友带来巨大的精神上压力。

面对分手后的痴缠,你的态度要温柔而坚定,千万不要再与"暴力情人"有感情上的纠缠,更不能心软答应复合,重返炼狱的轮回。分手后你应该多花时间与精力在自身的安全上,告诉朋友或家人你所遇到的情况,如果对方真的出现暴力的行为,就立即向专业机构求助,甚至报警。

你要知道,你现在所面对的他已不再是从前的"良人"了,他生病了,应该接受专业的辅导,这已经超出爱情的力量,你所要做的就是保护好自己的生命,不要再当"受虐者"。

你值得更好的对待,勇敢地和"暴力男"说再见吧!

什么样的男人会家暴？

家庭暴力是一个普遍存在、同时急需解决的社会问题，据全国妇联统计，家庭暴力在普通人群中发生率已经超过三成。针对家暴，来看看到底是哪些雷区触痛了男人"家暴"的神经，令很多人多年来始终挣扎在家暴的痛苦中，甚至一辈子都没能摆脱这样那样的暴力侵犯。

标志一：在家易情绪失控

很多人以为，施暴的男人，往往是很容易情绪失控的，是冲动型人格。但实际上，我见过许多在外面冲动，随时有可能和人打架的男人，回到家后却从来不碰老婆一个手指。

一些事业型强人，在外面是非常跋扈的，也很容易情绪激动，但他们回家都是不碰老婆的，所以看男人，不能把情绪失控归入一个类型，因为失控也是有区别的。

最危险的、容易家暴的男人，是那些"在家容易情绪失控"的人。

大家可以观察，那些在家会突然暴跳如雷骂老婆的男人，在家会摔东西砸东西的男人，动不动就拿老婆出气开刀的男人，基本上都有家暴倾向。

为什么在外情绪失控和在家情绪失控会有这么明显的区别呢？很简单，因为对男人而言，做事情往往有一个立场，那些在外面容易情绪失控的人，他们分得清什么是敌我矛盾，他们在外冲动，是为了把好处往家里面捞。

而在家里情绪失控的人，则恰好相反，他们已经分不清立场，不知道谁是自己人，他们是最自私的。

标志二：有吸毒、赌博等成瘾性恶癖

有成瘾性恶癖的男人不能要，这些恶癖包括吸毒、赌博、施虐、严重酗酒。

为什么不能要呢？因为这些成瘾性恶癖会让一个人性格改变，情绪失控，人格扭曲。有些人刚和你恋爱的时候脾气等各方面都很好，但就是有这些恶癖，还是不能要，因为这些恶癖是戒不掉的。

标志三：什么是道德无底线？

坏人就一定打老婆吗？不一定，有些触犯了法律的人，都有可能对家人非常得好，有些人盗窃只是为了家人，有些人犯法只是为了孩子。

他们触犯法律,但不是道德无底线。如果一个人连家人都不顾,为了自己,为了自我,宁可牺牲家人来换取自己的利益;当他为了高兴,可以去伤害亲人,让亲人去承受伤痛,那么这个人就是道德无底线的。

在家庭里面,无论谁都有生气的时候,都有激动的时候,但要控制住自己,不去动手伤害家人,靠的是什么?是控制力。控制力是什么?就是基本的道德底线,这是一个人的基础控制能力。

如果这个人本来就不在乎家人,完全的冷血无情,不忠不孝,那么当他激动起来的时候,伤害家人就成了家常便饭,家暴简直就是他发泄情绪的利器。换句话说,他根本不爱家人,也不爱妻子和孩子,那么他不高兴的时候,当然会打你。

标志四：自尊心重于生命

有一个案例:男人是自尊心非常强的人,他娶了妻子回来后,原本日子过得很好。但后来,妻子的前男友开始在外面不断传谣言,不断地诽谤他的妻子。这个男人听到这些谣言后,觉得很没有面子,觉得在外人面前他的自尊心受到了伤害。

这个男人的基本逻辑是:"女人不忠,男人宁可去死(事实上,他的妻子的事情只是谣言。)。"在这种奇怪的逻辑之下,男人回家后开始暴打老婆,不断地施行家暴,在他的潜意识里,自尊心是远远大于他自己的生命的,更不要说是妻子的生命。

总而言之,当一个男人把面子看得比生命还重要时,他身边的人一定是有危险的。因为只需小小的谣言,就可以击破这个男人的防线,让他把你当作敌人。

标志五：人格扭曲、精神疾病

最后一点,是医学上认定的一点。躁狂症、抑郁症、精神分裂、更年期精神病,这些都可能带来家暴。这些疾病是可以通过医学认定的,在平时的生活里也很容易分辨出来,对于女孩子来说,找一个正常的男朋友,不找脾气古怪的男友,能有效地规避这些问题。

3.颓废男——别傻，他不会为你改变

这个世界上，有一些男人是不思进取的。这些人也没什么不好，如果你是个想过小日子的人，也不希望生活有风浪，就指望着平淡过一生，那找不思进取男就对了。

而还有一些是永远追求成功的男人。他们更没有什么不好，如果你希望日子过得轰轰烈烈，自己的老公有出息，找这些人总归是对的。

但有一种人却肯定不能找，那就是他们有过追求成功的梦想，并且试图轰轰烈烈地大干一场，最后却失败了，然后再也不思进取，怨天尤人——这就是颓废者。

云一年前来到深圳，想在这座年轻的充满活力的城市奋斗一番。

她进了一家小公司，从开始的新奇中慢慢安分下来的时候，开始觉到一种陌生感。周末的时间，身边没有朋友，唯一的去处就是图书馆，在图书馆她认识了严。严34岁了，单身，周末跟她一样，没有去处，喜欢来图书馆。喜欢看书的人一定是有思想的，上进的。云对严产生了好感。两个孤单的人在这座快节奏的城市里找到了温暖。

两个人快速坠入情网，云搬到严租住的小屋，两个人开始一起在深圳奋斗。

严曾有过两次痛苦的感情经历。第一次是交往6年的女友因父母反对而被迫与他分手；第二次是因买不起房子而最终被抛弃。严在讲这些的时候，面无表情，眼睛一动不动地盯着天花板，似乎讲的是别人的故事。云默默听着，心底涌起莫名的悲哀，开始心疼这个的男人。

严在公司做程序员，平时工作压力很大，晚上回来喜欢玩网游。可是云更希望严像刚恋爱时那样手拉手一起在街头散步，或一起在厨房研究美食。可是现在常常是严在电脑前打网游，丢自己一个人在电视前看乏味的肥皂剧。

两年过去了，想想自己已经28了，严已经36了。两个人该想着买房成家了。可是严还是每日混着日子。两年里严的工作已经换第3份了。他不是受

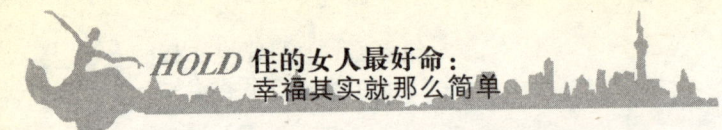

不了领导的颐指气使，就是嫌老板学历还没自己高，自己受不了那闲气。

　　偶尔，严喝醉的时候，也说起曾经的梦想。曾经他是他们村里最聪明的孩子，曾经他是班里学习最好的学生，可是上大学后才发现天外有天人外有人，学习好的学生太多了，而他家没有任何背景关系，工作要全靠自己联系。他一个人闯到深圳，一心想创出名堂，可是多年过去还是一个小程序员，而当年很多不如他的同学都开办了公司，有的发财了，有的升官了。只有他，工作没有任何起色，到现在还买不起房子，更不敢成家。

　　云希望严振作起来，但只要一说到理想，一说到存钱买房，严就开始发火："你也嫌我买不起房是吧，那你也走啊。"然后就喝酒、痛哭。

　　10月份，云发现自己怀孕了。她问严，严不吭声，低头抓自己的头发，随后说："我怕给不了孩子好的生活。"那一刻，云心碎了。这跟男人不但不能振作，更不能承担。他沉溺游戏，沉溺在颓废中，不可能给她和孩子带来保障。他们将来的幸福可能生活吗？

　　又过了两个月，云去了医院，因为云再承载不起这个孩子了，包括她和他的未来。孤单地躺在冰冷的手术台上，云的心彻底陷入绝望了。

颓废者有什么不好呢？

　　首先这些人已经不会有成功的希望，因为人们不管怎么被命运打击，只要往前走就存在着成功和翻身的可能性，而那些一蹶不振的人，是真正的输家，他们已经害怕得不敢往前了。

　　其次颓废者对生活有很多怨言，他们的脾气都不会太好，在家庭和婚姻里，总会呈现一种看不惯人的愤怒状态。这一点和不思进取男有本质的区别，过小日子的人是不会抱怨的，只安于生活，只有颓废的人才有那么多怨恨。

　　最后，颓废的人会带来很强的负面信息，甚至带动身边的人也颓废下去。他们会成为各种麻烦的制造者，自己绝望，也会令周围的人绝望。

4.不良嗜好男人——真的,他要的可能是你的命

对有不良嗜好的男人一定要切切留神,可以不要就不要。所谓不良嗜好,譬如毒瘾、赌瘾、痴迷游戏等,男人都是看似坚强,但内心脆弱的家伙,当痴迷一样东西时,往往难以自拔,最后家破身亡都有可能。

千万不要拿那些伟人成功戒瘾的例子来狡辩,我们能遇到的男人,一万个加起来也比不上一个伟人的心智,所以,请千万将男人想得坏一点,再坏一点。

这是个外地打工男,从河北追女朋友到杭州,现在打工为生,家里条件一般,优点是对女朋友非常好,特别会照顾人,每天嘘寒问暖,接送上班,隔三差五地就带女朋友去买衣服,有任何问题,他都可以帮女孩子解决掉。缺点是抽烟很凶,有时候跟河北老乡在一起赌赌小钱。

外地打工男的女朋友叫小叶,她和这男人是高中同学,两个人都是初恋。女孩子有一颗不平凡的心,希望到大地方来闯荡,而男人一直劝她回河北老家。就爱情来看,女孩子的感情其实并不深,只是这男人对她的确很照顾,十分关心,所以才割舍不下。

小叶在杭州的工作已经有了起色,但她男友却混得很一般,最重要的是,小叶的男友喜欢赌钱。打工挣那点钱都被输完了。所以男方希望两个人可以回河北老家结婚,声称回到老家后,就安稳过日子,绝对不再赌博。

小叶被男友的一再祈求软化了,就跟着男朋友回了河北老家。这个男人日复一日的殷勤关心,让小叶觉得,一定是值得托付终身的人,于是决定结婚。

刚结婚的那两年,他们生活得还算不错,两个人工作没有城市里好,但在小地方也足够度日,只是男人的赌博嗜好越来越严重,发展到上半天班赌半天的状态。

小叶苦劝不止,而且那个小城镇本来就是赌博成风,男人不赌几把似乎都不像是男人。最后男方家长出了主意,让小叶生孩子来绑住老公。

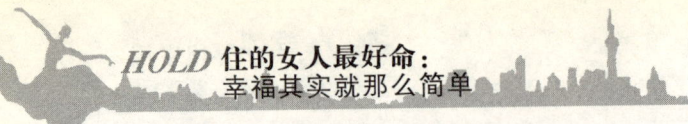

这就从一个错误滑向了第二个错误，因为矛盾而结婚，因为有问题而生孩子，都不是解决问题，而是逃避问题。

但小叶已经丧失了判断能力，真的生了小孩。那孩子刚出生的几个月，丈夫的确欣喜若狂，发誓再也不赌钱了。

小叶以为老公回心转意，终于放下心来，坐完月子后，一边照顾孩子，一边努力工作，希望能扭转生活的颓势。

好景不长，没过多久，小叶发觉老公又开始要钱赌博了，而且境况日益严重，随着输得越来越多，她老公已经赌红了眼，竟然连工作都不做，一门心思投在赌桌上。

小家庭能有多少积蓄？不到半年就已经输得见底了。接着那男人居然拿房产去抵押，想重新翻本，小叶吓得失魂落魄，怎么求老公都不肯收手，她实在没有办法，只能抱着孩子回了娘家。

在娘家住了两个月，公公婆婆找上门来，说老公已经把房产抵押的钱都输光了，公公婆婆求小叶回去住，说房子没有女人孩子住着，随时可能被人收走。小叶心又软了，带着女儿回去占房子，而老公声泪俱下，跪在小叶面前发誓再也不上赌桌了。

小叶以为，所有的厄运到这一步就终结了，但事情的发展，远远超出她的控制，再过几个月，她收到银行电话，说欠了十万信用卡账。

这下子，把小叶吓得魂飞魄散，赶紧回家问老公。原来他赌瘾发作，偷了小叶的信用卡去套现，输了十万，而这一次，欠账的是小叶。

夫妻俩爆发剧烈的争吵，男人还动手打了小叶，最后一走了之，丢下了小叶和女儿不管，也丢下了一屁股债给这母女。

小叶绝望到崩溃，她几次都想到自杀，但看到女儿终不忍心。小叶回想这么多年的婚姻，自己能留下来的就是抵押给别人的房子，几十万的欠款和一个赌得人不像人鬼不像鬼的丈夫。

而她再想起结婚之前，她在杭州有稳定的工作，有很多人追求，如果当时没有和老公回河北，就不会有这一天。

小叶的故事，是个非常大的悲剧。小叶错误地认为老公婚前举动是爱，这是大错特错的，那不过是男人在欲望满足之前的无所不用其极而已。

请记住：这种男人的爱情是一种欲求不满。

只要他们的欲求没有得到满足,就可以做出各种事情,献殷勤、甜言蜜语、泪流满面、痛哭流涕、下跪求饶,什么都可以做。

但这绝不是爱。

等到他们的欲望得到满足后,就根本不会在乎妻女,他们真正在乎的,只有自己。

剩女要当心! 男人的不良嗜好

生活越来越快、剩女也跟着越来越多,怎么钓到如意郎君的同时也请擦亮自己的眼睛,虽说人无完人、但也不能慌不择食。对一些原则性的问题绝对不能让步,有下列不良嗜好的男人能不找还是不找的好。

嗜酒

男人要是不能喝上两口似乎就算不上是"纯爷们",可啥都要有个度,正所谓过犹不及。一旦超过了这个底线就不是酒仙而是酒鬼。万一再赶上酒品不好的主,什么事件均有可能发生,还是有多远甩多远的好。

好赌

正所谓小赌怡情、大赌伤身。男人一旦沾上了"赌"字往小了说是倾家荡产、往大了说也许就是万劫不复。最可悲的就是这群深陷泥潭而不能自拔的人还总以为自己是千门圣手,大把钞票那是手到擒来、香车美女仿佛在朝着自己招手,却不知道那不过是黄粱一梦。

借钱

没钱虽然有些无奈,但却不会让人绝望。咱吃不了满汉全席、生猛海鲜的法国大餐,起码还有传说中御宅必备的泡面来满足我们的生活。俗话说的好,人穷志不短。毕竟对于我等庶民来说,想要出门抓个富豪千金、豪门公子的概率不亚于穿越到另一个时空去过太上皇的生活。

不怕没钱,就怕借钱,偏偏就有这么一类人,没钱的时候不去思考怎么赚钱,而是去寻思身边有谁能借钱给自己去挥霍。一来二去,从亲戚朋友到同学同事,宰了个遍。说到这里我们还可以安慰自己说人生在世,谁都难免、借钱还了就好。要真这样就不是不良嗜好, 而是值得大肆称颂的高尚情操了。借钱不仅不还,能拖多久就多久。长此以往、声名远播,这样的男友你敢

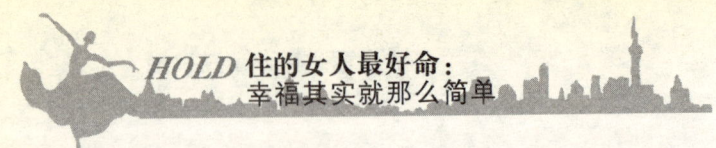

要吗？

毒品

毒品是猛兽，一旦吸食毒品戒掉很难，不但害了自己一辈子，更会将家人带入水深火热之中。一些隐君子毒瘾发作之时已经完全丧失理智，爱上这样的人，不但会赔上自己的幸福甚至会赔上自己的生命。

5.远离自私男——恋爱是两个人的事

自私男人心里只想着自己，有利益，自己冲在前面，遇到事情，就往别人身上推。爱情需要两个人共同努力才能维持，不要以为你忍辱负重，一心付出就能让他有所感动，就能换得他的珍惜和疼爱。一个男人若偶尔自私就罢了，但若是一个习惯性自私的男人，他只想自己能得到什么，生怕自己付出得多，跟他在一起，你只能委屈流泪，这样的男人还是趁早远离吧。

如果一个女人深深地爱上了一个男人，她就会将自己放得很低很低，低到尘埃里。张爱玲就是这样形容自己的爱情的。

女孩陈晓曦讲述了她初恋的故事。

陈晓曦大学毕业之后独自到北京工作，在那里，她遇到了比自己大一岁的男孩张毅。经过一段时间的接触，陈晓曦深深爱上了这个同为"北漂"一族的男孩，她甚至觉得自己可以为张毅做任何事。于是，在北京这个生存压力很大的都市里，两个相爱的年轻人住到了一起。

初尝爱情的甜蜜，陈晓曦将自己的所有都投放到了张毅的身上，无论是在生活还是在感情方面，她都将张毅照顾得无微不至。当时的她，认为这是顺理成章的事情。陈晓曦自小在北方长大，喜欢吃面食，张毅来自南方，从来都是吃米饭。两个人生活在一起后，陈晓曦就再也没有吃过任何面食，而是和张毅一起吃起米饭来；陈晓曦口味清淡，沾不得一点辣椒，张毅则是无辣不欢，陈晓曦做菜时总是将就张毅的口味，放很多辣椒，即便是自己被辣得胃疼。

张毅过生日，陈晓曦拿出一直不舍得花的绩效奖金给他买他喜欢的PS3游戏机，而等到陈晓曦的生日来临，张毅干脆忘得一干二净，还要拿出许多理由为自己辩解，连一个小蛋糕都懒得下楼去为陈晓曦买。

平时，张毅从来不会主动与陈晓曦分担家务事，因为他认为做家务是女人与生俱来的责任。他回到家只会坐在沙发上看电视，或者坐在电脑前上网、打游戏，等待陈晓曦给他把饭菜端上桌来。如果陈晓曦要求他或多或少地做一点事情，他会说那我就不上班，天天在家给你做家务吧！可他一点都没有想到，陈晓曦其实和他一样，白天在外打拼，一样有工作上的压力，一样回到家就已疲惫不堪。

分手的想法是突然在陈晓曦已经有些麻木的心里迸发出来的。当时这样的日子已经持续了一年。那一天，陈晓曦和张毅去逛街，回到家两人都已经很累。张毅说他想吃蛋炒饭，陈晓曦听话地走进厨房开始忙活，打开冰箱看了看，见里面还剩下一大碗米饭、几个鸡蛋、一个葱头和两根火腿肠。

陈晓曦熟练地开火，支起油锅，一会儿工夫就炒出了香喷喷的蛋炒饭。她用一个大碗盛好，端到外面的桌子上放好，然后回到厨房想再做个简单的紫菜蛋花汤。她想：今天很累，两个人随便吃点就可以了。

可是，等陈晓曦端着一大碗香气四溢的蛋花汤出来时，才发现张毅已经把蛋炒饭都吃完了。那么大的一个碗，连一粒饭都没剩下，碗沿光洁照人，映着她尴尬和气恼的脸。而张毅一副没事的样子不说，见到她手里的汤，上前接过去，一边悠哉游哉地看电视，一边一口一口地喝着。整个过程，他没有问陈晓曦一句诸如"辛苦了！""你吃了吗？"之类的话。

陈晓曦缩在被子里偷偷哭了一个晚上。第二天，张毅下班回家的时候发现，陈晓曦所有的东西都已经不在了，桌子上放着一封分手信。

恋爱时，很多女孩子在选择自己爱的男人还是爱自己的男人时，往往会选择前者。

对于那个自己爱的男人，她一点点都舍不得伤，宁可改变自己，去适应他。当爱得越来越辛苦时，才明白恋爱不是一个人的事情，在感情的世界，只有两个人同时付出才能抵挡住世间的风风雨雨。爱，不是只对他好就可以的。

女人是一种感性的动物，她需要爱，需要哄。伤心的时候，她需要他能给她送上一个温暖的拥抱；生病的时候，她需要他默默地在身边陪伴着她；她过生日的时候，希望他第一个送上祝福，哪怕仅仅是一个吻，她都会觉得自己是无比的幸福。因为，有时候她需要的仅仅是一种被爱的感觉。

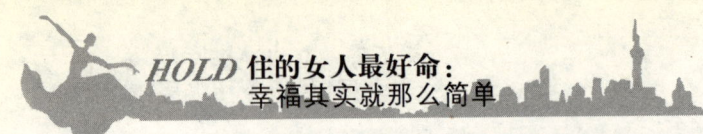

可是，这些却是那些自私男绝对做不到的。如果遇到一个自私的男人，请你一定要远远地离开，如果你嫁给了一个自私的男人，那你这一生恐怕就只能与眼泪为伴或者与寂寞为伍了。

因为自私的男人在每一件事上只会在意自己的感受，他绝对不会换个角度去想想他的女人是怎么想的。他更多的是在意自己在家里是否获得了各方面的满足，就算是女人做牛做马地伺候他的生活起居，可一句话或者一件事不合他的意，他就会全盘否定女人所为他做的一切。

爱情是两个人的事，爱他不是只对他好就可以的。聪明的女孩子会找一个爱自己的男人，他会真正地把你放在心里，任尘世多纷乱，不离不弃，陪着你慢慢变老。

这样的"自私"男人，你是否遇见过

自私男人姿态一：经不起诱惑

典型个案：《让爱作主》中王志文饰演的耿林

严重程度：★

普及程度：★★★★

耿林不是坏男人，看着他在两个女人之间痛苦得要死的样子，我们只能这样说。现实生活中这样的男人多了，甚至还不如耿林，谁也没觉得他就怎么不对，当然，前提是他伤害的不是你我，而是一个让我们看在眼里却无法痛在心里的"她"。

自私男人姿态二：花心大萝卜

典型个案：《寻秦记》中古天乐饰演的项少龙

严重程度：★★

普及程度：★★★

项少龙刚到战国时期，正为时光机器出错而一筹莫展，他就遇上了生命中的两位贵人——天真浪漫的乌廷芳和面冷心热的善柔。两个大美人，都在第一时间爱上了他。想想现实生活往往真是这么残酷，女人最容易被那种拥有出色外貌和不羁气质的男人吸引，而这些，偏就是花心男人最重要的注册商标，他所要做的，不过就是择优录取，再用几招早已在不同女人身上用滥用熟的小手腕就能让她们死心踏地，在花心萝卜们看来，女人有情而你不回应，是对女士最大的不尊重。

自私男人姿态三：利欲熏心

典型个案：《杀青》中姜武饰演的方凯

严重程度：★★★

普遍程度：★★

一半以上的女人都认为爱情是人生的全部意义所在，却有很多女人害怕这个答案让人小觑，或者让她爱的男人抓住把柄，只好顾左右而言他，闪烁其辞。

而男人，一半以上的男人最想说的是：权势、金钱！金钱、权势！

比愿意承认爱情是人生终极意义的女人更少的男人能够坦陈这一点。因为，这毕竟有悖传统规范，毕竟是要付出惨重代价的，其中包括——情感。

《杀青》里的方凯，就敢于承认自己贪图权势与金钱，他就是那种坏在明处、自己也把自己当坏人的家伙。这种坏到尽头的坏人，固然是不虚伪不矫饰，可要是在你身边放一个还真觉得受不了。

自私男人姿态四：变态占有欲

典型个案：《不要和陌生人说话》中冯远征饰演的安嘉和

严重程度：★★★★

普遍程度：★

这是一部反映家庭暴力的生活片，看起来却像恐怖片。占有欲，是自私的典型表现。我有位朋友，先生工作忙，经常让她独自在家，可是当他发现有帮朋友经常约她出去玩时，却大为光火，认为这不应该是一个已婚女人的所为，夫妻俩大吵，我们频频劝架，当然作为她的朋友，我们的劝说是不是火上浇油不得而知，他的态度有多大变化我们更不知道，反正我们现在都不敢再主动约她了，怕给她惹麻烦。

真实生活中所见的，多半是采取这些温和方式占有女人的男人。真正像安嘉和那样的变态男人完全是另一回事，与那样的男人生活在一起，还是趁早收起奢谈感情的心，能把小命保住已是三生有幸。想提醒的是他们身边的女人，早一天醒悟早一天解脱，这真的不是一个需要忍辱负重以保全家庭保全面子的时代了。

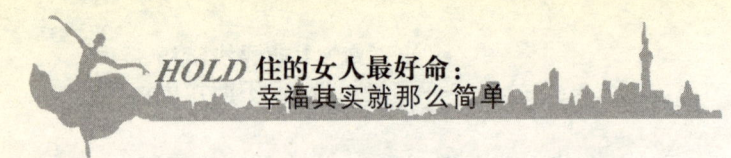

TIPS 测测你的情感自私指数

有人说每个小孩都是艺术的精灵，如果现在让你选择从事艺术工作，你的选择是？

A、画家

B、摄影家

C、雕刻家

D、作家

测试结果分析：

A、你是个很自我中心的人，想做就做，想笑就笑，向来你就只为自己而活，不想遵守社会所订立的规范。爱人想要改变你是不可能的事。因为你向来我行我素，另一方面也可以说是自私。独断独行的作风，让对方觉得很辛苦。所以和你谈恋爱的人，的确是有点累。自私指数90%。

B、你喜欢爱情中的互动感，只要你爱的人给你快乐，你就会回报。你在乎对方，也给予尊重。你总是喜欢默默观察对方的需求，例如爱人的喜好，再用特别的方式，在特别的时刻，给予对方惊喜，让爱人觉得很贴心。自私指数15%。

C、在爱情中，你是个认真的人，总是采取主动，不甘于爱情命运被人操纵，你用双手去塑造你想像中的爱情形态。爱人要能配合你的想像，如果可以，两人就相安无事，你也会是一个好爱人；如果有所差距，你那不能掌握一切的不安感，就会发作。自私指数75%。

D、在爱情战场上，你最在乎的不是对方外貌，也不是金钱，而是有没有得到对方的真感情。你讨厌自私的人，所以你推己及人，在爱情中，你是会为对方着想的人，只是技巧上多注意会更好，因为强迫对方接受你自以为是的好意，从另一个角度来说，不也是一种自私吗？自私指数40%。

链接：恋爱过程中最自私的星座男

单身生活，心里想的只有自己的一切了，可是如果男生有了女朋友，却依然自私又小气，心里面只装着自己，对另一半不闻不问的，这可就不好了！所以，提醒女生们注意啦！看看你的另一半是不是自私！

第一种：活在自己世界里的金牛男

金牛男很自我，他所设定的时间表是不会为任何人更改的，例如他已决定跟女友分手，可是他认为要3个月之后才能分手，这时即使旁边有人催他，他也不会听的，他是一个活在自己世界里面的人，很多想法他无法表达或沟通，而且他最爱的是自己，很清楚自己对爱无能。

第二种：重大决定自做主张的白羊男

白羊男很会照顾女朋友，可是他的照顾就是帮对方开开车或者是切菜之类的，看起来好像很体贴不自私，实际上这些都是举手之劳，可是一些重大决定，像买车、买房、贷款……另一半完全无法参与，他完全不顾另一半的感受和害怕。

第三种：另一半劝不动的巨蟹男

巨蟹男只有对亲人不自私，有选择性的，即使是女朋友也要看他高不高兴，看他心情，表面上巨蟹男看起来很温和，很爱家很恋家，但是事实上女朋友会发现自己根本无法推动他，只能被动的接受他的模式。巨蟹男还没有想清楚自己该怎么做之前，没有人可以催促他。

第四种：理性到可怕的水瓶男

水瓶男很博爱又很理性，他的理性会让人觉得到一种自私的地步，一旦让他用理性来思考感情，他的盘算会丝丝入扣，完全没有漏洞，甚至到有心机诡计的地步，但是跟朋友之间只要没有利害关系他又很博爱，他对朋友真的非常好，可是一旦有了生意往来或者是男女朋友，他就会很清楚的让对方感受到什么叫做只为自己。

第五种：不想有负担的天蝎男

天蝎男的自私是在他不想要有负担，他喜欢照顾对方、爱对方、追对方等等这些，但是其中的界线他表现的很清楚，要按照他的模式走，超过他所能给

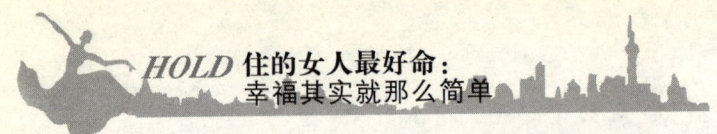
的就会造成他的困扰，在他的安全模式之内他就会很愿意付出他的热情。

关于这几类男人，女人请三思

另外还有几类男人，女人请三思而后行，他们也算不得什么极品，但是他们的特征会成为你们婚姻中的致命伤害，想一下你是否有能力改变他们，或者，为了你的幸福，就忍痛果断地放弃他们。

1. 不要迷恋富二代——哥只是个传说

许多人都想着要嫁"富二代"，的确，现在"富二代"的数量很多，只要你稍有姿色，又搭得上线，找个"富二代"恋爱并不是什么困难的事情。

但如果仔细观察，大家会发现，"富二代"恋爱很多，换女朋友也很勤，但真结婚的却很少。

即使是有结婚的，在那些盛大婚礼之下，你会看到，新娘永远逃不出这三类人：门当户对的"富二代"女、明星和主持人。

没错，"富二代"可以跟一切美女谈恋爱，但最后会娶的永远只有这三类。因为"富二代"们认为，只有这些身份的女人才配做他们的妻子，其他人都不过是玩物而已。

如果你和"富二代"在一起不过是为了钱，那当然无所谓，恋爱中捞足就可以。

但你真的傻兮兮地想通过和"富二代"恋爱而嫁人，那就别做梦了。我一再说，男人是功利性的动物，他们对婚姻是进行过计算的：什么样的女人配得上他们，什么样的女人能带给他们好处。

我一个朋友在朋友聚会上认识了一个富二代，很快这个富二代就被她的美貌所吸引，开始展开鲜花攻势。情人节那天，999朵巨型玫瑰让公司的女同事羡慕不已，也让我这位朋友非常感动，虚荣心得到极大满足。

但相恋后，她才发现，虽然这位富二代的家里给他开了一家信息公司，但因经营问题，这个公司一直是亏损的，他现在每月靠父母给钱过日子，而且他已经习惯奢侈的生活，即便现在已经28岁了，经济仍没有独立的情况下还是每天吃喝玩乐，经常呼朋唤友。有时候钱没带够，他还需要我这位朋友帮着埋单。

最重要的是，那位富二代自我感觉良好，总觉得自己家里条件好，女友应该对他多体贴，而自己什么家务也不会做，还经常跟别的女孩调情。

说起来大家都以为我的朋友应该过着锦衣玉食的生活，但事实上，她那个还没过断奶期的富二代虽然生活骄奢，但自己从来都是负资产。我的朋友在法国学的金融，现在月薪过万，没现在的男友，自己的物质条件也不错，看着她那扶不起的男友，心里有说不出的滋味。女人与其做寄生虫身上的寄生虫，还不如自己努力，把自己打造成豪门。

女人不嫁富二代的N个理由

富二代，一时间成了众多女人最想结婚的对象。广州不是有近六成的女大学生愿嫁富二代吗？可是，用自己的理智去想一想，嫁给能让你衣食无忧的富二代真的有那么好吗？

"富豪子弟"四个字很性感，给女人很大诱惑力与想象空间。女人迷恋富二代，喜欢那种财富赋予的梦幻华丽的东西。但是"富二代"也许缺乏"富一代"的锐意进取的心志与斗狠精神，他们只是懂得利用金钱来营造个人魅力、打理爱情规模与品质，享受金钱的艺术气质与花钱的欲望。

他们从有记忆开始父辈们已经打下一片天地，创造了一定的家业，所以他们没有父辈们吃苦耐劳的创业精神，更谈不上脚踏实地地如何开创一片事业天地。他们对于钱的来之不易表现出不屑一顾态度，整天想着如何享受所谓的"写意"人生，追求享乐是他们日常生活的主要功课。

我们来看一位在国外一事无成，学业没有完成的富二代回国后的表现。他对父辈们的成功觉得轻而易举，所以对于金钱的来之不易也觉得很谈。为了表现自己是天生我材必有用，赚了钱后可以更轻易地自由支配，他向家里拿了第一笔资金，用来炒股，500万资金短短几个月只剩了150万，当然他的

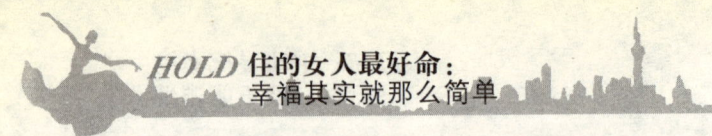

理由是全球股市在下跌，自己出师不利而已。

他又开口向家里再要500万，在对市场一无所知的情况下，盲目而无知地开了奢侈品礼品店。要知道全球金融危机，最首当其冲的就是可有可无的奢侈品商品。几个月下来，算算这样下去连本带利不能支撑这么昂贵的租金后，他再次血本无归的草草结束了这个不是用自己的血汗钱作为启动资金做的亏本买卖。

后来据说此人又在外地一线城市开了一家饭店，要知道他是对于餐饮业一无所知，对于采购、厨房、日常管理是一窍不通的门外汉，居然大手笔豪华装修，投资不下于1000万。可以想象这次的生意的成功性了。果真不到四个月他觉得赚钱的希望是蜀道之难难于上青天，再次用父辈们的血汗钱葬送了第三次的玩一把。

《非诚勿扰》节目中出现的刘云超是个典型炫耀的"富二代"，为人狂妄自大。一位女嘉宾表示，她不喜欢富二代刘云超的身材，刘云超厉声反问"你身材很好吗？"，很没风度。随后，他开始介绍自己的特长，他的特长居然是开跑车，炫耀如电影《头文字D》中的漂移、甩尾等动作的操作细节，搬出曾给女性朋友送跑车的往事，而且还就直接以"你想不想坐我的宝马"向马诺挑衅。

如今"富二代"的新闻具有了吸引眼球的绝对功效。对于"富二代"，他们是怎样的群体，有着怎样的价值观与行为，种种奢华与轻狂公众早已见识。遗憾的是，这样的宣言多少有点刺耳，甚至倒胃。"富二代"对爱情缺乏尊重与理解，宝马经过他们的口变成带有盛气凌人的气势。套用一句泛滥得有点媚俗的话，"富二代"说的不是金钱是寂寞，"富二代"的爱情更像是一场"金元外交"。

不要迷恋"富二代"。理想的"富二代"应该是受过更好的教育，从小在爱的环境里很优越地长大，学到的是关心，性情更文雅，温柔，让财富可以更大限度地赋予他魅力、风度、情趣，甚至胸襟，然而事实却让我们失望。女人，还是找个门当户对的爱你的优雅男人，不要迷恋"富二代"，他只是个传说。

2.花心是他的习惯——你想一辈子打拉锯战么？

男人都花心。没错，的确如此。每个男人的心里，都有对新鲜女人的欲望。

但为什么有些人会出轨有些人不出轨呢？并非看他们花不花，而是看他们有没有花的机会和时间。女人的婚姻管理，很重要的一点在于截断丈夫花心的时间和渠道。

阿琼的生命就好像一场为保卫爱情和婚姻而打不完的拉锯战，耗尽了她所有的热情，等到她发觉时，一切都太晚了……

她以为自己终于可以放心时，丈夫身上却飘来了陌生的香水味。

对身边人的担忧，不是每位妻子都会像阿琼那样强烈，但即使号称最信赖丈夫的妻子，也难免会有疑心暗起的时候。而阿琼之所以如此，是因她曾在最不防备的时候，遭受了惨烈的打击。

那时，阿琼在市里一所中学教语文，丈夫是国营厂的一个技术人员，老实得令人难以置信——30岁了才结婚，恋爱却只谈了一次。

可是就是这么个看起来很老实的男人却在阿琼怀孕时跟厂里来的一个临时工发生恋情，以出差的名义，带着那个临时工在外面宾馆过夜。

阿琼也是无意间看到丈夫的手机短信才知道的。后来她大着肚子去找那个女孩，威逼利诱了一番，说如果女孩继续跟丈夫保持这种关系，就把他们俩人的事情在车间公开，让女孩失去工作。她丈夫也是发誓诅咒，说自己一时糊涂，被这个临时工引诱才犯下这种错，为了即将出生的孩子阿琼原谅了丈夫。

随着孩子的出生，两个人忙碌起来，这件事情也渐渐被阿琼淡忘了。

但随着老公的升职，他们的生活又不再平静。老公升为车间主任后，应酬变多，经常晚归，阿琼总是在老公的身上闻到各种香水味。老公每次都说是应酬，是逢场作戏而已，现在谈生意都这样，来糊弄过去。

但是最近，阿琼发现老公身上的香水味一直是一种味道，这个品牌不是一般女子用得起的，再加上，阿琼发现老公越来越注意形象，开始爱买衣服，爱健身，很注意身材的保养。

她偷偷跟踪老公，终于发现，老公的老毛病又犯了，他跟一个三十左右的女人经常出入餐厅、酒吧。

那一刻，阿琼如坠冰窖，为何他的老公总是一次又一次出轨，为何男人都如此花心？他们的婚姻还能继续吗？

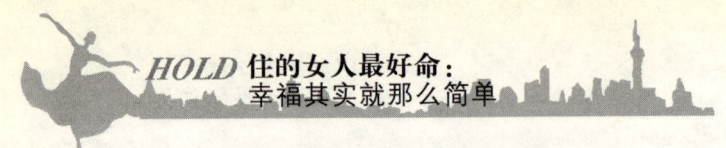
出卖男人"劈腿"的19个细节

男人想出轨,其实不是瞬间的想法,说不准他早已谋划了好久。不过,平时的一言一行都会暴露出他的心思,只要你仔细观察,就能发觉他的改变。

女孩,请不要等到最后一步才傻乎乎地发现他的异常,其实,早在这些"实际证物"发现之前,有些情绪上的小变化就已经出卖了他:这个男人在劈腿。

(1)他比平时明显地更加关心和关注你,尤其是那些他以前没有投入过任何注意力的方面。比如突然提出和你逛街(他最讨厌逛街),邀请你的某个闺密一起吃饭(他最讨厌你这个朋友)等等。

分析:这是他内疚的表现,通常发生在"变心"的最早阶段,是一种潜意识的补偿心理,主要是让自己觉得好受点儿。

(2)莫名其妙地开始给你买礼物,可他本身并不是一个浪漫或者爱这样讨好你的人。

(3)他突然变得喜怒无常,经常没事找事,无论你做什么他总是能从鸡蛋里挑出骨头来,整天用"挑衅"的态度来对待你。

分析:这是人在心虚状态下的反应,他潜意识里知道自己是"错"的,所以如果能不断地证明你也"错"了,那在心理上他就会产生一种"扯平了"的感觉。

(4)他的一些行为会让你心生疑虑,可能你也说不清到底是哪里有点不对劲,但就是觉得"怪怪的",这个时候,不妨相信女人的直觉吧!

(5)只要你一"反击"(有时候甚至只是撒娇装装样子),他会马上说"那就分手吧";"那就结束吧",根本没有心思和你沟通,或者提出任何解决问题的方法。

(6)只要你要离开他一段时间,比如出差、回娘家或者和朋友出去旅游,他就会显得莫名兴奋,当然不是那种"欢送"般的感觉,而是变得比较情绪化,比如不停地帮你准备行李,对旅程过分关心,或者表现出夸张的沮丧。

(7)冷漠。不爱说话,也不爱交流。可你仔细回想一下,也并没有发生什么特别惹着他的事情!

(8)品位突然发生变化。他开始欣赏不同的音乐、电影、书籍,参加不同的健身俱乐部,甚至会关心以前全然不想理会的东西,比如娱乐明星和猫猫

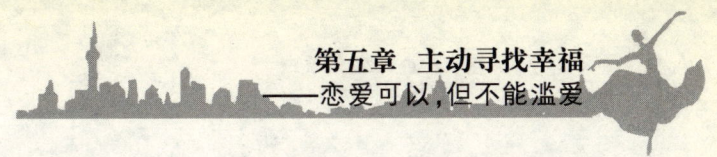

狗狗等等。

(9)突然开始自信。

分析:如果你并没有发现有其他事情激发了他的自信心(比如升职),那他很可能从"男人的魅力"这个方面得到了心理满足。

(10)开始挑剔你,并大声宣布"我最讨厌这样的",但他可能是"忘了",这个挑剔点正好是他原来最欣赏你的地方。

(11)对两人之间的"亲密接触"毫无兴趣,晚上宁愿独自看电视等你先睡或者干脆加班不回来。

(12)用新的词汇,说不同的笑话,表达不同的观点。

(13)开始抓着你讨论一些你明显不擅长的话题,比如体育、汽车,只要你露出迷茫和懵懂的样子,就开始嘲笑并露出嫌弃和不屑的表情。

分析：这是他开始故意在精神层面上与你拉开距离,希望你自己产生"我们不般配"、"我和他并不搭调"的想法。

(14)对自己的精神隐私开始变得在意保护,换了即时聊天工具的密码,不许你翻动他的任何物件。

(15)你对他特别好的时候,他会莫名地表现出羞愧、闪躲,不知道如何面对你。

(16)做梦时提到某人的名字,多过一次。

(17)早上睁开眼见到你或者周围环境的时候,显得有些迷茫和惊讶。

分析:别放过他这个小表情,这是他"睡两个床"、"过两种生活"一时反应不过来的典型表现。

(18)你们的朋友开始旁敲侧击地开始问你,最近过得好不好。

分析:朋友们往往会注意到他的一些被你忽略了的变化,如果发现周围的朋友对你俩私生活的关注度突然增加,很可能"有问题"。

(19)你对他的影响越来越小了。以前他会在工作、朋友关系的处理和购物等方面征求你的意见,而现在即使你主动提出一些好的建议,他也不会放在心上。

女人出狠招应对劈腿男

面对男人的"劈腿",63%女人选择直接离开不要相信他那张嘴,23%的女人选择原谅男人，反问自己是不是自己的错；14%装作不知道，直到他自己说出来。

歇斯底里显然都无助于事情的解决，假如伤害不可避免，则唯有尽量减轻伤害的程度。

事实上，大多数男人在出轨的同时并不愿意以牺牲家庭作为代价，这是一场男人定力、欲望、侥幸心理、财力、精力与女人魅力、洞察力、魄力加上传统、现代观念的多方博弈，纵然未必可以覆水重收，破镜再圆，但女人的胜算或许能换来一个家庭幸福之路的柳暗花明。

管束要挟法：

一旦男人"劈腿"，女人表面上可以不动声色，但暗地里先掌管起家里的经济大权，以家庭理财为由，让他上缴大部分的收入；主动和孩子增进感情，和孩子结成联盟，似真似假地让他感到自己被孤立。同时暗示他你已经知道他的事，让他自己考虑可能的后果。当然，假如你不是真的想和他一刀两断，也不要急于跟他开门见山地亮底牌。给个台阶，也许他跨出去的腿会收回来。

心理学家分析：经济和孩子是男人的软肋，只要他陷得还不深，都会因为这两个原因而悬崖勒马。虽然这并非毫无后患的做法，但是对于一个背叛了妻子，又对家庭不忠的男人来说，就算略施惩戒，用意还是让他迷途知返。当然，若要日后天长地久，还要进行更多有建设性的沟通和交流。

暗中较量法：

和躲在暗处的第三者一较高下。给丈夫更多的体贴和关怀，例如提高厨艺，多做丈夫喜欢吃的菜，绑住他的胃；多了解和尊重丈夫的兴趣爱好，如果可能的话，也试着与他分享一些乐趣；主动给他私人空间，让他感到你善解人意……总之，让他牢牢被你吸引，好像刚刚才认识你一样，那么他也不必再去别处寻找新鲜感了。

心理学家分析：男人对于固有两性关系的厌倦，有自身主观的原因，也有客观的因素。女人自己对于爱情的慵懒和麻木，也会使男人感到兴味索然。虽然还不至于到了彼此无法容忍的地步，但也已渐行渐远。对男人出轨满怀怨恨的时候，也不妨回过头来审视一下两人的婚姻生活。如果你愿意做出改变，也不要把这当成是单纯讨好男人，这是你为自己的爱情与幸福做出的努力。

主动出击法：

与其被动挨打，不如主动出击，直接把那个第三者约出来谈谈。相信你也会很好奇，对方是一个什么样的人。女人之间的关系很微妙，尤其是像你们这样的情况。虽然心存芥蒂，但只要其中一方跨出了第一步，就很容易获得释然与沟通。同为女人，对方也许会理解你的感受，并钦佩你的勇气。但假使不幸你遇上了一个一意孤行或是蛮不讲理的第三者，不妨拿出你的魄力和霸气。既然必须要有一个决断，那么三个人都得毫无退路地做出选择。当然，大家都是成年人，彼此可以开诚布公，不要把结局变成一场闹剧。

心理学家分析：整个事件中，你是最无辜的，也是最理直气壮的一个。如果最有权力冲动的一方都采取理性的方式，那么大家都可以很冷静地思考问题。何去何从，也许权衡一番，就有了结果。快刀斩乱麻的理智是残酷的，却也是最有效的。别害怕结果不能如愿，至少你已经做出了最好的选择。

3. 恋母？愚孝？——他就爱听妈妈的话

孝道是一种对长辈的态度，说得正确就要尊重，说错了就要指出，它只是个态度问题，而不是是非问题，不能混淆了。但是对愚孝男来说，天下无不是之父母。愚孝男可悲之处就在于：唯父母之命是从，从来没有独立思考的能力，父母在他们眼里是第一亲人，远比老婆重要。

女孩子如果嫁了愚孝男，将来一旦婆媳关系不好了，那些愚孝男肯定会站在父母一边，老婆永远都是第二位的，受欺负的还是女孩子。

我的一个朋友给我讲了她的故事。

我们和婆婆住在同一个小区。老公是典型的愚孝男，婆婆性格暴躁且非常强势，整个家里就她一个人说的算，什么事情也愿意管。老公是没有主见没有担当的人，对婆婆说的话从来都是认可。

我一直以为老公比我大这么多一定会比较成熟，包容我偶尔的任性，可现实是我错了，我和老公吵架，多么希望他能来哄哄我，让我马上就好。可有一次我们因为琐事吵架，我伤心流泪而老公居然直接回到婆婆家去睡了，把我一个人扔在家里，我等到凌晨1点也没有一通电话。他的心里有我吗？

前几天我一人回娘家，老公要工作没有时间去送我。我和婆婆告别，说平安到达后给她一个电话。但一下飞机就看到一直在出口等待的妈妈和家人，这时老公也打来一个电话问我到了吗，我回答说已经和家人在一起了，让他给婆婆说一声。

可是，晚上老公打电话给我，问我是不是答应给他妈打一个电话？这时我才想起来这件事。连忙让老公帮我圆圆场。可老公说不行，他妈很不开心，让我一定要亲自打过去。

可是迟了这么久我真的很害怕打过去，我不知道该如何和婆婆说。拿起手机我实在是拨不出号码，后来我写了一条短信想发给婆婆，解释一下我一见到家人就给忘记了。

结果第二天老公的电话又再次打来，语气非常重，直接就指责我，婆婆也一直对老公说我不好，我知道这件事确实是我疏忽了，忘记了，但我不是有意的，难道就不能原谅我一下吗？

现在老公对我意见很大，他说婆婆是长辈不管说什么，做什么都没有什么不对，我和他妈发生的每次摩擦他心里都记得很清楚。

我怕万一几年后哪天他妈看我不顺眼非要他和我离婚，老公肯定是会听从他母亲的，到时我该怎么办？

愚孝让家庭不平衡

孝顺是一个人人都喜欢的品质，很多女孩子都把孝顺当做选老公的必要条件。这当然可以，但我们必须要注意两点。

首先，男人对自己父母孝顺，却并不代表对岳父岳母也会孝顺。对于基础利益的概念，父母毫无疑问是孝顺的基础利益，而岳父岳母是否算自己人，则要看这个男人的责任感和自私程度。

而其次，我们必须要分清孝顺和愚孝之间的区别。如果孝顺是一个好品质的话，那么愚孝是一种可怕的东西。

一个大男人，年过三十，事事不敢忤逆父母，还像是没断奶的小孩，如果再摊上不太讲情理的父母，那对做儿媳妇的来说简直就是灾难。

女孩子为什么要选择孝顺的男人呢？是觉得孝顺的男人别的品质也不

会差。这个想法当然是错的，有些人天生怕父母，看起来很孝顺，但其实坏毛病一大堆，心理还不太健康。

而如果这个男人还是愚孝，根本不分青红皂白只听父母的话，那他对老婆肯定不会太好。因为婆媳之间的矛盾是必然存在的，而丈夫一定会站在母亲这一边，到时候作为外人的媳妇就势单力薄，只能忍气吞声，毫无地位。

你嫁给一个男人，就是要依靠这个男人来保护你。如果这个男人反而和别人站在一起欺负你，结果又会如何呢？

所谓愚孝，便是如此。

面对"愚孝"型的男人，真是有理说不清，在他的脑子里，凡一涉及到他父母的问题，就没有是非判断，连基本的理性都没有，他父母就是一点错误没有，一点委屈都不能受，他父母做的再错，也都是不能说的，也都是可以原谅的。就因为是他的父母，他就可以"指鹿为马"、"是非不分"。

我相信现在大部分媳妇，没有说一进婆家门就故意寻衅姿事的，大部分都是正常人，讲道理的，当然也有个别例外厉害不讲理的儿媳妇，不过这就得怪男人了，千挑万选，眼神不好选了个"对手"给你妈。大部分的婆媳矛盾都是经过一段密切交往后产生的，媳妇在付出好多后，却无法获得回报，真心换不来真心，只能凉心。婆媳逐渐有了矛盾，可惜愚孝型的男人是不会处理家务事的，因为他自己就站在一个斜坡上，怎么可能保证两头的平衡呢。

愚孝的男人会以为，媳妇嫁进他们家就是他们家的人，是他妈多了一个"女儿"，媳妇就该跟亲生闺女一样，就该跟他一样无条件服从他父母，其实他是把"家"的范围定义错了。女人嫁给男人的时候，只是看好了这个男人，而不是这个男人的家庭，更不是男人的父母和兄弟姐妹，同样男人娶的也只是老婆一个人而已，可惜愚孝的男人总是会混淆，男女结婚是从头组建一个新的家庭，而不是将女方塞进男方从小长大的家庭。婆婆的家是男人没结婚前的家，男人在结婚后跟自己的女人组建的家庭才是他婚后真正意义上的家。

其实，婆婆跟媳妇的关系就如同同事关系，当初女人选择嫁一个男人，就跟选择一个工作岗位一样，她所看好的只不过是公司的那个工作岗位而已，进入公司后，她有可能会遇到相处得来的同事，也有可能遇到相处不来的同事；毕竟从小到结婚前，媳妇跟婆婆就是陌生人，彼此互不了解，谁都不会知道是能相处的来还是相处不来，所以那些整天对媳妇吼着"我妈就是你妈的"的男人，请你仔细想想，如果你在单位遇到合不来的同事，你领导非要你跟那处不来的人亲密无间，还整天抱怨你没团队合作精神，你心里什么滋味？再说什么是妈？妈是把你一把屎一把尿从小养大，愿意一辈子无私为你奉献一切的人，婆婆对儿媳妇是做不到一个妈做的事情的，婆婆就是婆婆，她没有从小养育儿媳妇，也不可能像对待儿子那么一碗水端平的对待儿媳妇，所以婆婆永远都成不了亲妈。愚孝的男人会把自己对母亲的感情强加到自己老婆身上，人的感情是在日久天长点点滴滴中培养出来的，不是一蹴而就的，婆媳接触时间短，即使时间长了，牙齿和舌头还打架呢。愚孝的男人会要求女人无条件孝顺婆婆，可他忘记了，儿媳妇是成年人，儿媳妇的思维方式不像儿子，不是被婆婆从小就灌输的。愚孝的男人会不顾这一事实，强行把自己的感情灌输给自己的另一半，其实这就是不尊重另一半的表现。

陆游的妻子被他母亲逼着休掉，善良的兰芝被焦仲卿的母亲赶走，多少恩爱的夫妻都因男子的一味愚孝而劳燕分飞。明朝的海瑞是出了名的孝子，但这种孝顺就是愚孝，他的三个妻妾，被逼死一个，休走两个，只为了讨母亲的开心。这种孝顺还是好事情吗？难道不可怕吗？

我想告诉愚孝男人的是：婆婆把儿子养大，真正应该真心实意孝顺的人是她的儿子，你与其把自己应该孝顺的责任推给自己的老婆，不如不要那么自私，勇敢的承担起责任来，那些一直强调任何情况下都要孝顺，都要逆来顺受的男人们，请不要把你的自私不负责任转嫁到自己的妻子身上，如果你真的孝顺，就应该身体力行起来，逛街看到衣服亲自为你妈买件，看到好吃的亲自为你妈送点，过年过节亲自给你妈准备个红包，不要什么都等着老婆，你老婆不是你孝顺的代理人！

4. 梦想家——即便他多么有魅力，你也一定要HOLD住

男人没有梦想就会太平庸，但内心只有梦想，就会成了野心家。就如同《宫》里的四贝勒，皇位是他心中的梦想。为了能登上皇位，婚姻只是政治手段，爱情也决不能阻止他登基的道路。为了心中的梦想，他不惜牺牲别的女人的生命。这样一个男人，即便多么有魅力，你也一定要HOLD住，否则，你只

是他通往梦想道路上被抛弃的包袱或踩在脚下垫高的台阶。

把梦想型男人踢下床

男人可以有野心，但凡事要有限度，那些在野心面前眼高手低、不择手段、不顾一切的男人，还是算了吧！

记得有幅漫画，画的是"男人的一生"，该男子小的时候，壮志凌云，总觉得自己此生在世，必定是为了某个拯救地球的任务而来；等上了小学，他不再想拯救地球，不过却还是相信，自己当个秦始皇的人物，总没什么问题；等到中学，他不再想当皇帝，但当部长、当首长、当经理、董事长什么的，却多少有几分把握；再等到大学毕业，大事不好，他脑袋上只画了一只饭碗。

我的好友小M当年偏偏中了个生理成年心理幼齿的家伙的招。

该男子当时组织了一支乐队，立志要做人类史上最让人崇拜的重金属乐队。排练、演出之余，最爱做的事情就是和她描述不日即来的盛况：台上一呼天下应，台下众粉丝围追堵截，要演出只能挑十万人以上容量的体育场，要出门必须携带保镖，每张专辑一出必定成为惊世极品，音乐学者们必定要打破脑袋收之珍藏……

每个男人都梦想女人相信自己的能力，并心甘情愿地做出牺牲，但梦想就意味着跟现实存在差距，而且这个差距是一记耳光就可以消弭于无形的。当野心膨胀得与空想并无二致的时候，怀才不遇的情绪理所当然地袭来了。

乐手的脾气越来越差，他不能忍受自己乐队成立5年依然在各种不入流的酒吧里跑场子，更不能忍受乐队中有人中场退出回家开了杂货铺。他开始乱发脾气，时而颓废地感叹人生无望，时而激情勃发决定东山再起，当他精神错乱到有空闲染指别的女人的时候，小M头也不回地离开了。

二手玫瑰在歌中唱到"爱情能当饭吃更伟大"，所有无法脱俗的女人都在想，应该找个有野心的男人，至少他应该是个实干家。

另一个好友小D爱上了一个白手起家事业正在上升阶段的打工仔。大部分女人似乎对"苦出身"努力向上爬的男人有着特别的偏好——倘若可以眼睁睁地看着一个一穷二白的男人因为有着致富的野心就真地变成了富人，岂不快哉？

可再见面的时候她已经甩掉了这个野心家，说到原因她咬牙切齿："他的大客户对我怀有叵测居心，于是他总拉着我去喝酒赔笑，只为能够投标成功。"——为了实现自己的野心而不惜利用自己的女人，多么可怕又可恨可耻！男人的野心若大过他对爱情的嫉妒心，这无论如何不是一件正常的事情，因为他一身锋芒扎人的亮刺，都是为了保护或者烘托一颗汹涌澎湃的野心！

《动什么别动感情》里有一段精彩的台词："大多数平凡女性都心存侥幸地认为，那些谁都磕不下来的男性到自个儿这就算画句号了——千万别这么想，都是普通人，没比谁多长出什么来，人家见山翻山见水足趟水凭什么到你这阴沟里翻船呀？"这句话我很想跟女友小A说，可是又怕打击了她那百分百的幸福——最近她刚交了个身价千万的男朋友，事业有成，志得意满。

此生得此一男足矣，这是小A的观点，在众女友又羡慕又妒忌的目光下，大有非他不嫁之势。然而美中不足，他太忙，抽不出太多时间与小A甜蜜，他有钱买得下大把的玫瑰，却没时间吃一餐小A亲自做的早点。而此前的几次恋爱，也终因他是工作狂无疾而终。

"朋友有的资产都上亿了，我这上千万算什么？"他说，"我想办实业，然后扩大为集团公司，产供销一条龙，最后争取上市，拥有一家上市公司是我最大的愿望。等老了，再把上市公司转手或传给儿子，那时就真正退休。"

面对他的庞大野心，小A目瞪口呆。野心这东西，说得好听点是上进心，是雄心，是远大理想，没错，人不能没这东西，特别是男人。没有梦的日子是痛苦的，可倘若此生只为了梦想是不是也是一种痛苦呢？

女人比男人更接近自然之道，或许男人有一千个野心，女人只有一个野心，骨子里她总是把爱和家庭视为人生最重大的事情，自己的事业再丰盛，没了心爱男人的关爱，也是万万不能的。

这些野心过剩的男人啊，当他一心奋力向上攀登时，身边的风景他还有暇顾及吗？当他专注他的事业时，还了解生活中的其他乐趣吗？他身边的女人也许不要他在外叱咤风云，要的是一桌团圆的晚饭一颗关怀体贴的心……当男人被自己野心左右的时候时，他还能想到吗？歌德说："那种并不自由却认为自己是自由的人，是不折不扣的奴隶。"可惜，这个道理不但是当时的女人们不明白，连我们现代许多人也是同样的无知。

5. 我不介意裸婚，但我真的很介意你主动提出

其实女人是可以裸婚的，但这种事情，绝对不应该由男人提出来（男人伪装为难，逼着女人提出来也算）。

因为裸婚是一个男人不愿意承担责任的表现，他不愿意承认，必须给女人稳定的家庭环境才可以结婚，所以才拿出爱情，拿出其他种种理由搪塞。

反之，任何有责任感的男人，都不会主动提出裸婚，他们会把这种事情当做耻辱，因为男人必定是把事业成功后的结婚当做目标的。

古人就说大登科后小登科，成熟而有责任感的男人，永远把家庭基础放在建立家庭之前。

我再强调一遍，作为女人，你是可以提出裸婚的，因为这是你爱的表现。

但如果有男人主动提出裸婚，请毫不犹豫地蹬掉他。

不是不要裸婚男，而是不要这种不负责任的男人。

裸婚有风险，嫁人需谨慎

婚姻的基础是爱，基石是钱。谈钱不伤感情，没钱才伤感情。虽然你可以不花一分钱给女人制造浪漫和惊喜，但是浪漫和惊喜填饱不了肚子。当吃喝拉撒的琐事替代了红酒和玫瑰，钱便成了婚后生活的主旋律，爱退居二线。

男人们都表示没钱也能幸福，这都是自欺欺人的谎言。千万不要相信他们讲的凤求凰的故事。实际上那个所谓的好男人司马相如也是个负心汉。裸婚，这种空手套白狼的手法，更像是男人的阴谋诡计。

所以，裸婚有风险，嫁人需谨慎。

父母是道槛

悲催指数：★★★

恋爱虽然自由，婚姻却不能随意。父母和恋人如果在天平的两边，子女必然为难。虽然婚姻自由倡导了多年，然而中国人结婚还是要迈过父母这道坎。只要父母健在，没有哪个子女会跳过父母直接结婚。一段婚姻是否能得到家长的认可，对未来婚姻生活的幸福指数是很重要的。

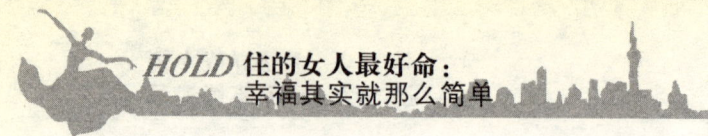

柴米油盐贵,没钱持家累。做子女的对此不一定深有体会,做父母的却了如指掌。因此对于裸婚父母一般是不会支持的。不要抱怨他们势利眼,其实他们是过来人——因为担心没有面包的爱情会饿死才阻拦你。

经济基础决定婚姻质量

悲催指数:★★★★★

没结婚的时候你可以一个人吃饱全家人不饿,你也可以不介意吃了这顿蹭下顿。可是裸婚以后这一切你都需要操心了。吃喝拉撒的琐事替代了红酒和玫瑰,钱成了生活的主旋律,爱退居二线。如果此时再有个孩子降生,你的生活将一片混乱。

经济基础决定着生活空间,生活空间制约着婚姻幸福。钱不是万能的,没钱却是万万不能的。虽然没钱你也可以制造出浪漫,但是浪漫填饱不了肚子。孩子嗷嗷待哺,老婆正坐月子,工作正遇瓶颈,你该何谈幸福?

围城之外诱惑多

悲催指数:★★★★

生活被家庭所累,爱情逐渐稀释,婚外情便容易滋生。婚姻的基础是爱,当爱被油盐酱醋打败,婚姻本身也就摇摇欲坠了。这时即使没有诱惑,离婚也成必然。何况围城之外,乃一花花世界。

裸婚所带来的夫妻矛盾往往甚于其他。矛盾的出现意味着双方隔阂的生成。纯美的爱情常常死于平常的琐事。平常只是导火索,其引燃的是异心。异心必然带来隐瞒和欺骗,这是婚姻的大忌。当猜忌成为常态,爱情不再,亲情还未建立,出轨便成为必然。

五种男女裸婚不足半年就会后悔

裸婚这词近来越搞越火,所言的裸婚,可以用最近热播的《裸婚时代》引发的流行语来概括:无车无房无钻戒,不办婚礼不蜜月,没有婚纱没存款。可是,你真有勇气去"裸"么?

第一种,只为解决寂寞的男女

这年头,寂寞的人太多,因为寂寞而冲动的人当然也多。有些男女单纯为了找个人陪伴,以为只要能陪的人,就能搞好婚姻。

　　这就大错特错了。哥可以为了寂寞跟你裸婚,当哥不寂寞了,就会觉得跟你裸婚是浪费青春。姐可以为了寂寞跟你裸婚,当姐不寂寞了,就会发现跟你裸婚是一种大亏。

　　第二种,只因一见钟情的男女

　　有些男女真的很神奇,能够到达一见就钟情的境界。大家或许不知道,钟情期的男女,有点像发情期的男女,智商容易降为零。

　　他们大多以为对方就是自己的一辈子,就算是裸婚,也不会介意,照样能始终不渝。但等他们裸婚之后,钟情期一过,他们基本都会发现自己原来好傻。

　　第三种,理想过于远大的男女

　　有理想的男女,总比没理想的男女好。但太有理想的男女,往往过得不如没有理想的男女好。

　　在裸婚这回事上,太有理想的男女,大都会让对方失望,也让自己失望。裸婚之前,他们会认为只要好好努力,理想总会实现,包括房车钻戒。但真正裸婚之后,各项家庭杂务接踵而至,他们会发现原来要实现那些理想真的太难太难,就会醒悟何必当初。

　　第四种,经济条件太差的男女

　　中国有句俗话,穷人家的孩子早当婚。这句话在以前或许还有些指导意义,但要是在当今现实下,那可能会害惨很多男孩女孩。

　　本来就没钱,天真地以为两人结婚后就一定会有钱,但一旦结婚之后才发现,随着太多的婚姻压力,两个人过得还不如一个人过得舒服。

　　第五种,迫于家庭压力的男女

　　有些父母很爱面子,看着自己的孩子越来越大,越来越老,总会急得像热锅上的蚂蚁,生怕别人看不起,所以就会使出千百绝招来逼迫孩子早日结婚,就算裸婚也照逼不误。这样的父母是不理智的,顺从这样父母的孩子,也是不理智的。等到裸婚之后,他们渐渐恢复理智时,就会后悔不已。

第六章
幸福地把自己嫁出去
——你不是剩女

　　世界如此之大，我们如此渺小，如同沧海一粟。想要在这茫茫人海中找自己真心喜欢，也最适合你的人，难免需要靠那么一点运气。哪里有什么上辈子就注定的姻缘？一切的一切，都需要自己去努力寻找。

　　有的时候，算你的运气好，恰好就能够碰到自己心仪的对象，而且对方也还很中意你，那就是缘分。但更多的时候，或是你暗恋着对方而对方并不一定能够接受你；或是对方喜欢上了你，你却并不愿意；或是你喜欢她，她也喜欢你但条件却不允许。总之，就是你们遇见了错误的时间、错误的地点、错误的对象。

　　所以，恋爱这件事情，光有主观的积极愿望还不行，在很大程度上是要靠机会的。当然，如果你的条件够优秀，反应够灵敏，情商够分数，把握这个机会的可能性就会越大一些。

最近有恋爱的机会吗?

你是否一直处于空窗期,身边很久没有追求者,很已经很久没碰到能令你动心的人?

或者是被烂桃花包围着,总是找不到真正的MR.Right?

"好男人都去哪里了"——别光顾着抱怨,还是好好扳指头数数,你的恋爱机会有多少。

从四个颜色组合当中,选择一个你最喜欢的组合。

A、黄色跟白色

B、珊瑚色跟蓝色

C、绿色跟粉红色

D、黄色跟蓝色

选择A:最近是会有新恋情的,而且半年内就会出现,新对象有可能是金融业、服务业性质的艺术家或者是创造力很强的艺术工作者。但是这类型的人通常都超级害羞,平常跟朋友在一起他们可能嘻嘻哈哈的,很开朗大方,可是当遇到感情的时候就马上害羞了起来。所以当遇到这种类型的对象时要记住主动积极一点就能把握新恋情!

选择B:最近不会有新恋情,因为你还忘不了旧情人,珊瑚色代表是无条件为爱付出的痛苦和不求回报的爱,所以当你还没有准备好的时候就像是还在爱当中受苦,没有办法跳脱过去的恋情当然就没有办法走出去遇到新对象。

选择C:最近会有新恋情的命,可能是朋友介绍或是参加社团当中认识,绿色代表户外所以你要多去参加一些活动譬如说登山、攀岩或是潜水等才有机会新对象喔!

选择D:最近没有什么新恋情的命,因为你的生活里面蓝色代表的是完全没有空间去找到一个人,因为你周遭所有认识到的人不是朋友就是同事,这些人他们旁边可能都很缺了,更没有办法会帮你介绍。然后你可能躲在自己的小世界里面,每天绑在工作上坐在那里抱怨怎么搞的都没有情感会进

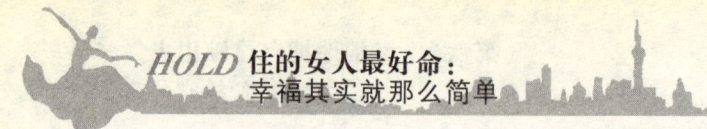
来。所以你必须要跨出一步走入黄色的能量,重新创造一个朋友圈,重新建立一个生活圈,要主动找出时间走出去。

1.艳遇高发区——机会需要创造

爱情是一件很微妙的东西,有时候你就得自己创造良好的机缘。一段邂逅,如果是在背后精心安排下才发生的,也不失它的浪漫,重要的是你能让对方感受到自己真挚的爱。测试看看,你有制造恋爱机会的能力吗?

(1)如果你打算租套房子,你先考虑的是什么?

大小——0分

价格——5分

位置——3分

(2)一个人走在路上,你认为前方会发现什么样的状况呢?

前方出现两条叉路——2分

前面出现地下通道——0分

前面出现了一座巨大的立交桥——5分

(3)一片树叶落在了地上,你认为接下来会发生什么变化呢?

树叶被风吹了起来,落到了角落里——2分

树叶被田鼠搬回了家,成了田鼠的床——5分

树叶干枯了——0分

(4)如果你负责为学校设计新校服,你会选什么颜色的面料?

蓝色——3分

红色——0分

绿色——5分

(5)幼儿园春游的时候,小女孩和小伙伴走散了,你觉得她会怎么做?

找小伙伴——5分

一个人玩——3分

在原地哭——0分

(6)你对以下那个物品比较有亲切感?

棉花糖——0分

风车——2分

布娃娃——5分

(7)如果你是小狗的主人,你会给它什么呢?

有铃铛的项圈——3分

可爱的狗狗衣服——0分

一个小皮球——5分

(8)某商场正在搞活动,据说有重量级的人物要出现,你的第一感觉是什么?

一定有大明星出场——5分

一定是假消息——3分

没感觉——0分

(9)某个丑女整容后变成大美女,你认为她最想见的人是谁?

曾经抛弃她的男人——3分

情敌——0分

目前的意中人——5分

(10)一对男女见到对方后都很激动,你认为接下来会发生什么事?

互相指责——0分

找个地方坐下来谈谈——5分

拥抱在一起——2分

解析:

36分以上→A型　很会制造机会哟!

热情似火的你很会制造机会,你在这方面的能力可说是无人能敌!你原来的行动范围就非常广,人缘也很好,平时身边就围绕着一大群异性。你很大方,和第一次见面的异性就能轻松交谈并充分展露魅力,这让对方对你的好感度大增,不过要注意,你可能让人感觉人气太旺,有点不好追求哟!

26~35分→B型　不容易留下好印象

你制造机会的能力很强,因为你一直对恋爱抱以积极乐观的态度,能从单相思中抽离出来并付出实际行动,可以说,你为了增加邂逅机会很努力,由于你的恋爱经验太少,面对初次见面的异性显得有些过分张扬,所以很难

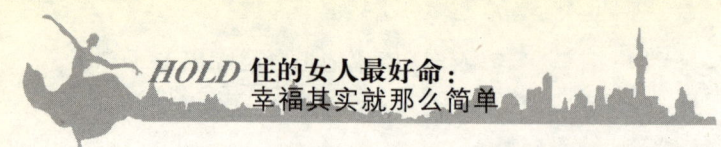

留给对方好印象,若你能在异性面前稍微矜持点,一定更吸引男生的注意!

15~25分→C型　遇到状况就会退缩

你是一个很注重打扮的人,给人一种品位很高的感觉,你具有让异性为你倾倒的魅力,言谈举止能给人留下深刻的印象,在制造机会上缺乏动力是你的弱点,因为你过于害羞,放假时宁愿一个人待在家里,建议你走出去,寻找新的挑战目标,即使不是为了制造邂逅机会,也能认识更多新朋友。

14分以下→D型　反应迟钝错失良机

你是一个反应迟钝的人,只喜欢照自己的方式生活,穿着打扮也是那种很老土的风格,好像你天生就不懂流行时尚一样,这样一来,周围的异性根本无法感受到你的魅力,就算遇到喜欢你的人,你也不会跟对方交换电话号码,所以你必须积极表现自己。

恋爱的语言是快乐,求异,非理性,单身;婚姻的语言是现实,求同,理性,集体。两者最大的不同是:恋爱是求异的,而婚姻是求同的,即价值观是否接近,也就是夫妻双方对金钱、父母、朋友等等方面的态度是否比较符合。

让我们都用谦卑的心,来学习爱,一起探索爱这门课程吧。

留意这些艳遇高发区

(1)办公室

不管是完治、莉香,秀逗小护士朝仓还是《恋爱世代》里面的哲平与理子,他们都以身作则的告诉我们,机会就在公司,公司就有机会。整天待在家怎会有薪水高、身材高、学历高、品味高、相貌好的五星级男人出现?至于晚上的夜店,拜托,那可是要花钱的,还不如拿那些钱去婚友社,中奖机率还会高一点。可是婚友社的帅哥实在少的可怜,不如去公司这个世上最好的免费婚友社,不但质量良好,还会帮你做好考绩检查,是好是坏一眼就看透,并且随时有八卦小尖兵会报告战情。

看看杜拉拉是怎么升职泡帅哥两不误的,虽说有的公司禁止办公室恋情,但对这种极不人道的规定你完全可以表面遵守背地抛弃。可不能为了老板那不人性的规定就放弃自己寻找佳偶的良好地理。

（2）电梯

根据多年的精心研究，最容易遇到职场帅哥的地方不是办公室，不是开会中心，而是那小小的密闭式空间——电梯。请你展开想象力，一栋三十多层的写字楼，里面有无数家公司，更有无数的恋爱潜在对象。在那狭小的空间里，不但有眼神交会，有没有狐臭、秃头，也可以一目了然，若是遇到心仪的，还可以借由搭电梯之便，对他微笑，或是不小心撞上去，制造认识的借口。

（3）地铁、公交

不论是为了省钱还是为了多认识帅哥，都请你少打车，尽量选择人多、环保的交通工具——公车或地铁。人来人往、熙熙攘攘之中或许就会不小心地碰到那个他。我们在很多浪漫的电影中经常能看到在地铁和公车相遇而相爱的故事。不要光埋怨交通工具的拥挤，还是保持好迷人笑容，随时准备被丘比特的箭射中吧。

（4）火车、飞机、旅游度假地

如果你每日奔走在上下班的路上，看尽了写字间里的各色男人也没遇到合适的他，不如趁着年假去旅游吧。在火车上，飞机上，旅途中，度假地，每个人的身心都将得到放松，而且喜欢度假旅游的人更浪漫，这里也是艳遇的高发地带。

对很多人来说，旅行是给自己一个放纵的理由，从一个厌倦的城市出走，用脚步踏开一片陌生，贴近不可预知性，旅途才不会乏味。如果在这个时候来一场艳遇，相信是许多人嘴上笑谈而内心渴望的。

一位对旅行颇有研究的自由撰稿人曾这样揭示旅途中发生艳遇的必然性："在整个旅途中，人们的大部分时间是呆在沉闷的、运动着的、有时是飞翔着的小房间里，长途跋涉——密封窗稀释掉大部分外景，到晚上，如果你乘坐华北到华南的夜行列车，只能当镜子用的车窗已足够让你烦了；可要是穿越大西洋的夜间飞行呢——整整12个小时，在数千米的高空，不知身在何处，完全丧失了方向，飞行又是如此完美，没有气流和云团，一片漆黑，机舱纹丝不动……男人女人们在密封的小房间里百无聊赖，但终归该干点什么，可干什么呢？环顾四周，发现只有两样东西可看：钟表和漂亮的异性——因此，旅行将充满艳遇，枯燥乏味的长途旅行尤其如此。"

有一项针对上班族假期出游的调查里，67%左右的人希望旅途"艳遇"。有些人说，常规的生活方式令人窒息，独自的旅途多是一种叛逃，想象力急剧膨胀，更何况还有周遭绚丽的风光，身心得解放，感情在奔腾，恍兮惚兮间，谁不想牵着他(她)的手，似乎一切都可以奇迹般地发生。也有些人说，"艳遇"也许只是短短的一瞥两个人都产生一些共鸣，它只是人生当中的一段插曲，没必要追究。

也许，那山、那水、那风土民情，提供了足够新鲜和多彩的感观刺激。而在山水间信马由缰的慵懒，正好孕育出足够的体力。甚至平时被层层包裹保护的心，也被他乡的月光洗涤得通透晶莹。偏偏身边还有个同样闲来无事的可爱陌生人，"艳遇"的发生也就顺理成章了。

那些总是有很多艳遇传说的地方，比如大理、丽江、阳朔，很容易让人忘记时间，忘记原本的生活，于是你也可能成为传说中的一员。而且这些地方的酒吧里总是聚集着大量不安分分子，一点刺激就能让他们疯狂分泌肾上腺素。

还有一类高发区是户外运动路途中。因为在从事体力劳动时，男士容易不自觉就表现出对女性的帮助和关爱，让女性感到"被呵护"进而产生好感。

第三类就是飞机机舱或火车车厢了，因为在那样狭小密闭的空间里，总有种莫名的情愫在流动。

艳遇的首选场所是投宿的青年旅馆，因为青年旅馆内住的都是喜爱自助旅行的年轻人，大家兴趣相同，旅行方式相似，在交流和沟通时很容易擦出火花。

2.女人嫁出去的最完美时间——如何在最美的时候遇见他?

岁月无情，女人的青春相比于男人要短得多，女人三十豆腐渣，男人三十一枝花。一个女人从大学毕业到变成豆腐渣的时间不过短短8年。而这其中，女人一旦过了25岁，身边的追求者就会大批量减少，男人不管年纪多大，都更倾向于年轻的女孩，这就给过了25岁的女孩形成很大压力。

女人嫁出去的最完美时间符合"女人抛物线原理"，即一个女人对男人的吸引力,是从18岁开始逐渐走高的,25岁左右达到巅峰,随后开始走下坡路,形成一个抛物线。

也就是说,女人在18岁后,吸引男人的数量陆续走高。当25岁时,身边的追求者以及适合恋爱者达到一个最高端,你会发现到处都是等着跟你恋爱的人,天天选都选不过来。这时候,女人会迷失,会觉得自己根本不愁嫁,完全可以再玩几年,等不想玩了再嫁人好了。但女人们并没有发觉,他们迷茫而乐观的时刻,其实刚好过了吸引力的巅峰,当然,必须要说明一下,我这里所说的吸引力并不是指人的魅力大小,仅是指你能吸引到的男人的数量。

很多大龄女,再回过来看一下,可能会清晰地发现,自己身边的追求者,那些献殷勤的人,在某个年纪后,正在慢慢地减少下去。

这是一种生理现象,是个现实,并不随着人的乐观精神而改变。

但等女人到了25岁之后,对男人的吸引力下降,那些追求者如潮水般涌来,又会像潮水般流走。你身边适婚的男人数量减少,也就是说你的机会在减少。

其实对每个女孩子来说,婚姻是一件非常不公平的事情。这种不公平,主要体现在年龄差上。在当前的教育体制下,女孩子读完大学都已经22岁了,而正如我们所说的,一个女孩子的巅峰出现在25岁。那么一个刚读完书的女孩子,可以说才刚刚获得自由,是在父母和教育的囚笼里待了太久的笼中鸟,刚放出来自然要好好地玩一下,有几个人愿意立刻钻入婚宴的新囚笼呢?

没有人愿意,而且,刚入职场的小姑娘青涩未退,正是最佳的恋爱年龄,这个时候,身边的追求者众多,女孩子在挑挑拣拣中,25岁的巅峰转瞬即逝,随后就是漫长的下坡路。

而另外一个方面,在传统意义上,男女之间是应该存在年龄差的,很多女孩子别说姐弟恋了,就算同岁都接受不了。

那么,25岁的女孩子的适婚对象是28岁左右,其实是男人市场最富裕,数量最多的年龄层,只要抓住机会,女孩子要多少就有多少,完全有挑选余地。(这就是为什么爸妈级的人物,天天喊着你要相亲,给你找个合适的结婚对象的原因吧!)

但当女孩子自己到28岁了呢?适婚的男人已经要30岁了。

请你自己观察一下，身边超过30岁还没有结婚的男人有多少？非常少，好的更是凤毛麟角。

社会的风气，男人的习惯，是在30岁前结婚成家，30岁后立业。也就是说当男人30，女人27的时候，是社会上一个非常大的结婚关口。绝大部分都在这个时候结婚走人，而没有赶上这一拨的女人，下一拨的选择就会很少。还有千万别和男人比，过了30岁没结婚的男人是非常抢手的，这就是男女年龄的不公平处。

女人的吸引力是一条抛物线，25岁为巅峰。男人的吸引力是一条反向抛物线，20多岁可能是人生的低点，之后慢慢地上扬。

最后，我想说的是：朋友们，请在25岁前，为自己挑选好结婚的对象。不要一味地排斥令人厌烦的相亲。如果真的没有或不想那么早，那也不要一味等待，试着拓展你的社交圈，不要整天窝在家里成为宅女。

在最美的时候遇见他

有很多女孩并不漂亮，但她们却能轻而易举地吸引众人的目光，似乎在她们身上，总会绽放出一种特别的光彩，闪亮而动人。

自然，在获得爱情上，她们也占尽了优势———越"惹眼"，越能增加意中人发现自己的几率。

小西和小蓓从小一起长大，年龄相同，性格却相反。小西腼腆内向，小蓓活泼开朗。

漂亮的小西喜欢沉浸于自己的诗意世界，她就像一潭平静的湖水，每天没有任何的波澜。尽管她琴棋书画都略通一些，但从来不懂得把它们展示出来，她喜欢把自己关在房间里，两耳不闻窗外事。

因为她不喜欢热闹，每次朋友聚会她都拒绝参加，偶尔参加一次，也会一个人躲在角落，冷眼旁观的样子。久而久之，朋友们都觉得她很无趣，不再邀请她了。

与小西不同的是，小蓓的身上永远充满了活力。她开朗风趣，与人相处落落大方。走在路上，她总是主动礼貌地跟熟人打招呼。她的热情和幽默常常让周围的人赞许有加，朋友们也喜欢与她相处。她知道自己长得不够漂亮,但她很会打扮自己,所以朋友们都戏称她是"气质美女"。每次参加聚会,她都会穿上漂亮的裙子,再让妈妈为她梳个可爱的发型,这样,她便带着众人赞赏的目光,活跃在人群中央。

接触过小蓓的人,对她印象都很深,觉得这是一个"闪亮"的女孩。她的追求者自然不少。很快,在众多的追求者中,经过"海选"和"淘汰赛",小蓓找到了自己的爱情——那是一个欣赏她,呵护她的优秀男孩。当他们牵手走在人群中时,没有人不为他们的甜蜜而羡慕。

而小西仍然一个人"默默无闻",虽然也有男孩喜欢她,却都不是她心里所企望的理想爱情对象。她的意中人到底在哪里,什么时候会出现在她眼前,她只有每天关着门,在家等待了。

爱情,不能守株待兔,而应该主动出击。在你寻找"另一半"的同时,也应该让"另一半"来主动发现你。

或许你会说,好酒不怕巷子深。其实,好酒也是因为浓浓的醇香惹"鼻",才能让人闻香识酒。而一个女孩,如果没有一点引人注目之处,如何能吸引到异性,并获得良好的恋爱契机?

要让意中人快速顺利地发现你,你就要学会把自己展现在人前,适时地展现自己的优势,比如你的美貌、才气或者温柔,甚至恰到好处的张扬等等。

如何做个"惹眼"的女孩呢?当你发现了自己的优势并让它突显出来,你就成功一半了。

如果你很幸运地拥有美丽,那么,你就应该好好地享受这份上天的赐予,让自己的人生更加精彩;如果你相貌平庸,甚至丑陋,也不要失落,在你身上,一定还有某种值得你自豪的地方,只是你没有发现。引人瞩目并不是要求你完美,而是让你尽量做到完美。

比如,虽然你不够漂亮,但你身材不错,就不妨用得体的服饰将你那迷人的身段展现出来;虽然你身材平庸,但你的口才不错,就不妨用自己的幽默去感染身边的人;如果你有他人很难企及的某种特长,那就再好不过了,这正是你吸引他人的最好资本,把它们亮出来吧。

当然,也要注意的是,如果你是一株小草,就应该用娇弱和美丽来吸引人,而不要企望以"高大而强壮"来引人注目,毕竟你不是大树。

忘掉自己的不足,自信地展现自己的"得意"之处,扬长而避短吧。

给他机会来爱你

如果你是个不善于表达的女孩，又恰巧喜欢上了一个生性腼腆的男孩，如果不给他某种暗示的话，那么，你可能会在等待他的表白中耗很长一段时间。

给腼腆男孩制造机会，与女孩主动出击是两回事。女孩主动出击，讲的是喜欢对方，主动去追求。而给对方制造机会，是知道对方喜欢自己，可他因为腼腆而不敢表白，女孩主动制造机会，引导他把心里的真实感情表达出来。

总之，无论如何都不要把感情闷在心里不去表白，造成永远的遗憾。因为总有那么一些不开窍的男孩，长着一个"榆木脑袋"，需要女孩点拨一下。

有个男孩和女孩在公园里约会，女孩希望男孩拥抱一下自己，就暗示这个男孩说："有人说男人手臂的长度，恰好等于女人的腰围，你相信吗？"男孩说："这我倒没有量过……"女孩再次暗示他："可以量一下呀！"

男孩明白了女孩的意思，轻轻而温柔地拥抱了女孩一下，说："你真的好苗条啊。"

后来，男孩和女孩结婚了，过得很幸福。男孩想，是当初公园那个拥抱让他们打破了僵局，让他拥有了最爱的女孩。

婚后，男人故意逗女人："还记得吗？你说男人手臂的长度，恰好等于女人的腰围，现在我不相信这个方法了，因为现在我的手臂不等于你的腰围。"

女孩，不，现在她已经是女人了，就倚着丈夫轻轻地笑着点头——因为她已经怀孕了。

有句话说："如果你真的爱他，就放下女孩子高高在上的架子吧。"

小苑和王挺是朋友，可又不像朋友。让小苑郁闷的是，王挺从来不曾对她表达过什么，两人之间一直持续着那种介于恋人和朋友间的关系。

随着时间的推移，小苑看得出来，王挺是真心的喜欢她，只是他太过于害羞、内向。于是，她决定制造些机会，让他把这层"窗户纸"捅破。

某一天，小苑约王挺去朋友家，朋友家在十楼，却没有电梯。到六楼时，小苑装作实在走不动的样子，可怜巴巴地对王挺说："王挺，我肚子好疼，怎么办？"王挺犹豫了一下,说:"我拉着你走好不好？"

小苑会心地笑了,把手递给他。王挺有点不好意思,脸都红了。走了两层,小苑把手挣脱,说:"哎,我还是走不动了。"说着就坐了下来,再也不肯走。王挺犹豫着说:"要不我背你走？"小苑雀跃起来:"好啊。"说着就跳到了王挺的背上。背着小苑,闻着她身上淡淡的清香,王挺似乎充满了力气。

不知不觉间,两人的距离拉近了很多。再后来,他们相聚或约会,也开始拉手了。

那天,小苑主动打电话给王挺,却听着他的声音有气无力的,她感到王挺可能生病了,于是跑到王挺的住处。

果然,王挺因为感冒,引发了鼻窦炎,导致半边脸疼痛肿胀,头也疼,人也倒下了。小苑为他买药、熬汤,把他照顾得细致入微。

王挺病好的时候,小苑假装探试他:"哎,我这朋友也做得够尽职了吧？现在你也好了,我也该解脱啦。告诉你一个消息,我们公司派我去S市担任销售经理,下周我就得走了,你要照顾好自己……"

王挺听后慌了神,突然一把拉住了小苑的手,对她的表白脱口而出:"我很早就喜欢你了,真的好喜欢……是这次生病,让我意识到,我……我不能没有你,小苑,留下来吧,做我的女朋友……"后来,小苑留了下来,他们的爱情很快就水到渠成了。

很多女孩子像小苑一样,默默地爱着一个人,但总是等不到对方的表白,很苦恼。很多时候,不是他不够爱她,而是他找不到合适的表白方式,觉得自己"没有机会"。如果是这种情况的话,这段爱情实在是太冤枉了。

其实,机会是可以制造出来的。快点掌握一些技巧,试探他一下,早一点明白他的心思,让爱情来得更顺利吧。

首先,了解他是否真的生性腼腆。

这点很重要,或许他根本就对你无意,你却误以为他是性格内向而不好意思表白,那很可能会表错情。也有一种男人,看上去开朗大方,和人交流爽朗自如,但在某个女孩面前,却腼腆害羞,也说明他对这个女孩有意思。

其次,了解他是不是对你有意。

女孩一般都敏感,凭着这种"第六感觉",通常能感觉得到男性对自己的真实意图。如果他对你完全没有那种感觉,你的"制造机会"只会给自己带来

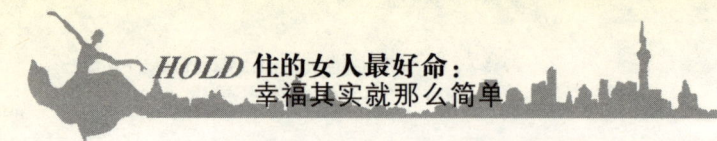

尴尬。了解他的真实意思,可以从平时的细节中观察出来。

以上两点都确定了,就开始你的浪漫之旅吧。但是不要忘了,在给他制造机会的时候,要注意一些问题。

(1)感情表达一定要自然。

感情还是真实自然为好,千万不要做作而虚假,否则很可能会弄巧成拙。或许他本来对你有好感,却让你的做假给"做"没了。

(2)把握好火候与分寸。

不要明知道他喜欢你,还赤裸裸地质问他:"说,你是不是喜欢我?不要紧,喜欢我就大胆地说,说'我爱你'。"或者大胆地拦住他,说"我知道你喜欢我",然后再赤裸裸地主动给他一个香吻。这样只会把他吓跑或把他对你的好感骤然降低。记住,心急吃不了热豆腐!

(3)分清主次。

不要把给他制造机会搞成了主动进攻追求他,这是两回事。你要先知道他爱你,再不动声色地给他制造表白的机会,而自己,依然要享受被追求的快乐。

3. 嫁不出去的五大原因——对号入座,看看有没有你?

很多女孩不明白,为何那么多女孩都把自己嫁出去了,自己却是剩下的那一个。是自己外貌太平凡对异性缺少吸引力还是自己性格不够讨人喜欢?其实漂亮与否,年龄大小都不是最重要的原因。你还是好好看看下面的文字,来对号入座下,看看这其中有没有你。

宅

"宅",可能正好说中很多人的生活。但这些人却觉得自己也是被迫的,是没有办法的。因为人总是要生存要吃饭的,而现在的工作一般都很忙,每天上班干活,加班到晚上,等回到家时,已经累得受不了了。好不容易有个周末,当然是睡个懒觉好好休息,连上网聊天的时间都没有,又哪里有空去社交,去混圈子呢?

"没时间"，是很多人的口头禅。这是借口，对付父母，对付亲戚，对付朋友，甚至对付自己的绝佳借口——因为没时间，所以我只能宅着。因为没时间，所以不能谈恋爱。因为没时间，所以嫁不出去。

客观上来说，你是对的。的确是工作让你没时间做这些事情。但行为上，你却错了。

不少女孩子的问题在于，她想认识男人，但又不愿意花精力去拓展社交圈。她们认为，认识男人就是找人介绍的事情，何必花这个时间还要混圈子。

这想法是大错特错的，别人介绍能有几个？能确保找到喜欢的人吗？只有把你的社交圈子打开，直接进入目标群体的周围，才能一劳永逸地解决你的问题。

在城市里面，剩男剩女的很大问题，并不在于人口比例不均衡，而在于各自的社交圈封闭，互相难以认识。

有大量未嫁女的存在，同样也有大量娶不到老婆的男人存在。譬如IT企业中，大量单身男性都没有着落；有些事业单位非常封闭，公务员男人年过三十也没有女朋友。

而这些人群，恰恰是许多女孩子的合适对象。当你想明白自己需要的是什么后，进入这些人的圈子，会发觉，你将特别抢手。

我见识过一个两百多号男人的IT公司，上上下下女生不超过十人，像这样的圈子，你一旦跨入，就会成为众人的焦点，别人的目标，挑都挑不过来，还着急什么呢？

另一方面，年纪偏大的女人，可能不适合混小男孩儿的圈子。她们应该去参加比较高端的聚会，譬如前文所说的高尔夫俱乐部、车友俱乐部、高端会所，多去参加一些派对。

因为适合年纪的男人，一般都处于高端群体。他们可能没有那么帅，但各方面条件都很好，非常适合过日子。

大家要记住，女人在没有结婚之前，一定要会玩，这不是劝诫，而是必须。我从没有见过一个会玩儿的女孩子嫁不出去的，你要周旋在多个目标圈子里，吸引足够多的目标人物，这才有得挑。

这里要引入一个"嫁人经济学"的概念。就是以家人为目的，去做最有效率的事情。你可以把自己当成一比资本。你可以投资在婚姻上，换来家庭。也

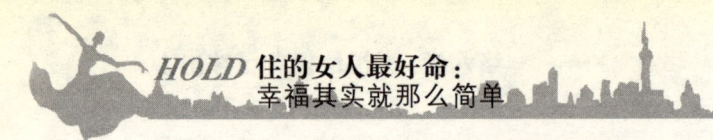

可以投资在事业上，换来职位。但本金就这么多，分散投资只会让你一无所获，唯一的办法就是在某个阶段集中投资。就是说，现在最想做什么，最需要做什么，就大量投入在哪里。

想嫁人，就要以嫁人为优先。对自己要嫁的人应该有个大概要求，然后让自己与这个目标群体发生关系。"嫁人经济学"中最重要一点，就是要把资源合理分配在最重要的地方。比如说你有一笔钱，是拿去做护理还是买名牌包包呢？如果买名牌包包(大概很多女人会选这个)，并不会使自己本身变得更漂亮，反而会让男人有很大压力。但如果选择去做护理，却能让你更加容光焕发光彩照人，能吸引到更多的追求者。

有人可能会说了，为什么要为男人做这么大牺牲？我是为自己而活，又不是为男人。这句话听上去很对，实际上很傻。因为欲取之必先与之，你不给男人一点点好处，怎么让他们死心塌地的伺候你一辈子？

你为男人活一世，男人为你活一世，这才是最大的经济学。

宅女只能在巴掌大的地方找男人，纯粹是摸奖心态。宅在家里等天上掉男人，是最不靠谱的，不走出去，神仙也难救。

忘不掉前男友

没错，脱钩而逃的鱼永远是最大的。不管你当时如何狠心分手，此刻想来仿佛只有你的前男友个性又好、长得又帅、体贴又温柔。但请记住：这些都是历史了。如果当时是你提议分手，请不要考虑面子问题，现在就拿起电话拨给他(根据经验，挽回的几率可能还有5%~10%)。但如果是他甩了你，那么请恕我直言，还是早点清醒过来，别幻想有一天他会浪子回头重新回到你身边。

很多女生不敢再爱都是因为曾经的回忆。可能太美好了难以忘怀，让心里总有个得不到的男人。也他可能是黑暗而悲剧的，留下非常深的伤口，从而让女生缩在角落里，不敢再前进一步。爱情不是你付出多少，就能收获多少的。男人投入爱情的勇气远远不如女人大，他们总是更务实更自私。

回忆是一种毒药，让人止步不前，看不到眼前的美好。这个世界上，永远不会存在比回忆更美好的现实。但回忆只是大脑的产物，是一个骗局。当你沉溺其中，再也不前进，那么若干年后，除了老去的青春之外，你还能剩下什么呢？

泡沫再美好也只是一个泡沫，现实再残酷你也要重归现实。一个人痛苦的原因就是太聪明和记性太好。

女孩子最经不起的就是时间。美人迟暮什么的最伤感了。所以要抛掉回忆，大步往前走！

像我自己，原来就是被回忆困住很久的人。这样真的不好。以前看日剧，里面讲"回忆只是回忆而已，回忆不具有任何力量。"曾经开心也好，失败也好，都过去了，过去的就让它过去。不经冬寒，不知春暖。即使失败了的爱情也应该是快乐的，至少有过快乐。

幸福和厄运，各有令人难忘之处，不管我们得到什么，都不必张狂与沉沦。

事业心强

这个女孩的经历是众多"三高"女中比较典型的例子。

她28岁，很开朗，本科毕业后自己开了一个小公司，月收入两三万元，有属于自己的房产和车子。女孩无论是身材、身高、长相都很好，给我留下的印象很深。

我给她介绍的第一个男士是公务员，比她大七岁，有别墅、车，各方面条件都不错。在我看来男方无论学历还是经济条件都与她很相配。那天约好了在咖啡厅见面，我陪男方坐在咖啡厅楼上等她，她"咚咚"的上楼声引起了男士的注意。见面后我给他们相互介绍完，大家寒暄了几句后似乎就没什么话题了。第二天早上我接到了男士的电话，他说自己想找一个淑女型的女孩，不想找一个事业型的女强人，这个女孩个性太张扬了。

两个月以后，我介绍了第二个男士给她。这人是名公司职员，工资不高，但人长得很帅气，比女孩大五岁，喜欢旅游，打网球。两人见面之前我没告诉男方女孩的家庭状况，想着如果感觉好了再说也不迟。当天见面双方感觉都很好，并且聊得也很投机。第二天女孩打电话告诉我，他们那天晚上聊到十一点多钟才分开，她对男方很满意。我很高兴，立即打电话给男方，说了女方的意思，男方听了也很高兴。我于是趁热打铁说了女方的一些经济状况，谁知男方听完马上表示终止两人交往。我问原因，他说女方条件太好了，他只是个普通职员,一年下来也就挣个四五万元,如果找个工资比自己高的女朋友,他会在女方面前永远抬不起头。这类事业型女孩不但将来结婚后管不了家,自己都得别人照顾,他不想做一个保姆型的家庭妇男。

又隔了两个月,我介绍了一个做企业管理的男士给她。这人英语水平极高,比女孩大两岁。可是一圈月湖走下来后,男方再次提出不理想。他说自己和女孩在一起不是为了钱,自己挣的钱足够用了,女孩和他聊天时一直说自己工作很忙,经常没时间,让他感觉很不舒服,他想要找的是一个细腻、会关心人的妻子,而不是找一个工作狂。

现在这个时代,很多女孩子追求独立,并不愿意依靠男人。她们同样很有才华很有能力,可以在事业上成绩斐然。

但很多女强人在职场上可以呼风唤雨,但却没办法谈一场正常的恋爱。

从很多方面来说,职业女性的成长速度,其实比男人更快。因为女生全心投入时,无论是韧性,坚忍程度,还是细致,耐心,都要远超男人。但是这样真的幸福吗?职业女性一生所需要的,真的是事业么?答案肯定是"不"。

男人的归宿是事业,因为总会有一个女人布置好家庭,等着他回来。而女人的归宿是家庭,因为她永远也找不到另一个替她打理家的人了。女人年轻时再怎么拼搏,到最后一定会思念家庭。这种生理差别,又会进一步影响到心理。

很不公平,但的确是事实,所以这是取舍的问题。当你在最好的年华时,就要弄明白,自己最想要的是什么,去追求你想要的,千万别什么都想要。时间一旦错过,就很难弥补。

你不能为了婚姻放弃事业,但也决不能为了事业而放弃婚姻。一个聪明的女人,懂得将两者协调起来,既把自己的事业经营的风生水起,又在婚姻生活上得到幸福满足。婚姻与事业并不矛盾,谁说鱼与熊掌不可兼得呢?

完美主义

"怎么找个人就这么难,我条件也不差啊!"当年龄嗖地滑到27岁,张杨已经很难淡定了。

张杨身上的标签有:硕士毕业,公务员,独生女,家境较好,身高1.66米,模样中上。自己条件好,她对未来的另一半,期望也很高。"对学历、长相、收入、家庭、性格方方面面要求都很高,有完美主义、理想主义倾向,眼里不揉沙子,导致曲高和寡。"这些特点,在她身上确实有所体现。

大二时,张杨和同学谈过一场恋爱,一年后无疾而终。考上研究生后,在父母的催促和安排下,她开始相亲。

张杨还记得第一个相亲对象,那男生在银行做管理,济南本地人,谈吐老成,美中不足的是个头达不到张家的标准。她几乎没有犹豫,直接选择了"PASS"。后来的几个男生张杨也都没看进眼里,她总能挑出缺点来:说话太木讷、眼睛太小,没男人味……

工作之后,张杨相亲的次数直线增多,但热情也直线下降,仿佛看花了眼一般,她有点疲了。

"谈谈试试?我不想随便,也耽误不起。"眼看青春无多,张杨既焦虑又疑惑,"我不想将就,这有错吗?"

完美主义的女孩子,对细节完美的追求,简直是令人发指的。但很多完美主义情结的女人,当爱上一个男人后,表现出来的容忍度是很让人吃惊的。婚后不要说完美了,就连普通水平达不到都无所谓。为什么会这样?追求完美就是不肯妥协,而生活的真谛就是妥协。

说白了,只有天之骄女才能完美主义,而一直在为生活苦苦打拼的人,就算有要求也不可能过分的完美主义。而婚姻本就是一件令人有挫折的事情。几乎所有人进入了婚姻,都会感觉到受挫,二人一旦受挫,必然会有妥协。既然如此,又为什么要在一开始如此挑剔呢?

男人往往分为两种,一种是尽量把最好的一面展示出来,尽量把坏的一面掩藏起来。这些人是很有心机的,而且有你所不知的阴暗面。另一种呢,他是真实的,平时生活里怎样就是怎样。你现在看到的,就是他婚后的样子。

完美主义的女孩子通常会选择第一种,结果往往很不堪,因为他们有阴暗面。如果放下完美主义,选择第二种的话,现在所有一切的缺点,或许在许多年后,都会变得习以为常不在意了。

有些人嫁不出去的主要原因是面对的机会太少,而有些女生,根本机会不少,只是完美主义的想法,让她们排除了所有人。她们想找的那种完美无缺,没有缺点的男人,是不存在的。

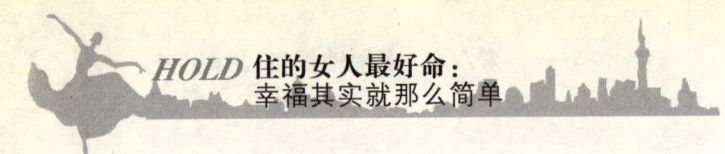
恨嫁

此词语出广东话，就是恨不得立刻就能嫁出去。具体表现是，无时无刻不在对周围的人说自己要嫁人，无时无刻不在要求周围的人介绍男人，无时无刻不在筹划自己婚礼时的场景。

按理说，这是好事，怎么成了阻碍呢？但生活往往欲速则不达。

恨嫁女总是把嫁人挂在嘴边，会让身边的人觉得，只要介绍男人给她，就是直奔结婚而去的。所以身边的人会非常谨慎，甚至不敢轻易介绍人给她认识。这反而减少了相亲的机会，令其出嫁概率更低。而就算碰到了靠谱的男人，恨嫁女开口闭口都是将来和结婚后，这会吓走男人。即使是最想要讨老婆的男人，也很怕女人一开始就说结婚。害怕女人缠上自己一辈子，这是男人先天的本能反应。你和他谈恋爱了，顺理成章结婚是一回事，他找老婆是一回事，但你主动提结婚，提将来，提婚后生孩子，这个男人，尤其是刚认识不久的陌生男人会被吓怕的。

当人们看到恨嫁女如此恨嫁时，第一反应就是这个女人没人要，所以要缠着我。于是他们会想象各种捡便宜货，捡破烂货的场景，根本不会意识到，自己错过了一个多么好的机会。

所以说，千万不要让男人得到的太容易，他们生命的本质就是贱。只有为难他们，压榨他们，不给他们承诺，男人才会跟着来追求你，喜欢你，甚至是拼命的求婚。恨嫁女从一开始就让男人太容易得到，这是问题的所在。

要记住，恋爱也好，婚姻也好，都是有技巧的，不是你想要就能得到。

4.对症下药，把自己嫁出去

世上从来没有天上掉馅饼的事情。你想要得到什么，就一定要做什么。

既然之前那么长时间，你都没有成功地把自己嫁出去，那么在未来，就必须要做些不一样的事情。要加强行动力，而不是一味的等待。

这个世界上也没有一招万能的绝技，不可能有人今天教你一招，明天你就能嫁人的。生活是一种艺术，我们只能把道理说清楚，把方法罗列出来，把别人的成功经验拿出来理解，再根据自己的实际优势和情况来组合。

女人始终想不明白，为什么自己漂亮又有气质，还有事业，也不缺爱情，但惟独没有婚姻？三十岁以前从来没有着急过，身边这么多人围着，随便嫁给谁都好，可是当真的想嫁人时才发现，有的不合适，有的先一步走开。竟然没有一个合适的人选！这是为什么？

以下是为百思不得其解的女人开的处方，请对症下药。

好男人观念

这是结不了婚的女人频率最高的抱怨。对这些人而言，自己遇上的男人不是魅力不够就是魅力太过；好男人若不是根本不存在于这个星球上，就是倒霉遇不到，或是全死光了。就算侥幸撞见了几个，不是结婚了，就是看不上。这种女人首先要治疗的是自己的心态问题：好男人到底是什么？有人30岁还没搞明白，问题就出在自己身上。你到底是想嫁给自己爱的男人，还是一个好男人？而且，好男人脸上没有贴上标签，也没有一个统一标准，有钱？多情？体贴？还是什么别的？问题是条件再好的男人，如果他不适合你，又有什么用呢。

选老公从来不能用"量身定做"的概念，反而比较像到市场挑手机，你的任务是从最顶级的手机到最廉价的国产手机中选出一款相对适合的而已。你必须抛弃陈腐的好男人观念，因为女人心目中的好男人就像网络泡沫，根本不存在，就算你抓到了，最终也会破灭。

烂男人毒瘾

和上一类恰好处于两个极端，有些女人专门和烂男人（更多是貌似婚姻不幸福的已婚男子）搅和浪费青春。她们的口头禅是："你们都不了解他，他其实是对我很好的。"

还有一种"烂男人"与"前男友"交叉感染的典型病例，心肠软或耳根子软的女人对这种病菌的抵抗力特别弱。一般而言，都是那个分手已经很久（甚至都已经结了婚）的前男友突然给你打来一通"想看看你近来好不好"的电话，见了面，餐前饭后的标准台词一定是"不瞒你说，你才是全世界最了解我的人"。如果你脑筋一时糊涂又耐不住寂寞，继续跟他保持这种"偶尔吃顿饭"的麻烦关系，就别怨月下老人也瞧不起你。拜托你偶尔也该让大脑运转一下：如果你真的好到宇宙无敌，他为什么不干脆离了婚来娶你？相信我，稍

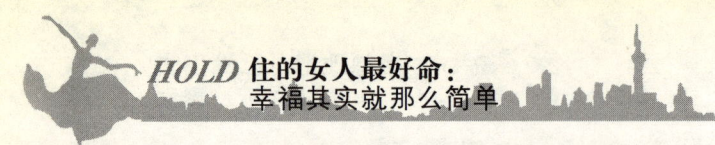
微有点志气的好男人都会对你敬而远之。

为了这种烂男人，永远等下去？你想想清楚吧！

漫无目的等待狂

女友35岁了，依然单身，我们都替她着急。她自己其实比谁都急，只是她宁缺毋滥，宁肯等着也不想随便找一个，身边仰慕她的男人很多，大都因为这样或那样的原因，都被她否定了。她坚信属于她的那个男人也一定在某个地方等着她，只是两个人因为缘分未到而不曾相遇而已，下一个也许就是了。

有时候我们会开玩笑地说："你条件那么好，与其坐着等，不如干脆去抢。管他是不是有老婆或是女朋友，只要你喜欢，就采取主动嘛。"女友偏又不是个主动的人，更不喜欢抢人家的东西。

于是，我们给她讲了这样一个故事：有一个人晚上在公车站等车。第一部公交车来了觉得人太挤，第二部公交车看起来太老旧，又嫌第三部公交车没空调不想上车。几部车过去之后，心里想着不如打车回家算了，但一掏兜里又没钱，最后只好走路回家。

这个故事的教训是："下一个会更好"绝对是个不切实际的想法，它更适用于刚失恋的人寻求安慰，而不是想结婚的你。

永远不打折

销售业有一条黄金定律：没有卖不掉的商品，只有不会卖商品的导购。每一个女人都曾经是当季新品，但如果你已经变成了过季库存，问题不一定是在商品本身，而是你没有找对销售方法或主力消费群。坚持不打折扣是一种可敬的精神，但如果你有行无市，那就需要更为灵活聪明的手段。

预售屋缩手主义

从来只买现房的你要注意了，这是对你最有挑战性的一个逻辑。一般而言，女人都比男人要早熟5年左右，如果你不好好运用这个优势，那么到头来也只能怪自己目光短浅。当你幸运地遇到一个质素不错的好男人，有把握在他还是潜力股的时候就买下来，那么难度当然相对低。要知道一个成熟风趣又事业有成的男人，就像成熟的优质楼盘，价格不但水涨船高，竞争对手也会令你倍感棘手。

节奏感失调

"如果到了25岁还没有遇到真命天子,那其实是一件幸运的事。"这句话的意思是说:真命天子如果过早出现,没受过"好男人猎杀行动"训练的稚嫩女孩往往会糟蹋了这段美好姻缘。你要了解两个人的交往过程也一样会有高低起伏的节奏,不可能从头到尾都甜甜蜜蜜如胶似漆。你平常应给对方一点喘息的空间,吵架的时候有分寸,对方犯错时更不要盛气凌人得理不饶,记得留点回旋的余地。当结婚的机会出现的时候,你则要掌握时机"准、狠、快"下手。根据过来人的说法,结婚决不是一项理性行为,更需要一股冲动一鼓作气。如果你老是跟不上对方的节奏,那么长吁短叹也就成了你的私人专属情绪。

焦虑症

很多结不了婚的人偶尔会感染这种症状,就是怀疑是否因为自己的个性古怪而结不了婚。这真的是一种很诡异的副作用,但我要严重声明的是:答案恰好完全相反。你想想,一个房子并不是因为被称为"鬼屋"所以"闹鬼",而应该是因为闹了鬼所以被称为鬼屋。于是你的思路只要转个弯就行了,千万不要因为结不了婚生自己的气,也不要因为听到了别人的议论你就真的怀疑自己,否则染上这种病症是迟早的事。

心耳距离遥远

你是否忽略了一个很严重的事实,就是自以为喜欢一颗善良的心,但真相却是你只喜欢听花言巧语?请在夜深人静时扪心自问:自己是不是外貌协会的会员?的确,太帅的男人令人缺乏安全感,甜言蜜语的男人多数靠不住,可是违背自己真实想法的关系终究不会长久,更糟的是还可能会让你做出后悔终生的选择。所以,对自己诚实吧。如果你从心底就喜欢靓男或甜嘴的家伙,应该学习的是如何调整心态去面对"高风险"的生活。

综合并发症

以上所述的几种症状,只要符合了其中一条就已经够糟了;但最惨的是,临床实验显示:结不了婚的人往往同时感染了好几项。请注意:绝对不要因为症状复杂而自我放弃,永远要记得,随缘。但也不能不努力,咬紧牙关撑住!千万不要在革命尚未开始之前就轰然倒地!

男人为什么要爱你——用什么HOLD住男人？

这个问题，对女人来说完全不是问题。你为什么要爱男人？答案不言而喻，是因为爱情。

但男女有别，女人的回答不能直接冠在男人身上。因为男人的想法完全不一样。

是因为爱情吗？爱情的成分肯定是有的，但它并不是全部。或者更深入一点问，是什么触发了男人的爱情呢？

要记住，男人是非常现实主义的。他们不会因为某个瞬间而爱上女人，也不会因为一时的情绪波动而爱上女人。

男人爱上女人，必定是有客观因素的。

最常见的原因是外貌。

通常男人比女人更容易一见钟情。因为女人喜欢看内心，男人喜欢看外表。只要够漂亮，男人就爱。

其次是欲望。

这分为身体之欲和占有欲。有些男人对得不到的东西，难以到手的东西，总是充满了渴求，最后渴求变成了爱情。

然后是习惯。

在很大程度上，男人就是被生活习惯所控制的奴隶。谁能管理男人的生活习惯，就能掌控这个男人。当一个男人离开了女人就无法生活，那么爱情约束必然由此而生。

最后才是内涵。

几乎所有的男人，在前三次见面时，都是看外表的。想要他们注意到你的内涵？别痴心妄想了。

如果前三次的见面，让男人注意到你的外表，并且吸引住他们，那么男人会产生占有欲，也就是想要追你。这时候就进入了吸引第二个原因，欲望。很多聪明的女人，会利用这个原因，故意勾着他们，不让他们很快得手，让他们为了追求付出更大的代价。

会照顾家庭的女人,比不会照顾家庭的结婚率更高。原因无他,就是男人在生活上,完全习惯了这个女人,从而产生了巨大的黏性。这种黏性一般来说,除非特别大的外力,如第三者或者新的欲望吸引,是很难甩脱的。

如果要让男人了解甚至爱上一个女人的内涵,需要很长很长的时间。女人爱上男人的内涵是一瞬的。而男人,要摆脱外貌吸引以及欲望吸引等种种因素,最后沉淀下来,至少要几年,甚至十几年的时间。

即使是最有文化,最有内涵的男人,爱女人的原因也是以这个顺序排列的。

当你遇到一个男人时,就要清楚自己有什么优势可以吸引对方去爱,从而知道,该用什么方法让这种爱深化,最后用什么方法,可以让他离不开你。

1.改变,从"第一眼"开始

男人是视觉动物,第一眼吸引男人的绝对是你的外貌和身材,不要想着男人会因你的内涵而爱上你,如果你的外貌对他都没有吸引力,他哪有功夫去发现你的内涵呢?

其实,外貌吸引男人并不是一定要长的漂亮,有人喜欢美艳型,有人喜欢可爱型,有人喜欢清纯型。每个人有自己的口味,关键是你要知道自己的风格,懂得适度的打扮,突出自己的优点。

适宜的淡妆能让你显得更加精神和漂亮,但你也应该知道,不恰时宜、不合身分场合的浓妆艳抹并不是一种美。

总有那么一些女孩,她们要么自信心膨胀,要么过于自卑,企图用浓妆掩饰自己的不足之处。她们习惯穿鲜艳的衣服,把自己打扮得花枝招展,而完全不顾自己的真实个性和条件。这类女孩常以美女自居,却不自觉地落入了俗套。

其实,浓妆艳抹的女孩不一定美。爱美之心,人皆有之,但追求美也要适当,要结合自身的实际情况来搭配,而不是盲目地追赶时尚,东施效颦,那样只会让周围的人对你退避三舍。

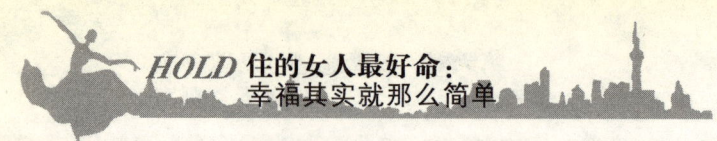
　　一般来说，在妆容和外观上，令异性反感的女孩类型有这样几种：

妆化得过浓的女孩

　　虽然"脂粉香"和"女人味"是连在一起的，但脂粉味过浓，香气袭人会让人觉得俗不可耐。

　　化妆其实是一种优美的艺术，掌握了它就能让人变美，倘若不懂，便会丑化人。有些女孩喜欢把脸上的粉扑得厚厚的，唇涂得艳艳的，这种形象或许让人感觉很"酷"，但却不美，很容易让人"退避三舍"。

不会搭配衣服的女孩

　　有些女孩喜欢穿大红大紫的衣服，敢于尝试，却缺乏搭配常识。有一次，我在街上看到一个女孩，上身穿一件艳红的衣服，下面是一条翠绿的裤子，脚上一双雪白的皮鞋，这样的装扮吸引了很多人的目光，那女孩神情间也颇为得意，以为是因为漂亮才吸引了别人的注意，我却听到人群中的窃窃私语："红配绿，丑得哭。""这也穿得太难看了……"

不修边幅的女孩

　　女孩时刻都要维护好自己的形象，就算不追求美，至少也要让自己干净、整洁，这是装扮最基本的前提。

　　比如，我见过有些女孩，穿着睡衣，顶着满脑袋的发卷就跑到大街上，没事穿着拖鞋到处跑，年纪轻轻，却把自己弄得像个四五十岁的"包租婆"。

不分场合，当众化妆的女孩

　　当众化妆是一件很不雅的事。妆可以先在家里化好，要不就去洗手间。不要在食堂、餐厅或是其他大众场合，更不要在进餐中，时不时拿出粉扑来扑几下。别人不会觉得你美，只会觉得你"臭美"！

不会正确使用香水的女孩

　　有的女孩认为往身上喷香水"多多益善"，导致味道过于浓烈，让人远远闻着就反胃；有的女孩因为经济原因，喜欢使用味道怪异的廉价香水，导致身上"香味"不纯；还有的女孩，在炎炎夏日，出了汗不知道清洗，而企图以浓郁的香水掩饰汗臭，结果让人嗅觉"上当"。

　　若男孩子与她们约会，我相信有机会就会"开溜"。

过于追求中性的女孩

　　有的女孩喜欢很酷很时尚的感觉，头发剪得奇短，甚至剃成光头，让人分辨不出是男还是女。但我相信,大多数男孩可以接受女朋友的"男孩子性格",而无法接受女朋友的"男孩子形象"。

女孩子漂亮不是一定要天生丽质。哪有那么多天然美女,大部分美人都是自己精心装饰出来的。

女孩子要把漂亮当做自己的终身事业。千万不要觉得自己够漂亮了。自信满满的女孩子往往是精神力量强于外表的。要知道女人因自信散发出的光彩非常吸引男人。

在美丽上投入程度与效果是成正比的。

怎样才能让自己变美一点呢?我要告诉天下所有女人,美丽不是漂亮。女人的美丽比漂亮更重要。漂亮往往指外在,而美丽指的是内涵。漂亮会随着时光的流逝渐渐流走,是一瞬即去的;而美丽则回随着生活的历练与修养的滋润而永远散发着崭新的气息,是永恒的。就如名人说的:17岁时,你不漂亮,你可以怪罪于母亲没有遗传给你好的容貌;但是,30岁了你依然不漂亮,就只能责怪你自己了,因为在那么漫长的日子里,你没有往你的生命里注入新的东西。

姣好的容貌远远没有气质有吸引力,而气质是知识与修养的结合。一个没修养的美女,大家都称之为花瓶;而一个满腹经纶的女人,即便她很丑,她的人格魅力也会令许多人折服。

生活中,比美丽的容貌重要的东西还有很多很多。对美貌的女人说,镜子并不是你出门的通行证,男人也不是你生活的唯一的依靠。对漂亮女人来说,装扮往往令上帝为难,而读书则令上帝欣慰。因为你缺的不是美貌而是气质,气质和智慧会将你的年华永驻,优雅的气质会使你历久芳香,美丽终生。

美丽是一种动人心眩的魅力。世界上无论何种语言,形容女人的词汇都是一样的丰富多彩。温柔、善良、清纯、成熟、优雅、娇柔、妩媚……形容女人的美丽绝没有简单的统一标准,这是女人的特质。

当女人真正拥有这些特质时,就能得到尊重和欣赏,就会令许多人折服。

2. 改变,从主动出击开始

有些人条件不错,却孑然一人。不是不想恋爱,而是没有碰到恋爱对象。爱情是很微妙的,不要总是抱怨丘比特的神箭射不中你,有时候得自己创造良好的机缘。

女孩子要主动一点,多出去走走,多参加朋友聚会,多制造街头"邂逅"……多给自己机会,幸福的爱情自然会降临到你头上。

有个女孩在邮件中向我倾述——

我已经24岁了,说不清为什么,对谈恋爱和结婚既反感,又有些向往。我有一份不错的工作,所以择偶的条件也比较高,倒不是挑对方的外表,而总是希望对方的学历和资历至少能和我相当。我想,没有理由男人比女人差吧。

最近也有人给我介绍一些男孩,都没有比较适合的。我单位倒是有一个同事,条件不错,我觉得他对我似乎也有点好感。

前些日子,我鼓起勇气约他喝咖啡,他当时说没空,第二天再说时,他又没有下文了。

后来见面,他对我还是比较体贴,似乎又有那层意思。我想约他,又说不出口。我真不知道他到底是怎么想的。

现在我很苦闷,不知道要不要再约这个同事。我想,能遇到一个不错的人也不容易,不想就这样放弃了。可是我又无法厚起脸皮来约他,总觉得男人在这方面应该主动一些……

"唉,真不知道他是怎么想的,更不知道他对我的态度。我现在该怎么办呢?"

很多女孩都有过类似的困惑:遇到心仪的人,想了解他对这种关系是怎样的态度,对自己是什么意思,但又无从了解,也不知道如何开口去询问。

其实,男人的这些举动,是可以理解的。

对男人来说,"将来"意味着事业上的发展、更多的机会和财富、声誉等。而在感情方面,一旦做出决定,将来的路不是越来越宽,而是越走越窄。因为关系确定后,他没有了单身的身份,遇到条件更好的女性也不能再展开追求。

有句话说:男人结婚前觉得适合自己的女人很少,结婚后觉得适合自己的女人很多。这不无道理的。

女孩遇到这样的情况,可以适当地试探一下。当然,试探的结果有两种,一是让他向你表白,你们的关系确定下来;另一种便是你的主动将他吓跑。

最终会得到哪种结果,有时还取决于你试探的方法和技巧。

试探办法一:用距离来测定他对你的好感度。

告诉他你要和朋友一起外出度假,这个时间会比较长,然后认真地观察他的表情,如果他无所谓的样子,表明他对你没有那层意思。如果他有点意外,有点欲言又止,很可能是他已经喜欢上你,只是犹豫不决不知如何表达。

如果他问是什么朋友,不妨直说是男性朋友,看看他的反应如何。

或者告诉他,你要离开这个城市了。这一招往往会逼出他的真情,爱你,他就不会错过最后的表白机会,会让你留下。如果不在乎,就没什么可谈的了,放手吧,去寻找新的目标。

试探办法二:假装与其他异性亲密来试探他。

想办法让他知道你在与其他男人约会,但不能大张旗鼓地宣扬,高调宣扬会显得你很浅薄。要低调,并且以一种自然的办法让他了解。

如果他在乎你与别人约会,已经说明你在他心中的份量;如果他想进一步知道你为什么要和那个人约会,甚至提出要见那个人,这时,你已经成功了一半。

试探办法三:暧昧地贴近他来试探。

如果你与一个男人保持着一种暧昧的关系,但又没有确定下来,你可以采取一种主动的办法。比如,去他的住所帮他整理房间,与他一同出去买东西,或是提醒他下班后买些什么食物或生活必需品回家。即使两人没住在一起,也可以给他营造出一个舒适温馨的"家"的气氛。

如果他拒绝,就表明了他的态度。

试探办法四:"忽略"他的试探法。

参加一些充满活力的运动或卖力工作。

如果你们正处于恋爱的初始阶段,不明白他心里到底怎么想的,就去多参加一些刺激性活动,比如上武术课、跳健身操。

让他明白,没有他你照样活得很精彩。你不给他紧迫感,他反而可能将

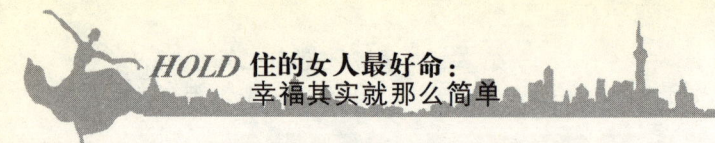

两人的关系确定下来。

我的一个女性朋友就曾用过这种办法，已经成为她男友的那个男人说到："她整天工作，以前我们很少约会，但周末都是一起度过。直到后来她开始参加各种健美班，并因此多次推迟约会，就好像那种紧张的生活完全地占据了她，而我却完全地被排斥在外。我再也不能忍受让她放任自流了。最后我去向她求爱，问她是否愿意做我的女朋友……"

试探的办法有很多，但都需要注意试探的"三适"：适时、适度、适量。就是注意场合、方式与分寸，这也需要一个把握的度。所有的方法都过犹不及。

爱一个人就要让他知道你的爱。对于那些"我还没有准备好"，或找其他种种借口说"现在还不想谈感情的人"，你要尊重他们的想法，不要勉强他，但也不要再在他们身上花更多的精力。就这么简单！

3.改变，别给自己设置太多门槛

很多女人在寻找爱人的过程中，总是心存挑剔。她们在心里勾勒出"白马王子"的形象，比如他一定不能抽烟、喝酒，赚钱一定要多，要有房有车，要诚恳专一，对大街上的美女视而不见，永远认为她是世界上最美的……诸如此类的要求会把很多本来和她年貌相当的男人吓跑。女人了解自身也有很多无法克服的缺点、自身的劣根性以外，也必须明白，男人的很多缺点是无伤大雅的。他喝酒可以，只要不酗酒；他穷一点可以，只要有上进心；他在大街上看美女也是可以原谅的，毕竟爱美之心人皆有之，谁能保证自己在大街上看到帅哥不流口水呢？

如果没有这些门槛限制，女人们的选择范围是不是更宽泛一些呢？

放弃需要仰视才能看到的男人

有人说现在的女人越来越现实了，眼光也越来越高。很多剩女们之所以剩下，不是因为自身条件欠缺，而是因为她们想借助婚姻这块砖，踩得更高，看得更远。但是男人也不是傻子，尤其是那些精英男人们，你接近他们图的是什么，相信他们可能比你自己还清楚。古时候讲的门当户对的重要性在今天同样适用，只是今天的门当户对指的是在外貌、学历、成长环境等方面相匹配。这样不仅容易找到共鸣，在相处时的磨合期也短一些。哪种婚姻更容易获得幸福取决于你对幸福的定义是什么，取决于你的感觉，而不是违心于那些条条框框里的外在条件。当然，如果你说你就是喜欢那种有钱又有型的男人，并且非他们不嫁别人也没什么办法。

不做花瓶和思想家

男人在婚姻中需要的女人是什么样？是一个需要小心翼翼地保存才能保持美丽的花瓶，还是需要一个对他发号施令、能够指导他生活的思想家呢？其实都不是。也许，容貌在相遇的初始可以起到一些决定的吸引作用，但是随着时间的推移，容貌只能成为两个人持续相处的一部分，另外一部分是在思想上有交流。夫妻双方能够在情感上互相依托，能够在事情上有个商量，也就是要心有灵犀，这样的生活才能够感觉到快乐。做一个能够交谈的人，十分必要。不过话又说回来，曾经有句话说，如果你没有一张美丽的脸，男人是不会注意到你的思想的。所以还是要内外兼修才能够找到合适的男人。

独立的重要性

萨特的终身伴侣波伏娃曾说："即使选择了独立，对多数女人最有吸引力的，也仍然是爱情这条道路；让一个女人承担她自己的生活责任，会令她感到苦恼。她宁肯受奴役的愿望是那么强烈，以至于在她看来这种奴役表现了她的自由。"女人的自然使命和天职是什么呢？爱情。但是，更重要的其实是工作独立、事业独立和经济独立，再然后一定要感情独立。

所谓感情独立，是无论恋爱的结果是什么，你都应该明白，你需要的是自己能够感受到的快乐，而不是他快乐、你就快乐，他悲伤、你就悲伤。要知道以男人的反应为标准来衡量爱情，爱情的技巧越多，就越没有效果。我们要感情独立，才能做到大道无术。而那些恋爱的技巧，是锦上添花。

让他们主动来追你

要保持对追求者的优势，无论是心理上还是实质上。

有些女孩子对男生太好时，很容易把自己放得很低，甚至如同奴仆一般。但是试想，有几个男人会想着去征服自己的奴仆呢？

男人追求的目标，是远远超过自身的存在，是看起来自己追求不到的女人。所以要想他对你感兴趣，一味对他好是没用的。你必须用些办法，激起他

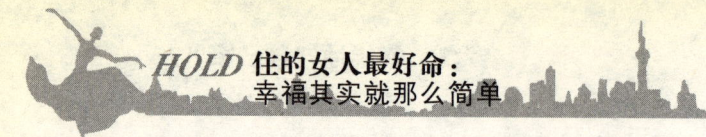

的征服欲。

你为男人关上了一扇门，就要再为他开一扇窗。

用你自己的方法，暗示这个男人可以来追求你。可以偶尔约会一两次，让他知道你虽然很多人追，但是洁身自好的。让他知道虽然你身处喧嚣之中，但自己还是安静的。以及让他知道，你会给所有人机会，但最终等待的是个执子之手与子偕老的人。

你的最终目的是要让他知道，你是他的目标，但不是一个可以轻易征服的目标。而这种目标，恰恰是最能够激起他们的喜爱，欲望和斗志的，能让他们用尽力气来对你好。

第七章

幸福的境界

——平衡家庭和事业，一辈子HOLD住幸福

女人一生都在追求幸福，可是很多女人毕其一生都没能找到幸福。她们或者叹息于命运的不公，或者后悔自己选择了错误的人生道路，或者以为用错了方法，或者抱怨别人夺走了她们的幸福……世上万事万物都有一定的规则，不遵守规则的人，一定会失败，并受到惩罚。

不是每一个女人都可以拿捏好这个分寸的，说到底，这是一个境界的问题。

比如说，美丽是女人的天生资本，在现实生活中，她们往往能够获取更多男人的效劳。可美丽也是分境界分层次的，光有"天使的面孔，魔鬼的身材"，只能引来男人垂涎的目光，而经过由内到外升华的美，才能为你赢来男人真正的爱慕。

再比如说，女人和男人相爱了，怎样的爱情才是幸福长久的？不是每天一束玫瑰花，也不是长相厮守、卿卿我我，更不是金钱和灵魂上的交易，而是要像琴瑟那样和谐才能奏出爱的美乐。男人把爱情当成人生的动力，女人却把爱情当成了人生的目的。这样的差异，常常是爱情产生从"甜"到"苦"化学反应之本质所在，它使得女人最终成为附着于男人身上的一件物品。男人要的是感情动力，而不是感情包袱。

老天对每一个女人都是公平的，如果你不这么认为，那是因为你还没有找到他老人家送给你的礼物，这就是一个境界问题。

你说自己走错了路，所以生活坎坷，没有幸福。可为什么你会走错路，而别人却不会？

这还是一个境界的问题。

你说你不知道用什么样的方法才能找到幸福。方法有千百种，可它们的本质只有一个，那就是你的人生境界有没有达到相应的高度？

武侠小说中说，内力不到则招式不到；而内力贯通，则飞花摘叶皆可伤人，"化腐朽为神奇"——我愿意将这番道理做为女人有境界才能有幸福的注脚。

女孩和幻想恋爱，女人和现实结婚

《乱世佳人》中的女主角斯嘉丽的暗恋对象是住在十二橡树的斯文有礼的阿希礼。那时她还是情窦初开的小姑娘，把自己对爱情的幻想编织成美丽的衣裳，穿在了这位温文尔雅的翩然公子身上，即便阿希礼后来娶了娇小贤惠的玫兰妮，斯嘉丽也从未停止过对阿希礼的爱，她不遗余力地帮助他度过生活上的难关，在精神上给予他最大的支持，而对深爱自己的丈夫白瑞德却不愿多理睬。因为她一直幻想阿希礼才是真正的王子，是文雅的、是高贵的、是勇敢的。直到后来她发现，其实阿希礼是懦弱的，而白瑞德才是用生命爱着她的，只有白瑞德那样勇敢、机智的男人才跟她是最适合的，但白瑞德却因失望、伤心选择了离开。

女人总是给自己的爱情加入很多美好的想象，一旦陷入爱情，就自顾自地开始幻想对方是如何如何好，会如何如何对待自己，沉淀于自己的幻想而忘记了现实的残酷。

有个女孩子，与人相亲，很快便爱上了这个男人。之后她想把关系确定下来，就慎重的告诉男人，自己不是玩玩的，希望能有归宿。男人说了句："那我不好耽误你的。"女孩子没死心，问男人究竟是不是认真的。男人说："我不知道。"事实已经很清楚了，可女孩跑来问我，自己该不该和那男人分手。按说这种问题一目了然没必要回答，可我想讲讲为什么恋爱中的女孩子总会不死心。

其实女孩子并不是在和男人谈恋爱，而是在和幻想中的男人恋爱。所有恋爱中的女孩都是一样，她们自以为爱的是面前的男人，但实际上，她们爱的永远是大脑创造出来的幻觉。女孩子们说，他不会骗我的，他是爱我的，他喜欢我胜过了一切；女孩子们想，他以后会好的，这些缺点以后都会改的，他以后会事业成功的。诸如此类，一堆堆自己想出来的东西充斥大脑，把理性思考全都丢掉了。所以她们爱上的男人变得没了缺点，成了白马王子。就算男人一次次的撒谎，一次次的欺骗，女孩依旧傻傻相信，自己安慰自己。这看起来是个很可怜的事情，但究其缘由，是因为女孩子爱上的并非眼前的男人，而是心里的幻想，所以不管眼前男人做了什么，心里的幻想总会找到脱罪理由。但幻想始终不能长久，当两个人结婚，日子一天天过下去，终有一天，爱情消逝，幻想破灭，女人们陡然发觉，自己嫁的男人怎么会是这样？满嘴谎话，做事懒惰，和别的女人搞不清，没有事业心，最重要的，他似乎根本不关心自己。女人会痛恨痛悔，感觉男人变化太大，那个恋爱时完美的男子，瞬间就成了自己捡的垃圾货。事实上，男人还是那个男人，变化的只是女人的心。

一个幸福的女人是和幻想恋爱，和现实结婚。她们分得清什么时候该理性，什么时候可以感性。她们了解情深似海时可以沉溺其中，但真要结婚却得实实在在。

*1.*不要幻想男人，要看清男人

很多的女孩子都是看着童话书长大，又一路看着各种爱情小说肥皂剧过来，渐渐的，会多多少少把故事里的情节安到自己身上来。想象自己是那个女主，想像自己也有那么一个完美的情人，经历各种美妙的刻骨铭心的矢志不渝的浪漫爱情。她们抱着这样的感情的盼望，或者也可以说是侥幸心

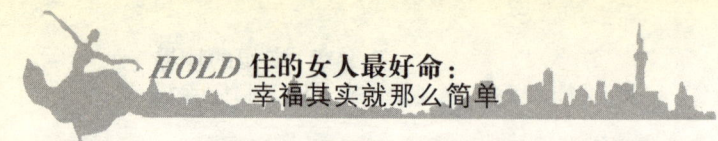
理,沉浸在粉红色的公主梦里。

女人天生爱幻想,说得通俗点就是女人天生爱做梦。这毛病是与生俱来的,而且是贯穿女人一生的。

她们从能够表达自己意愿的时候, 她们就开始梦想可以拥有自己的洋娃娃、漂亮的裙子、美丽的蝴蝶结……

再大一点她们就开始做些更美的梦——开始暗恋邻家大哥哥的时候就不断盼着他经过自己的窗前、家门口,当然最好是路上偶遇,那样就可以名正言顺地多看他几眼,可以让她看见他的样子,哪怕背影也好,只要看见就好,因为看见了就足够她们憧憬了。如果能够得到哥哥的微笑和点头问候则让她们心跳不已,流汗不止,甚至头昏眼花、双腿发麻。这短短的些许心动已经足够她们在梦中笑醒了。

事实上,女人的幻想境界是这些词语不能完全表达出来的。她们幻想的内容简直可以用丰富多彩、千奇百怪来形容。

而这其中,幻想能力最高者莫过于以言情小说起家的琼瑶了,她笔下的爱情故事完全是她幻想的产物,男女主人公都不食人间烟火只为爱情而活。

女人们的幻想中比例最重的莫过于浪漫的爱情故事了。她们希望白马王子带着票子、房子开着跑车来,而且还要面带微笑,不是开心的笑都不行,不把嘴角咧到耳根都不行。

她们在没有男朋友之前,每天幻想着"白马王子和灰姑娘"的故事发生在自己身上——某天郁闷的雨后,一辆漂亮的跑车(最好是法拉利、保时捷或者是奔驰,当然是越豪华越好)溅起的泥水弄脏了自己的新裙子。自己正准备责备司机两句时,跑车却出人意料地停了下来。车上走下来一位让她心仪的帅哥。

这就像金城武在《标准情人》中唱的"标准情人应该怎么样,你说要懂浪漫,嘘寒问暖不能忘,还要有鲜花和烛光;标准情人应该怎么样?是否和电影一样,吹风淋雨晒太阳,来证明爱得比人强,可是我没想过那么多,决定爱你以后,只盼望真心会让你感动,你总说是我不够温柔,不懂幽默,爱不常说出口,我却只想给你没有秘密,没有面具真实的自己,请你相信标准情人,只能活在想象世界里,感受我的真心陪你欢笑,陪你叹息陪你风和雨,永远没有距离。"

即便确定了恋爱关系，女人也不会停止幻想。她们会按照自己的想法或者先入为主的心思去安排和塑造男人：上周把你打扮成贝克汉姆，本周把你打扮成汤姆·克鲁斯，下周你就得是硬汉施瓦辛格……因为她爱上的往往并不是眼前这个男人，而是自己想象加工后的他。

恋爱的女人最需要理智

当男人宠爱你的时候，为了使你高兴，他会想方设法逗你开心，他宁愿跑几十里路去买一个你最喜欢吃的小食，尽管那小食并不昂贵。

那时候，男人疼爱你，男人珍惜你，他愿意为你做任何艰辛甚至危险的事，只是为了让你能多一点快乐。因为那时候男人是多么地在乎你！只要你开心，他就会高兴，只要你欢笑，他就会加倍地欢笑。

而当男人抛弃你或者想要抛弃你的时候，就不一样了，那时候他已经不在乎你是否快乐了，因为他已经不爱你，甚至厌倦了你。

那时候，虽然他的嘴上说着"希望你能忘记我""希望你能过得更好"之类的话，或许他在理智中也是这么想的，但是，如果你并没有像他意料中的那样沉缅在伤心和哭泣里，而是迅速就镇定和快乐起来了，便会大大地出乎他的意料，或许会重新激发他对你的兴趣，至少会使他对自己产生一些怀疑：既然你的反应在他的预想之外，那他的判断和选择是否正确呢？

他会对你刮目相看的，你在他眼里多了份神秘，也多了些魅力，即使爱情已无法挽回，过去的已经永远过去了，至少他不敢轻视你和小看你，你的朋友也会尊敬你，因为你是个有精神力量的人。

可能你会说，我也想快乐啊！可我就是快乐不起来，我没有办法控制自己。

当然这一点也不奇怪，人的感情都是有惯性的，怎么说停止就能停止呢？这就像是急刹车，没有做好准备的人是很容易被碰伤的。可是谁都知道，那些受伤的人第一件要做的事是去医院，而不是哭泣。

同样，爱情中受伤的人也一样，埋怨和哭泣都是没有用的，能够疗伤的医院是你自己，理智是你的大夫，理智可以止血杀菌，理智的手术刀能够修补创伤，纠正错误，理智会叫你冷静地思索，让你调整好心态，把你带入一个

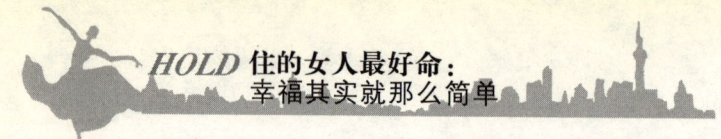

正确的轨道。

所以，在情绪最纷乱的时刻，你最需要的是理智，只有理智能把你从迷途中带出来，理智给你带来的是力量，而力量又可以把你带向快乐的生活，而真正快乐的人都是坚强的和有力量的，有力量了，人才能把握住自己。

一切坚强和智慧都是在沧桑里磨练出来的，只有坚强的女人才不会轻易被伤痛所击倒，真正有魅力的女人都是智慧的，只有这样的女人才能够找到真正的快乐。

当你与他初次相识之后，不要期望每个周末都与他共度，或是坚持向他提供意见，重新布置他的家居，不要心急，你们还未结为夫妻呢!

(1)投入得太快

当你与他初次相识之后，不要期望每个周末都与他共度，或是坚持向他提供意见，重新布置他的家居，不要心急，你们还未结为夫妻呢!

(2)认定对方太早

想与男朋友分手的最快捷方法，就是告诉他你爱他，你要为他生一个孩子，他的反应多半是逃得无影无踪。

(3)自欺欺人

你是否清楚地知识他每一项表现的背后动机？他对你的态度是否很平淡？他是否同时与别的女孩子约会？你们是否每星期只联络一次？而你是否认准他是可托付终生的对象或是你以为他嗜赌如命，暴戾的脾气都不是什么严重的毛病？

(4)打扮过分夸张

你应表现的自信，大方得体，吸引力并不在于过分卖弄性感，男性认为天然的吸引力比人为加工的脸理想得多。

(5)说话太多

别以为你们一定要不断地持续谈话，沉默是金，即使你们都很渴望能互相了解，也用不着在这几次约会里就将一生的经历如数家珍般道出，沉默往往是女性的魅力之一。

(6)太注意他的钱

如果你点了一份龙虾晚餐，并且告诉他你最喜欢的礼物是钻石的话，就尽情地吃这顿吧，你将不会再见到他，不管一个男人多么富有，也不会喜欢

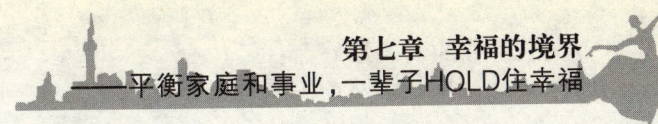

别人告诉他如何花费，或将钱花在谁的身上，男人喜欢有见识的女人，而不是那些一心找寻长期饭票的人。

十分钟教你看清男人

不要总是沉浸在自己的幻想之中，把自己的诸多幻想加在男人的身上，你要的是看清眼前这个男人，看看他是不是值得你托付终身的对象。

(1)他最喜欢的运动

喜欢跑步、游泳等单人运动的男人喜欢独立，这意味着他们经常独处。

喜欢足球、篮球、棒球等团体项目的男人喜欢竞争，无论是在运动场还是生活的各个方面，他们喜欢随时随地与周围的人一决雌雄。

于那些根本不爱运动的人，他们是独立的思考者，经常还很敏感。

(2)他与朋友交往的时间有多长

一个和10岁时认识的朋友仍在交往的男人可能非常忠诚，这是他的一大优点，但是，《聪明俘获男人》的作者里兹·凯利说："你最好喜欢上你所看到的这个优点，因为除此之外，他可能不太容易变化。你要有耐心，因为要赢得他的信任需要一段时间。"

如果你约会对象的朋友来自他生活的各个领域——大学、体育馆和工作，那就不要害怕带他参加你亲戚的婚礼，他与陌生人交谈一点问题都没有，很容易适应新环境。

(3)使用现金还是信用卡

喜欢刷卡的人热衷名利和地位。心理学家罗勃·洛宁说："他可能雄心勃勃，可能自信满满。他会努力实现自己的财政目标。"而喜欢用现金付账的人自信而独立。这样的人成为花花公子的可能性很小。

如果这个男人的钱包是瘪的，这说明他是一个喜欢信赖别人，需要别人照顾的男人。

(4)他的坏习惯

爱赌博的男人是冒险主义者，冒险让他们感到快乐。医学博士米切尔·帕克斯说："他们总是对自己过分乐观，认为不会赌博上瘾，直到焦头烂额。"

而烟鬼更有可能焦虑，你想让他坐下来陪你说会儿话并不容易。

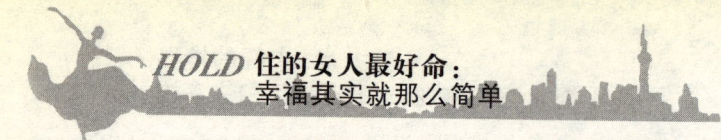

如果他喜欢喝酒,那么这可能是为了掩盖他的不安全感。

(5)他的交流风格

如果你约会的对象喜欢给你发电子邮件,而不是直接打电话,他可能是个难以对付的人。心理学教授杰夫·布里森说:"事实上,写电子邮件可能字斟句酌,他有充足的时间把真实的自己掩盖起来;但打电话很容易暴露一个真实的自己。"

喜欢发送即时消息的人希望时刻得到你的关注,时刻确定你在等着他。

那么喜欢煲电话粥的人呢?他可能有些过时,做事喜欢按部就班,但是,布里森说:"他不害怕与你亲热。"

(6)他喜欢你穿什么样的衣服

如果他喜欢你穿T恤和牛仔裤,或者可爱的背心裙,而不喜欢你穿正装,那么你可能在与一位朴实而随和的男人约会,他喜欢闲适、不大手大脚的女人。

总喜欢女人穿高级时装的男人社会威望很高,心理学家南希·欧文说:"他可能很会赚钱,但钱在他的生活中扮演着太重要的角色了。"

喜欢挽着性感女孩逛来逛去的男人是一个自负狂。欧文说:"这种男人喜欢那种被人羡慕和嫉妒的感觉。"

(7)他驾车的习惯

如果他经常驾车在车阵里钻来钻去,或者紧跟着前面的车子,并对前面车的司机怒目相向,夏威夷大学心理学博士利昂·詹姆士分析说:"很显然,他有好强爱冲动的问题。"虽然好强会让他在工作中出类拔萃,但是,这家伙很难与他人处好关系。

如果堵车了,他仍能表现得很平静,这说明他的自控能力很强。

(8)饭店点菜

形象设计专家戴安·丹尼尔斯说:"喜欢选家常菜的男人通常稳重踏实,但他也是一个不喜欢冒险的人。"

如果你的约会对象喜欢点一些新奇的菜,丹尼尔斯说:"那你正与一个率性的人交往,他可能很容易对维持现状感到厌倦。"

(9)爱整洁还是邋遢男

把脏袜子扔得到处都是的男人和把各种颜色的袜子归类放好的男人是不一样的。丹尼尔斯说："归类放好袜子的人很挑剔。他对你的期望就是把家收拾得干干净净。"

房间凌乱的男人更自由散漫，也更开放。但是，如果他的浴室内从没有板刷的话，他可能不成熟的或者就是一个懒鬼。

（10）喜欢的电视节目

如果他总喜欢守在电视机前一部接一部地看电视剧，那你要注意了，电视制片人赫达·穆斯喀特说："这种男人喜欢用幽默来缓减压力。这可能是件好事，因为他不会把压力发泄在你身上，或者变得不冷静，但是，你想与他严肃地谈话也不容易，这是一对矛盾。你越是想和他讨论一些重要问题，他越想逃避。"

另一方面，看法制类节目的男人擅长分析，喜欢思考。穆斯喀特说："他以解决问题的能力而自豪，在你需要帮助的时候，他总会不遗余力地帮助你。"

2.不要太相信男人，但要学会储备男人

女人刚开始大都是被男人捧着敬着的，在女人心里，男人就是举重运动员，自己就是他举起的那根重量级杠铃，可一旦"宝贝"叫腻了，"甜心"吃够了，做不到举重若轻的女人就会被"运动员"重重地摔在地上。在上面待惯了的女人承受不了地面的冰冷，于是痛苦于是哭泣，可这有什么用呢？你总不能要求他一天24小时都举着杠铃过日子，所以，不妨给自己找个爱情备胎，女人不能总依靠男人来止痛，适当地学会自己止痛，才是最重要的。

不要用耳朵谈恋爱

请牢牢记住，只要你和男人共处密闭房间，那么就算你不配合，他也有手段哄你上床。这件事情的难度，在男人中绝不算高。

千万不要相信自己的克制能力，更不要相信男人的，这都是两件最不牢

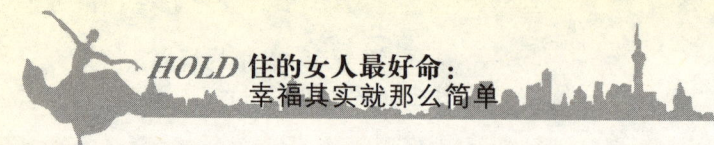

靠的事情。

女人的爱情却是想找一个依靠，此时的她除了依靠这个男人，已经没有底牌了。

女人在一夜之后，往往会想要向男人表一个态，问他"你对我是不是认真的？"之类很傻的问题。类似"我不知道"，"我不想说"，"我没想过"等等这些模棱两可的话，其实都是男人在说"不"。

一些没有责任心的男人，往往不会直接对女孩子说不。

他们假借给人留面子，说些中庸的话，把女孩子吊在半空中，上不上下不下，最后伤心欲绝。

负责人的男人会给你一个明确答复。喜也好，悲也好，就是一阵子的事情，所有后果都是这个男人来承担。而不负责人的男人并不敢给明确答复，光指望着占完便宜走人，所以模棱两可的答复是最好的。不幸的是，许多女孩子都会被这一套给骗了。

她们会以为这就是爱情了。约会，甜言蜜语这个时候男人也会很乐意的配合。但只要扯到现实的话题，和承诺有关的问题，他们就会失踪。没错。几乎所有不负责任的男人都是如此没创意。他们用同样一招——失踪。因为失踪比拒绝简单，更能逃避罪责。如果当面拒绝的话，女人可能会哭闹，会大骂，会指责，所以男人不这么做。

这样的故事总有很多很多。往往是女孩自己没遇到，身边的人也会遇到。发生的多了，女孩子总是很想问为什么：为什么爱情里这么多骗子？为什么男人这么坏？究竟什么样的男人才是可靠的？这时候，就要提出标题中的那个问题了——你用什么谈恋爱？

女孩子大概都会说，我们用心谈恋爱。

那是什么指挥着你的心来谈恋爱呢？大脑也好，心也好，只是中枢机构，依赖着外界输入的资料进行判断，产生爱情。如果输入的资料正确，那就是一段完美的爱情。如果输入的有偏差，那爱情实际是一段虚假的幻象。

你用什么来输入资料，指挥你的心谈恋爱？

遗憾的是，大部分的女人，都是用耳朵来谈恋爱的。

什么叫用耳朵谈恋爱？

就是你喜欢听男人的甜言蜜语，喜欢听男人发誓，喜欢被男人哄。许多

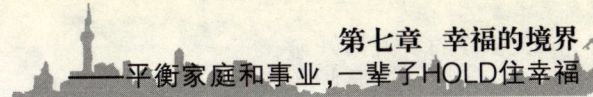

女孩子不爱物质，只信奉爱情。但如何证明男人是爱她们的呢？唯一的标准就是看男人说什么。

男人说，我以后会养你。

男人说，我会一辈子对你好的。

男人说，我以后一定上进奋斗，赚钱买房。

……

用耳朵谈恋爱的女人，往往忽略眼前正在发生的事实，更加看不到将来会发生什么。凡是男人讲什么，她就相信什么。

不要去相信男人的甜言蜜语，更加不要相信男人的誓言。因为在男人的心目中，甜言蜜语是不花钱的浪漫，誓言是廉价的谎言。能够不花一分钱就把女人拴住，这是男人最喜欢做的事情。只要你的爱情没有让男人付出成本，那他肯定就不会珍惜的。因为无本的买卖不心疼。你让他付出多大的代价，就代表着你在他心目中值多少钱。这个评估是从不会错的。

聪明女人要学会储备男人

就算你是全天下最会谈恋爱的人，也同样会失恋。至少失恋这个事情，对全天下人都是公平的。无论美丽还是丑陋，无论聪明还是笨拙，该失恋的时候一个都跑不了。

大家都明白，规则是平等的，但人和人之间却不存在平等。为什么呢？因为每个人应对这个世界的方法不一样，每个人付出的代价不一样，每个人的底线也不一样，所以能获得的东西都不同。

有的人为了失恋放弃整个人生，十年如一日的走不出来，始终沉浸在痛苦里。但有的人只是给自己一段痛苦期，随后便轻松转身，又有了新的恋爱对象。换句话说，有些人能空窗十年，有些人却几乎没有空窗期。

我们必须看到，女人在感情上有先天的弱势。那就是女人太重感情，无法像男人那样冷峻冷酷。所以很多女人都愿意把自己的所有都投入一次感情中去。而投资学告诉我们，将所有的资本放在一个篮子里是不智的。感情和投资都一样，真正的秘诀在于分散投资。

男女双方在恋爱时，都会毫无保留的爱对方。可当这份热恋退去后，两人的关系犹如棋手角力,谁赢一步,谁的主动性就强,谁的控制力就强。棋手之间比的,并不是智慧和才华,而是比的谁能控制的棋子多,储备的男人就是你的棋子。你对男人越好,男人就越不在乎你。当你回绝了所有追求者,他就以为你是没人要的。

不管是曾经的追求者,还是新的仰慕者,在追求的时候,你可以说不,但"不"的别那么确定。甚至是曾经的男朋友,以前相爱过的人,分手后也不用那么决绝。一个没有征服过的女人,始终保持着强大的诱惑力。而这种诱惑力,就是女人给男人下的钩子。如果处理得好,你完全也可以像林徽因对金岳霖那样,勾他整整一辈子。这种感觉,就像是隔着门放风筝,门没有关死,一根风筝线始终攥在你手里。

3.怎么管好老公——放养还是圈养?

都说男人是野性的,如同那动物园的老虎,放养如同放虎归山,一去不回,圈养又让人觉得没有生气,空成摆设。

怎么管好老公,是女人最头大的问题,到底是该圈养还是放养,仁者见仁智者见智,或许你更应该根据你老公的个性和你的个性找到最适合的调理老公的方式。

有利婚姻稳定——圈养派如是说

这些年来,社会风气浮躁,各种诱惑日渐增多,男人外遇层出不穷,有人认为要想保持婚姻稳定,家庭和谐,最好把男人"圈养"起来。

理由一　不让他做断线的风筝

女人们不喜欢"风筝说",那是替男人说情的。男人们在天上飞,女人们在地上抱着轱辘拽,人只看见天上飞的自在漂亮,谁能瞅见地上人儿的揪心上火?所以,她们就用尽温柔的、强悍的或者软硬兼施的办法,把自己的老公,紧紧团结在自己周围,即使看着老公在身边被"圈"得吹胡子瞪眼。因为女人们坚信,风筝飞得越高,就越有断线的可能,一旦男人们在天上飞得忘乎所以，再收回那颗心，恐怕就难了。

凯俐曾经很相信"风筝"的说法。所以当前夫要外派去香港工作时，她几乎想都没有想就同意了。当时她的想法很简单，有婚姻和感情这根线牵着，他飞得再远也能拽回来。可是她忘了这根线会被岁月侵蚀，也会断。结果，一场婚变几乎要了她的命。她说她已经输了一次，输不起第二次，现在老公每一次出差，她都会紧张兮兮，要求老公天天有电话。说是报平安，实际上是以此掌握老公的行程和情绪。是不是真的有效她不知道，她只是不想心存侥幸。

没有哪个女人把丈夫放出去自由飞翔是心甘情愿的。做到了这一点，一般情形下，不是无可奈何逼自己想开点，就是带着一种"壮烈"的情绪赌一把。女人们大都输不起，不是她们没有筹码，也不是她们缺乏斗志，而是因为她们视婚姻为生命，继而就视丈夫为全部。所以把男人"圈养"起来，妻子才会比较有安全感。

理由二 满足女人的虚荣心

女人有时候是很在意形式的。说是虚荣心作祟也好，说是没有安全感也好，总之，只要丈夫天天在自己的视线之内，就足以平息婚姻生活中的任何不满，也足以证明她们"是个幸福女人"。而男人的虚荣心在于实质，他们以能够随时随地拔脚就走为吹牛的资本；以超过午夜十二点不回家、夜不归宿而不用请假为显示大丈夫不惧老婆的证明。所以，女人宁可劳累自己苦练几手厨房里的"杀敌本领"，餐餐辛苦，日日劳作，只为看着老公在自己眼前大快朵颐。她们宁可损害形象失去赞誉，背上"不给丈夫自由"的罪名，也不愿意让别人嘲笑自己拴不住老公。

林女士在同事们面前有个骄人的资本，那就是她用自己与众不同的厨艺，紧紧抓住了丈夫的胃。其实林女士并不热衷于下厨房，不情愿让自己的双手不是肉腥味，就是葱蒜味。可看着老公事业越做越大，人也越来越忙，她很担心自己成为拴不住老公的空巢女人，而被女友们同情。虽然老公对她不错，她也并不怕享受寂寞，但面子也很重要。

林女士说："也许我的这份虚荣，做丈夫的是很难理解的。男人们会认为这是一种永远也无法和他们的事业相提并论的无聊。但是，当我看到老公吃了客饭回家，还要迫不及待地再吃一口我为他奉上的美味面食，有孩子一样

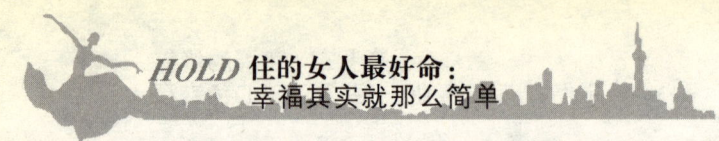

贪吃的模样时，我的心里就觉得舒坦。"

理由三 男人不一定会知恩图报

看男人们实在是做梦都想冲出围城，获取那想象中的自由，女人们一时没什么好主意，也就委屈自己的意志，让他们随着性子去，希望他们开心之后，能良心发现地想到是谁给了他们这种开心。可事实上，在这方面，男人们是缺乏"设身处地"的。他们往往是只顾沉浸在自以为"自己争取"的自由里，基本上是顾不上去感激老婆的宽大胸怀的。

既然把老公"圈"在家中，和把老公放诸四海，结局是一样的好心没有好报，那么做老婆的就没有必要去忍受孤独，求个"眼见为实"的实惠。

小茜没有什么"委屈"的经历，但她说自己看多了对丈夫"放任自流"的伤心和孤独。女人一向自以为委屈就能求全，可往往得到"助纣为虐"的结果。所以她不想等受足了委屈再当"恶人"，她也不怕别人说她"老虎"，不怕丈夫怪她是"牢卒"，更不怕丈夫跳着脚跟她急。本着防患于未然的原则，她理直气壮地要求伴在老公左右。失去自由的老公气不过，说你这是"绊"，她说"绊"着你是担心你走得太远，找不到回家的路；老公又说她"纠缠"得没道理，她说老婆"纠缠"老公，全都是爱，"道理"不管；老公威胁她离婚算了，她跟着威胁说，你出了我这狼窝，还有更大的虎口候着你呢……

理由四 丈夫也是孩子

丈夫在妻子面前，往往充当着两种截然不同的角色。他们一方面负着责、挑着担、顶着天，一方面又耍着赖、撒着娇、犯着嗔，装傻弄痴地讨老婆一个疼爱，趁机卸一些担子，松自己一会儿肩膀。既然如此，把一个孩子放出去，总是会惹出一些事情的。不定哪一天，他就沾染一身恶习回来，让诸如"欠债还钱，深夜扶得醉鬼归"的事情屡屡发生。

所以，对女人来说，把老公当孩子看管，既能保证自己的自信心不受削弱，又能平添很多踏实，何乐而不为呢？

在要求男人被"圈养"时，女人也应该身先士卒，做出表率，我不赞成那些丝毫不管家务，只顾自己出外潇洒的妻子，我觉得像被"圈养"的男人那样，一个妻子也应该时时记得家庭责任，只要有时间，就应该多一些时间来陪伴丈夫和孩子。

"10个男人，7个傻8个呆9个坏，只有一个人人爱，姐妹们站起来，甜言蜜语把他骗过来,好好爱,不再让他离开!"好好爱?谈何容易!这个世界变化太快、诱惑太多,男人有男人的身不由己、言不由衷、词不达意,他的心旌摇荡,可能直接影响着婚床稳定⋯⋯

要把他放出去呼吸自由的空气,还是把他栓在腰带上牢牢圈养起来,只在我们的一念之间。

有利身心发展——放养派如是说

让男人安分守己并不能通过"圈养"的方法得到实现,女人要的无非只是一点点安全感。但是留一个目光呆滞、行动迟缓、娇嫩虚弱的"家养"老公在身边就幸福、安全吗?

好男人自然懂得适度回家,即使放养也一样安全;对坏男人即使用上张柏芝所有河东狮吼的招数也唤不回来,即使圈养也不会安心。

理由一 "放养"的男人有魅力

"放养"的比"圈养"的好吃,有味道,不管是两只脚的禽,还是四只脚的畜。男人也一样,一个成天守着老婆热炕头的男人,还有什么魅力可言?美女贺顺顺据说原先对台北"老男人"凌峰先生也是管教有加步步设防层层加锁,最后丈夫是变得乖顺了,但贺小姐随后就发现,丈夫由狼变成羊,好像已失去了原来的魅力,一点也不可爱,最后她果断地让"羊"还原为"狼",两个人都舒服了很多,婚姻生态又平衡了!很多女人的原意并非是想丈夫安份守己,她们只不过在没什么好办法让自己拥有安全感之前,而采取了一种低级的"倒掉洗澡水也倒掉婴儿"的笨办法。而"放养"男人,可以永葆其个人魅力;"圈养"男人,只会使锐气大伤目光呆滞,斗志低落⋯⋯

理由二 爱他就信任他

为什么有男人会"红杏出墙",就是因为有"墙"的阻隔,如果你给先生开放时空,有他个人的朋友圈,有他的势力范围,自由独立,那么他就会知恩图报,时时想着回家的路。然而,一旦将男人"圈养"起来,他可能感觉更加窒息,虽然表面上维持着温情的夫妻关系,但内心可能无比压抑。无形之间,夫妻矛盾就此产生。

在广告公司上班的邓康很感谢妻子对他的"放养",他认为那是一种真

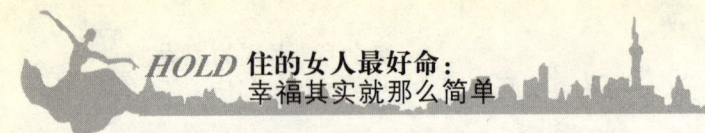

正的爱和信任。爱不是天天将他系在身边，才可以放心的，"男人也是情感动物，再不是天天要老师叮嘱的小学生，在一个深明大义的妻子面前，他自然会倍加珍惜妻子的信任，该回家时就回家。爱他就信任他吧！"

理由三 有利夫妻间的情感保鲜

"放养"男人，还有利夫妻间情感保鲜。整天厮守的夫妻，再怎么亲近，天长日久，也可能会腻烦。放养，只是一种放手，而不是放弃，它有张有弛，亲密"有"间。爱情这东西，不能刻意管理，如蝴蝶，抓得紧会死掉，它更喜欢自由的天空。

理由四 有利女性自身成长

"放养"男人，从另一个层面上看，也是女性自身的解放。男人是用来爱的，但不是用来管的，看守他不是件省心的事，与其这样，还不如让他自由生活，就好像放风筝，它飞得再远，线头还捏在手里，如果有爱，还怕什么？如果对爱失去了信心，你再怎么重兵把守，还是留不住。所以，"放养"男人，与其说是一种情感智慧，还不如说是对爱情的一种放牧方式。让男人有自己的生活空间和社交圈，做妻子的正好可以邀上三五知己，聊天，逛街，学外语，或者去女子沙龙放松一下，何乐而不为？

35岁的刘燕妮说："我就不希望丈夫天天待在我身边。我觉得大家都是成人了，应该有各自的生活空间，现在工作压力那么大，感觉每天都有忙不完的事情，当我"放养"丈夫后，发现留给自己的时间就多了，否则，天天为他操心，记挂着他几点回家，自己哪有心思去学习充电？"

半放半圈——综合养

每个家庭都是不同的，对各自的男人而言有的适合圈养或许有的只能放养。男人是该放养还是圈养，其实都不是最重要的。作为女人，能够做到拥有一颗平常的心、不要奢求太多，才能做到真正的幸福。有时候欲望太高，彼此的空间太过狭小、只会毁灭你手里的幸福。男人的心不是靠拴住就能拴住的。给他一个空间、也给自己一个空间。彼此约定一到周末，不管有多忙也得雷打不动地过二人世界。这样的爱情，你还会担心它会变质吗？

很多时候，女人对于是"放养"还是"圈养"丈夫感到很矛盾。"放养"他吧，害怕他变成断线的风筝，有一天再也飞不回来了；"圈养"他吧，又担心造成夫妻关系紧张，丈夫的反抗之心愈发的强烈；到底是"放养"还是"圈养"？或许就像放风筝，在乎的是技巧与分寸，无论"大撒把"还是紧握着不撒手，其结果都不美妙。

怎么把男人掌握在手中

在这个世界上，通常有许多有意思的规则。譬如在人们中广为流传的："A男娶B女，B男娶C女，最后剩下最出色的A女，就只能嫁最差的C男。"

这规则虽然没有那么靠谱，但的确也显现了，女人的出色，并不代表她们一定能嫁的好。

很多人错误的以为，女孩子只要长得漂亮，就一定能嫁到好老公，让男人失魂落魄。

但事实可能正好相反。许多又漂亮又有才华的女孩子，在感情路上都是坎坎坷坷的，以至于人们常说"红颜薄命"。

当然没有哪种天命注定了红颜薄命。只是条件好的女孩子会迎来许多追求者，而她们聪明漂亮却不代表懂得爱情的真相。漂亮虽然是优势，但不懂得运用，反而会引火烧身。

很多人以为，美女反倒没人追是因为很多男人都觉得自己配不上，心中有胆怯。但这个世界上，根本没有哪个女人是好到男人不敢追的。即使你美若天仙才华盖世，只要有时间有闲暇有机会，总归会有无穷尽的男人扑上来。因为对男人来说，欲望是永远超过胆怯的。

那些漂亮又有才华的女生没人追，要么是在说谎，要么就是忙得像陀螺，把追求者都甩开了。

美貌并不是女人的武器，而是女人的机会。长得漂亮，只能让女人去吸引足够多的男人，而不会让女人征服男人。

没有错，男人看女人，第一就是外表。几乎所有男人的一见钟情都是和外貌有关。但美貌永远不是女人征服男人的武器。因为美是一种相对的东西，也是一种新鲜的东西。某个从来没见过世面的人，对女孩子的漂亮，也许会惊为天人，为了能得到，会做任何事。而对于这个女孩子的男朋友来说，她的美已经熟视无睹。既然得到过，自然不需要珍惜。

一定要记住，女人的美丽是一种消费品。被男人消费过之后，价值就会

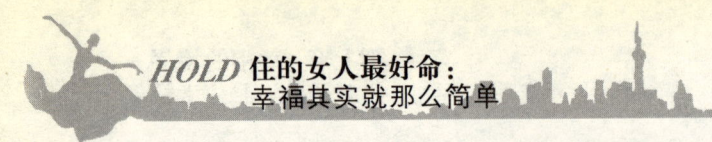
大为削减，所以这种美丽应该在被消费前大放光彩。

同一种美丽，是珍贵的也是可以无视的，关键看双方熟悉的程度。如果连漂亮的女生都没有办法控制男人，那怎么才可以把男人掌握在手中呢？女人最好的武器，并不是美貌，而是让男人嫉妒。

要对付男人，首先就要研究男人的心理。他们并不是感情的动物，对他们好是没用的。男人是事业的动物，是竞争的动物，必须要让他们有失去的危机，才可以牢牢抓住他们的心。

为什么说，女人最好的武器不是美貌，而是嫉妒呢？既然男人对已经拥有过的美貌会熟视无睹，那么，最好的办法就是让他们时刻感到会有失去的危险。

你让男人踏实了，他自然就不当一回事。只有让男人经常性的不踏实，让他们有危机感，才有可能让他永远守在你身边对你好。

要抓住一个男人的心，并不是靠你长得好，也不是靠你做饭做的好，而是要让男人时刻感觉到会失去你。

在现实生活里，与其威胁要离开一个男人，还不如让他嫉妒来得好。因为威胁是一件未发生的事情，而嫉妒往往来源于别人的威胁。

女孩子当有一个心爱的人在身边时，不要老挂念着怎么照顾他，怎么对他好应该也要有交往的空间，也要时刻让他知道，你是有别人追求的，是有可能被别人抢走的，而这才是女人价值的体现。

男女之别，就在于女人用自己的心态去看待男人。这是不对的。一个女人如果遇到情敌，大多会自动退出了事。因为女人觉得，爱是唯一的，不应该有竞争。用这种心态去看男人，那就大错特错了。男人遇到情敌的第一反应，绝不会是退却，而是要冲上去拼杀一番。你要让男人知道：你虽被得到，但从未被征服。所以有时候，失去是比给予更好的武器。

不少漂亮的女孩子都遇到过男人劈腿。这就令人费解了，不是男人都看美貌的吗？不是只有外表能吸引男人吗？外面的野女人为什么能让男人疯狂？原因很简单，就是因为她们不属于任何一个人，却又可以属于任何一个人。这种不确定性，能让男人骨子里的兽性激发出来，从而为此作出任何事情。

男人是纯粹被欲望控制的。这种欲望如果有了确定性，就像是一本书原来很想要看，但真的买回来了，就只有放在书架上闲置的命。你想要让一个男人一直读你，就必须要让这拥有，有一个期限。借来的书才会被人读，即将逝去的东西才会被人疼，这是一切的核心所在。

正因为如此，你在和男人的相处过程中，一定要把握好一个度，那就是不能充分的满足男人的征服欲，要让他们时刻有难以完全征服的感觉。

第一、好男人是夸出来的

人类生来就是群居动物，人性最深切的渴望之一，即得到群体的欣赏。异性的赞美有助于保持种族DNA的延续，使人类在恶劣的自然环境下得以生存。时代更迭，这种人类本能并未离我们远去。

就像小孩子总喜欢夸张事实，为的就是得到成人的赞扬一样。男人也希望得到赞美、肯定，希望被异性鼓励与欣赏。事实上，赞美也确实有着一种不可思议的推动力量。

试想一下，如果一个女人对一个男人这样称赞："我这辈子就佩服两个人，一个是李嘉诚，另一个就是你！"估计这样的赞美没有人不会为之动容，因为你强调了对方的价值。当然，赞美的核心是要真诚。

现实中，我们的丈夫似乎总有地方让我们不满意，比如不浪漫、不爱运动、不喜欢和我们聊天、对我们不够体贴等。然而，我们是否因此就有理由变成怨妇，每天唠叨、抱怨？假如有一天，丈夫回家时顺手买了生活用品，请不妨就此夸奖他一下，告诉他，他的行为让你很开心，让你感到了体贴和爱。"和以前比起来，你真是越来越体贴了。"这样的称赞对男人是一种激励，他会记住你的感受。"原来这么简单太太就会满意，看来以后要多买几回，让她更开心。"赞扬、鼓励的方式会表达出你的真实想法，鞭策男人向你希望的方向前进，好男人是夸出来的。

对于男人来说，他们只在恋爱阶段才愿意花精力去猜测女人的"内心戏"。随着两人关系的增进和工作压力的增大，他们会逐渐放弃这种做法。在这个时候，如果女人通过称赞的方式，直接告诉他自己的需要，他会因此感到开心。男人需要女人的感激，他们会由此萌生出更多爱意。

还有另外一种称赞方式也很有意思，在特殊的时刻，女性也可以考虑尝试，那就是错位称赞。比如你的男友很帅气，你一味称赞他玉树临风，对他来说实在缺乏新鲜感，因为从小到大他也许早习惯了这样的评价。此时如果你肯定他的聪明才智，也许他会更喜欢。而对于聪明并不帅气的男友，你不妨称赞他高大威武。这种激励也许有点讨好的成分，但男人会觉得"你是不一样的女人，你才真正懂我"。

第二、为男人减压

我们是否真的理解男人，懂得男人？女人总是自信满满，但事实未必如此。一位事业风生水起的男士，在别人眼中非常优秀，但他曾经对我倾诉："在外面拼搏的时候，我感觉自己好像是一个水手，在海上和风浪搏斗，而当我回到家里，真希望那就是个温柔乡，有一只温柔的手过来抚摸我的头。"

男人的压力通常情况下会大过女人，所以，男人通常会自嘲为"难人"。社会赋予了他们家庭经济支柱的角色，他们要时刻关注家庭的经济状况，关注自己妻子、孩子的生活质量。为了让家庭生活有所起色，男人会在外面努力打拼。贤惠的女人把家收拾得清爽、干净，让丈夫一回到家就有温馨舒适的感觉，是女人为男人提供的最好的减压方式。

家是一个人最为私密的空间，是让人最放松的地方。所以，男人们希望能够在家里释放自己，甚至表现出脆弱的一面。

然而，我们看到的是，很多女人把家变成了丈夫的第二个战场。她们不是嫌丈夫不够精明、不会讨好上司、升迁太慢，就是抱怨其赚钱不够多、不够快等。男人在这种环境中，又怎么能休息好、攒足力气再外出打拼呢？

我在年轻时也有这样的问题。我自己喜欢整洁，每当丈夫回家将衣服、报纸、文件到处乱放时，我就马上整理，一边整理还一边唠叨：你以后不要再乱放了，你要怎样怎样，不能怎样怎样。现在想起来很后悔，在学了经营婚姻和家庭的知识后，我想，如果人生可以重来，我肯定不会生出那么多抱怨，家庭也一定会更加和谐。

对待男人要像放风筝一样，给他们充分的空间，让他们自由地在天空中飞翔，但要小心地控制着风筝线，在任何时候都可以做到收放自如。这是欲擒故纵的方法，只有当我们自己把家庭打造成避风港，你的另一半才会成为爱家的男人。

第三、少批评抱怨、少争执妒忌

有一个朋友，他的妻子是个农村的女孩，虽然也跟他一样都是大学毕业，但他总觉得妻子非常幸运，嫁了他这样的丈夫。但等他结婚10年，他发表了结婚感言："当你看见配偶缺点很多时，实际上是自己缺点很多；当你看到配偶优点很多时，实际上是自己的性格更加完美的结果！"

他常常从自己身上找缺点，从妻子身上找优点，作为激励自己的动力。这样的观念提升，成就了他美满的婚姻。

婚姻不融洽，往往是因为抱怨和批评太多。经常批评抱怨，会让周遭的人只有一个想法：躲得越远越好，图个耳根清净。如果你的伴侣躲着你，你们的婚姻还可能幸福吗？

批评是谁都不喜欢的。丈夫在外面工作，听领导的批评已经听够了，回到家中再听妻子的批评，实在难以感到愉快。尤其是习惯性的批评，更是把丈夫往外推的做法。但很多女性意识不到自己有这个缺点，她们总习惯拿丈夫与他人比较，认为丈夫这一点儿不如谁，那一点儿又不如谁。比较是很伤人的，说了毫无益处，不能解决任何问题，只能伤害伴侣的自尊与感情。美国有一本女性修养书建议女人每天祈祷："上帝啊！请你用好吃的东西把我的嘴塞满，在我说话或抱怨太多时推我一把吧！"

总之，抱怨和批评，是婚姻中的绊脚石；争执和妒忌，是婚姻中的无形杀手。这是每位妻子都要奉为圭臬的。日常生活中，争执摩擦在所难免，但忌讳相互埋怨和指责。我们要以理性战胜感性，在互信、互敬、互谅的基石上，自我检讨、真诚沟通；在良性互动中学习包容、感恩，最终获得高品质的婚姻生活。

家庭和事业，女人永远两难的选择

随着社会越来越进步，家庭分工越来越细化，社会对我们女性的要求也越来越高了。如何走好事业和家庭的平衡木，对于我们广大的女性来说，是个每时每刻都要面对的问题。

为此，不少现代女性为了家庭，牺牲了事业，也有部分事业心较重的女性为了事业的成功丢失了家庭的幸福，似乎事业的成功与完满的家庭不可兼得。

不禁有女性感叹，如何在重重困难面前，披荆斩棘，做生活的强者，既成为家庭的顶梁柱，又成为事业上的急先锋，成就完美的人生？在一个充满激烈竞争的社会，没有竞争力似乎就没有生存的空间，或者说就是降低了享受好生活的可能性。

多数女性较为传统，平时在家庭中，思想和行动多半依附于父母和丈夫，而在工作中多多少少的会依赖同事。如此一来，她们在工作中便显得碌碌无为，甘愿平庸地过一辈子，从而失去了担当家庭和事业"双重角色"的基础。

所以现代女性从成家立业开始就要有自己的理想和抱负，同时要拥有自尊、自强的精神，只有做到这些才可以称之为一个成功的女性。

1. 没有事业的女人，拥有家庭又怎样？

她们的年龄均在25岁上下，有些确实形象可人，但是，我真的为她们的未来担心，因为，很有可能，她们的未来很麻烦，甚至会过悲惨的后半生。

她们在最能吃苦的时候寻求了安逸，在最能学习的时候，谈了恋爱，因为她们的计划是28岁以前结婚生子，所以打扮、交友是她们全部的世界，当然了，享受青春的快乐时光，也是最吸引她们的，即使为此请假，辞职，也不会当回事。

自然她们在28岁，如期地嫁给了一个有钱的或是有潜力的男人，这个男人之所以娶她，往往是因为她花开正艳。

老公那个时候或许还在事业的发展阶段，她很听老公的话，辞职回家，当了全职的太太，有些还在无心的上班，直到生孩子。

对于一直处于底层员工的妇女，生孩子，几乎是她们事业的结束。除非是在事业单位，如果是一般性的单位，她们往往因此就辞职了，怀孕到生，喂养孩子半年，一切恢复的时候，想起上班就头疼：首先，不好再找清闲的工作，因为那个时候，要找可以回家比较早的差事，否则，无法照顾孩子；其次发现要雇阿姨来代替自己，比自己还贵。结果，给了自己一个借口，为了教育孩子，亲自带孩子，一直到长大，其实对事业的没追求，以及对社会工作的畏惧才是造成她成为专职太太的原因。

这时全家的经济重担落到了老公的身上，老公在事业上不断的努力和学习，业务关系的不断交往，素质提高了，职位和金钱提高了，朋友圈子也越来越大，社会不断的进步，老公也不断的进步。

老婆其实也不是那么的忙，孩子上幼儿园了，她一个人，孩子上学了，她还是一个人，偶尔也会和另一个不上班的太太，一起逛街，美容，但是她发现，自己和社会越来越远，几次鼓起勇气要再次步入社会，但是年龄不饶人，原来的基层工作，她不能干，原来干不了的，现在更是干不了。这样的女人，也不会特别的贤惠。她会对料理家务慢慢的失去兴趣，毕竟是新时代的女性，哪里愿意甘心在家老这么待着？可是，自己小得时候没有认真的读书，在职的时候没有学什么，也没有真正潜心与任何的行业，没有一技之长，怎么开始呢？怎么坚持呢？在可以吃苦的时候，享乐了，人生的糖果都吃光了，现在不断的犹豫，影响着心情，甚至还烦扰着老公。

可是她可以接受，毕竟有幸福的家，有爱她的老公和可爱的孩子。只是她经常抱怨家务的烦琐，她为了这个家，奉献了一切，老公懒得和她抬杠，其实老公想说，我为了这个家在拼。

她最大的愿望，是想让老公跟她耐心的聊一会儿，可是他回家很晚，因为应酬，即使回了家，也不说话，只是看电视睡觉。女人不让他睡，吵架，老公觉得这个女人越来越难以理喻，女人感觉男人好象不那么爱她。

吵架，对于一对幸福的夫妇，是打情骂俏，而对于冷漠的夫妇，是想打破麻木，打破了麻木，往往是烦，往往是彻底的厌恶。

两个人在社会生活中的不同角色，决定了两个人产生了巨大的差异，这种差异，造成了共同语言的减少，女人当初吸引男人的魅力，已经不在，而跋扈和神经质，不断地骚扰着男人，一直到男人，真的有了外遇。

一个在恐惧中生活的女人，怀着不愿承认的自卑，在老公熟睡的时候，偷偷的翻查老公的手机，是多么可怜的景象，发现了什么，又能怎样。

女人，悲惨的生活开始了，其实早就开始了，这个时候，她将在寂寞中老去，将与家务为伴，与电视为伴，如果她精力旺盛，还会与家长里短为伴，当然，作为报复，她甚至会挥霍老公的钱。她并不快乐，有时上网，其实，网络上寻求不到什么，可能有个比较闲的无聊的人，会和她聊几句，替她的老公。她

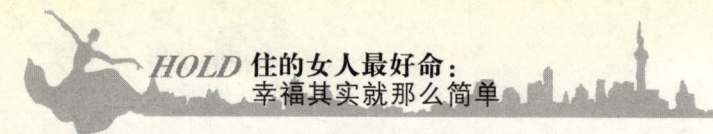

的老公,不仅和她说的少,好象动的也很少,总之,无望的苦难,毫无悬念,一直到老。如果离婚,她会陷入绝望,因为生活曾经是她的全部.

女人,如果在年轻的时候没有事业,没有学习,自从她生了孩子,生活就会越来越悲惨,造就苦难的一生。

而有事业的女人,不断的丰富自己,爱情不是她生活的全部,她和男人,太有共同的语言,生孩子对于她,只是一个小小的耽误,因为她已经在管理层。我有个装修公司的朋友,副总经理,看似柔弱的女子,她是临产前,老板开车把她送回家,自然生产的。一个月不到的时候,我给她打电话,她在武汉出差。孩子很健康,家里安排的很好。她的例子可能有些极端,但是说明了很多问题。

男人有外遇,其实真的不全是因为好色。说句实话,如果当你苦恼于事业的症结的时候,老婆和你因为鸡毛蒜皮的家长里短,唠叨个不停,你和她说企业管理,她和你说商场的打折,你很困,因为压力,她拿枕头砸你。你再定睛一看,对面的女人,面目狰狞,满嘴泥泞,还能说什么呢?这种女人不仅仅自己苦难,也会给她的责任老公带来烦恼。

有事业的女人,很美,她们在男人的世界里,闪展腾挪。学习中的女人很美,才情横逸,和这样的女人生活,乐趣是难以言表的。她们或许不是花瓶般的绚丽,但会让你静,让你甜,让你乐,让你敬。

2.输了婚姻,赢了事业值得吗?

30多岁的阿莉是位事业有成的女强人,在事业上如日中天的她,却为家庭的变故感到痛苦万分。她不知道自己错在哪里,费尽心思也找不到问题的根源,为何在职场叱咤风云的她在家庭婚姻中却输得一败涂地?让我们先看看她的自我介绍。

我和我的丈夫是经过十分浪漫的相恋结合到一起的, 婚后的一段日子也可以用幸福甜蜜来形容。那时候我是一家商场的营业员,丈夫是一家单位的保管员,虽然工作上没有什么优越感,但是生活过得有滋有味。他那时候非常体贴我,说我站柜台辛苦,自觉地承担了所有家务。没有了家务的牵绊,我一心一意地工作，在自己的努力下，我得到了领导的重视和信任，不久便被提升为部门经理。

随后的日子里，他的单位日渐萧条，但他仍是毫无追求，没有什么上进的想法。我对他的不争气感到很生气，于是在生活中有时也会嘲笑他甚至奚落他。可是，就在我被提升为商场经理的当月，他下岗回了家，这种戏剧性的鲜明对照，让我替他感到难堪。有时我故意讥笑他，但他竟然不怨不怒，一如既往地做好所有的家务，辅导儿子功课，似乎对自己所受的"待遇"习以为常了。他这种态度真是让我受不了。我多次想到过离婚，但考虑到自己的形象，而且事业上正春风得意，这个尖锐的问题我还没有勇气面对。

我每天忙着生意飞来飞去，回家了还有不少电话追来，忙得跟陀螺似地，他不急不躁，每天干完工作，就回家辅导孩子功课，生活如死水一潭。

在我35岁生日那天，我的好朋友来家中庆祝，他做了一桌丰盛的晚餐。吃饭时一位女友对我的丈夫说："你真的是艳福不浅，像阿莉这么才貌双全的美女嫁给你，我都嫉妒。"我看见我老公的笑容不见了。我心里很为自己不平，顺口说道："我只有靠自己，哪像你们被老公养着、宠着啊。"这时我的另一个朋友插话道："姐夫对你可是一向体贴入微，什么家务也不用你做，你别不知足啊。"我看了我老公一眼说："开公司没技术，做生意净贴本，一个大男人在家待着，不做家务做什么。"我站起来，忽地将一桌子生日宴掀翻了，于是那次生日宴成了我们婚姻最后的晚餐。

当晚，他拿了几件换洗的衣服去了他母亲家。我们的分居生活从此开始了。半年后他递给我一纸离婚协议书，说好聚好散。我不明白，我只不过想自己的丈夫变得上进一点、优秀一点，到底我错在什么地方？

无论在朋友还是在家人中间，你只有用爱心平等地待人，才会赢得别人真心的爱与尊敬。每个人都会有所差异，在事业上取得成功，但我们不能把这种傲气带入家庭，要适当放低自己对对方的要求。家庭中，两个人所承担和付出是不一样的，彼此尊重，才不会成为站在事业顶端，却无人分享的孤独女强人。

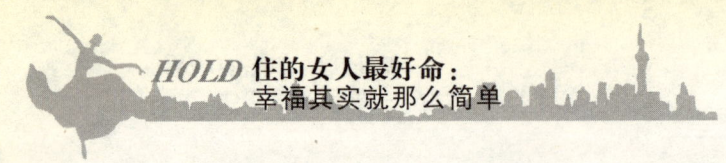

3. 平衡家庭和事业——女人一生最大的幸福

怎么样才能处理好事业和家庭的关系，是所有职业女性不能不去面对的难题。这个问题如果处理好了，将会使职业女性事业发达，身心愉悦。如果处理不好，就有可能成为羁绊职业女性走向成功的枷锁。在我国，由于传统观念的影响和家务劳动的社会化水平不高，使职业女性不得不面临来自于工作和家庭的双重压力和挑战。正如有的女性所感慨的：我们是背着孩子、老人和厨房，与我们的男性同事站在同一条职业起跑线上。

现代社会的职业女性总是会不由自主地以男性为参照来决定自我的行为方式。初入职场的职业女性常常与男性一样像高速飞驰地列车一般，在职场上疲于奔命，忘我的工作。当她们的事业发展到一定阶段，不再具有向上晋升的机会时，她们就会对工作的前景缺乏信心，想要拥有同其他女性相同的家庭生活，然而她们已经错过了恋爱和结婚的最佳时期。"渴望成功"的她们常常不知道该何去何从，如何抉择。这也使得一些职业女性在他人的前车之鉴下，对婚姻望而却步，把事业成功和家庭生活完全对立起来，选择独身自处。还有一些职业女性在过大的工作压力下对生活和家庭产生不满情绪，并不自觉地将这种情绪带入工作中，从而影响到她们的工作效率。如此的恶性循环，使她们在失败的道路上越陷越深。

第一，职业女性要调整和完善自我。

许多职业女性在外面发号施令、勇于奉献，回到家，对孩子和爱人常常不是有一种"委屈感"就是有一种"负罪感"，如果不能及时调整好心态，就会使家庭气氛变得紧张和压抑。

第二，职业女性要学会及时转换角色，避免"角色固着"。

所谓"角色固着"就是沉溺于某个角色之中，不能及时转化到其他的角色中去。职业女性要善于区分工作和家庭角色的不同要求，在家庭中要学会以柔制刚，及时沟通，谋求家人对自己工作的支持和理解。

第三，坚信女性可以做到家庭与事业的平衡。

不要在观念上放弃——你认为做不到，就真的做不到。作为女性，尤其是已婚女性，往往承担着比男性更多的家庭责任，职业女性除了承受职场压力外，还要承受家庭压力。封建社会对妇女"三从四德"的要求，以及传统文化价值体系中认为女性应该承担更多的家庭角色给今天走上职场的女性带来了内心与现实矛盾的痛苦。但是，如果积极努力，这些问题都可以得到解决。

第四，职业女性可以通过有效的职业生涯设计帮助自己处理好事业与家庭的矛盾。

例如，夫妻双方可以通过合理的设计，使双方在人生的不同阶段对家庭投入不同的精力和承担不同的责任，每个人都可以在职业的冲刺阶段和巅峰阶段得到更多来自对方的支持和理解。这种双职业生涯的设计可以使家庭成员的整体绩效实现最优化。

第五，通过沟通获取理解和支持。

家庭与事业的平衡是不仅仅是女性的事情。过去，由于性别分工差异，"男主外女主内"的思想在人们心中根深蒂固，女性更多地承担着家庭的事务。今天，越来越多的女性走向职场，但人们认为女性应该承担更多家庭责任的观念并没有很快发生变化，仍有很多男人抱有"大男子主义"倾向。

如果职场女性想取得家庭与事业的平衡，两方面都不耽误，就必须得到另一半的理解和支持，双方都要有"家庭与事业平衡"的意识和行为。虽然，夫妻双方都有事业，但是两个人应该多沟通，获取对方理解和支持，统筹安排，把家庭的事情和两个人的工作规划协调好。两个人并不是什么时候都同时在忙工作，你可以在自己工作不忙的时间里，多帮对方承担一些。这样才能在自己工作忙的时候，得到对方更多的支持。

女性要积极争取另一半的帮助，采取沟通协商的办法，而不是超出自己能力去承担家务，然后向一半抱怨发泄。只有双方共同努力，才可能做好家庭与事业的平衡。

第六，寻求你的社会支持系统。

很多时候夫妻双方都忙于工作，而没有太多的精力顾及家庭，或者因为家庭的事情而带来工作中的失误。

其实，在两种情况下，我们都可以通过寻求你的社会支持系统来把家庭或工作中的事情做得很好。

（1）家庭支持：家庭支持主要来源于家人、亲戚的支持。作为有知识、有思想的女性，可以尽可能把家庭的事情做一个战略规划。工作忙，可以只抓家庭的管理工作，而把事物性的工作交给父母或者有时间的亲戚帮忙打理。

（2）朋友、同事、陌生人支持：传统的人际关系，总是在告诉你如何与人保持距离，警告你千万不要发展职场友谊。而今天的职场是重视团队合作，强调沟通、协调、协作的意识和能力。因此，我们要相信工作中的团队是有感情的，大家不仅共同完成工作，同时，会带给你工作之外的帮助和支持。很多人以为只要自己闷头苦干，一切就会水到渠成；觉得自己的工作就得自己完成，不好意思请别人帮助。其实，只要你开口，就会发现很多人是愿意帮助你的，有的时候即使是陌生人也如此。

第七，提高工作和家庭角色的效率。

女性的职场痛苦有的时候来自不能陪着孩子并照顾他们。这个问题可以另一个方面来看待。

不要过度地照顾孩子剥夺他成长的机会。女性在家庭中扮演妈妈角色时，不要认为孩子的什么事情都需要你的帮助。相反，给孩子一些空间，让他们有机会自己处理事情，反而能培养他们更强的能力。